장소성과 장소마케팅

- 한국과 미국 소도시 문화예술축제를 사례로 -

장소성과 장소마케팅

-한국과 미국 소도시 문화예술축제를 사례로-

백 선 혜 著

한국학술정보㈜

책머리에

장소마케팅은 더 이상 새로운 개념이 아니다. 전 세계적으로 산업구조가 재편되고 장소 간 경쟁이 심해지면서 세계의 많은 국가와 도시들이 경쟁적으로 장소마케팅에 의존하여 지역활성화를 시도하고 있다. 그러나 장소마케팅에 대한 열의와 기대가 뜨거웠던 만큼, 그에 상응한 성과가 얻어지고 있는가에 대해서는 다시 한번 생각해 볼 필요가 있다. 실제로 대단히 성공적인 장소마케팅의 증거가 일부 존재하지만, 이에 비해 대다수의 장소들은 그저 흉내내기에 급급한 것은 아닌지. 우리나라의 경우도 많은 지방자치단체들이 장소마케팅의 일환으로 축제를 경쟁적으로 개최하고 있지만, 이들이 일회적·소모적이라는 비판도 만만치 않음을 간과해서는 안 된다.

장소마케팅이 추구하는 지역활성화란 외부의 방문객과 자본의 유인을 목적으로 하는 경제적 측면과 지역의 문화를 지키고 발전시키는 문화적 측면, 그리고 지역주민의 애향심과 공동체의식을 고양하고자 하는 정치적 측면을 모두 달성하고자 하는 폭넓은 시각에서 접근해야만 한다. 이것이 장소마케팅의 궁극적 목표이기 때문이다. 그리고 이러한 진정한 의미의 장소마케팅은 그 지역의 장소성에 충실히 기반을 두고 전개되는 가운데 가능한 것이다.

그러나 여기서 한 가지 문제가 제기된다. 인적·물적 자원이 풍부한 대도시, 혹은 소도시라 할지라도 뛰어난 자연환경이나 역사를 가진 경우, 고유한 장소성을 바탕으로 장소마케팅을 전개하는 것이 매우 타당하며 바람직한 일이다. 그렇지만 역으로, 그리 특별한 자원이 없는 소도시의 경우, 다시 말하면 장소마케팅에 활용할 수 있을 만큼 매력적인 장소성이 없는 지방 소도시들의 경우, 진정한 의미의 장소마케팅은 불가능한 것인가? 정작 이들이야말로 장소마케팅을 활용하여 지역활성화를 도모해야할 장소들이 아닌가?

이 책은 위와 같은 문제의식을 바탕으로, 장소성과 장소마케팅 논의를 재점검하고, 이를 통해 지방 소도시에 적용 가능한 장소마케팅 전략 수립에 이론적 근거를 제공할 것을 목표로 한다. 본문의 내용을 개괄하자면, 우선 2장과 3장에서는 장소성의 인위적 형성 가능성과 이의 장소마케팅과의 결합, 그리고 그 중요한 전략으로서 문화예술축제의 도입을 살펴보았다. 그리고 4장과 5장에서는 문화예술축제를 통해 인위적 장소성을 형성함으로써 장소마케팅을 이끈 미국과 한국의 지방 소도시들을 조사하고, 그 구체적인 전개과정을 밝혔다. 사례지역은 미국 오레곤주 애쉴랜드시(Oregon Shakespeare Festival)와 잭슨빌시(Britt Music Festivals), 그리고 한국 경상남도 통영시(통영국제음악제) 등으로, 현장답사와 심층인터뷰, 설문조사 등을 통해 가능한 풍부한 현장의 목소리를 담고자 하였다.

결론적으로, 장소마케팅의 주체가 장소전략과 마케팅전략을 운용하는 과정에서, 해당 장소에 적합한 장소자산을 도입하고, 이에 가시성과 경험의 구조를 결합시킴으로써 새로운 장소성을 형성하거나 기존 장소성을 변화시킬 수 있음이 밝혀졌다. 장소성이 인위적으로 형성되는 구체적인 과정은 각 지역의 상황에 따라 상이하게 전개되지만, 도입된 자산을 지역의 장소성화하기 위한 경험의 구조를 갖추어야 한다. 또한 구체적 수단으로 제시되는 문화예술축제가 성공하기 위해서는 전문적 역량을 갖춘 주체인 문화NPO가 매우 중요한 역할을 하고 있다.

연구를 진행하는 과정에서 수많은 도움들을 받았다. 연구의 처음부터 끝까지 예리한 통찰력으로 방향을 제시하신 서울대학의 유우익 교수님, 어려운 미국 사례조사를 성공적으로 수행할 수 있도록 도와준 UCLA N. Entrikin 교수와 Southern Oregon University의 T. Dolan 교수, 연구에 적극적으로 협조해준 Oregon Shakespeare Festival 의 P. Nicholson과 Britt Music Festival의 K. Gonzales, 그리고 통영국제음악제 관계자 여러분들께 이 자리를 빌어 감사드린다. 또한 서울대학 지리학과 동학들의 도움과 가족의 지원 또한 연구의 한 부분으로 녹아들어 있다.

우리 모두가 밟고 서 있는 이 장소를 진정한 삶의 터전으로 일구는 과정에 이 연구가 조금이라도 보탬이 되길 바란다.

2005년 7월

백선혜

차　례

표 차 례

그림 차례

제1장 서 론

1. 문제제기와 연구목적

인류가 높은 삶의 질을 추구하게 되면서 환경과 문화의 가치가 높아지고 있다. 이를 바탕으로, 20세기 이후 지속적으로 확대되어온 여가는 삶의 질을 측정하는 주요한 척도 중 하나가 되었으며, 청정산업(clean industry)으로서 관광산업이 가지는 가치에 대한 인식 역시 높아지고 있다. 즉, 여가문화와 관광산업은 현대사회와 공간구조를 변화시키는 지배적 현상인 동시에 인간의 삶의 양식의 주요한 한 부분이며, 또한 그 자체로 지역개발의 주요한 수단이 되었다.

최근 세계의 수많은 도시들이 산업구조 재편의 과정에서 새로운 주력산업으로 관광산업에 관심을 기울이는 것은 이러한 맥락에서 이해할 수 있다. 그런데 관광산업의 육성에 있어 농어촌이나 지방의 소도시들이 겪는 어려움은 과거에 비해 더욱 깊어졌다. 국가가 국가를 상대로 경쟁하는 것이 아니라, 지방 혹은 개별 장소가 직접 세계를 대상으로 마케팅을 펼쳐야 하므로, 농어촌이나 지방의 소도시들은 대도시와 직접 경쟁해야 하는 어려운 상황에 놓이게 된 것이다. 이는 정보통신기술의 발달과 사회경제구조의 재편 및 그에 따른 세계화와 지방화의 결과, 장소 간 경쟁이 치열해졌기 때문이다. 그러나 이처럼 장소 간 경쟁이 치열해지는 것은 장소의 중요성이 증가하고 있으며, 또한 차별화된 장소에 대한 수요가 있음을 의미한다는 점을 간과해서는 안 된다.

이제 장소마케팅은 중요한 지역개발전략으로서 인식되고 있다.

'장소'를 상품으로 하는 장소마케팅은 일반적인 상품의 마케팅과는 운영논리를 달리 한다. 상품인 장소가 이동하는 것이 아니라, 장소를 가꾸고 이를 홍보하여 소비자를 끌어들이는, 즉 장소성을 개발하여 이익을 추구하는 전략인 것이다. 최막중과 김미옥에 따르면, 장소마케팅은 탈규격화, 개성화로 특징지어지는 포스트포드주의의 다품종·소량 생산소비양식이 공간적 차원에서 구현되는 것으로, 세계화와 지방화의 동시적 경향, 즉 세방화(glocalization) 과정에서 보편적인 지역 특성보다는 고유의 독특성과 차별성이 지역 경쟁력의 원천이 된다는 인식에 기초하고 있다(최막중·김미옥, 2001: 154).

장소마케팅에 대한 논의는 원래 서구 산업도시들이 경제쇠퇴에 대응하여 도시의 이미지를 변화시켜서 자본과 인구를 끌어들이고자 하는 시도에서 대두된 것이었다. 그러나 이는 곧 침체에 빠진 산업도시뿐 아니라, 위기에 빠진 모든 지역들의 지역 활성화 전략으로서 활용되기 시작하였다. 장소마케팅을 잘 수행한다면, 재원과 인력이 대도시에 비해 열악한 소도시도 인구와 자본을 지역 내로 끌어들일 수 있는 가능성이 열렸기 때문이다.

장소마케팅은 그 목적에 따라 지역경제추구형, 지역문화추구형, 지역사회통합형 등 세 가지로 유형구분이 가능하다(이무용, 2003: 68). 지역경제추구형은 인프라 구축과 이미지 개선 등을 통한 산업유치를 목적으로 하며, 지역사회통합형은 지역주민의 통합이라는 정치적 목적을 갖는다. 지역문화추구형은 지역의 고유한 특성, 곧 지역의 고유한 장소성에 기반을 둔 장소마케팅 전략이다. 그러나 이러한 유형분류는 장소마케팅의 전개 과정에서 어느 부분에 우선순위를 둘 것인가에 따라 달라지는 것일 뿐, 실제적인 운영 메커니즘 속에서는 세 가지가 모두 결합된다. 예를 들면, 지역문화추구형 장소마케팅을 통해 지역경제추구와 지역사회통합의 효과까지 노리는 것이다. 장소마케팅이 위기를 맞은 지역의 지역발전전략으로 이해되고, 문화의 경제적 가치에 대한 인식이 높아지면서, 이러한 경향은 더욱 두드러지게 나타나고 있다.

　우리나라에서 본격적으로 장소마케팅 논의가 시작된 것은 1995년 지방자치제도가 도입되면서부터이다. 그러나 많은 현장에서 아직도 장소마케팅을 비판하는 소리가 높다. 이무용은 장소마케팅 전략이 특정 장소가 지니는 문화적 고유성과 정체성을 살림으로써, 지역의 삶의 질을 보다 풍요롭게 할 때 진정한 의미의 지역발전 혹은 지역 활성화의 대안이 될 수 있지만 경험적으로 보았을 때 이를 제대로 수행하지 못하고 있다고 지적하고 있다. 즉, 그동안 추진되어온 장소마케팅의 많은 사례들을 볼 때, 지역이미지의 재창출이나 경제적 파급효과의 달성에 있어서는 장소마케팅이 어느 정도 효과적인 전략으로 자리매김 되곤 있지만, 그로 인한 사회적 불평등의 심화라든지, 문화의 왜곡, 지역 간 제로섬 경쟁 등, 사회적 통합성이나 문화적 진정성, 지역적 연계성 등의 측면에서 많은 문제점을 드러내고 있어, 장소마케팅의 문화적 파급효과에 대해서는 부정적인 논의들이 자주 대두되고 있다는 것이다(이무용, 2003: 3). 또한 장소마케팅이 지역문화에 끼치는 부정적인 영향에 초점을 둔 비판적 논의(Kearns & Philo, 1993; Bianchini et al., 1992 등)나, 장소마케팅의 추진주체 간 갈등관계 분석(헤이만, 1999), 장소마케팅의 관점에서 장소성과 정체성 운동에 대한 분석(김미옥, 2000; 성주인, 2000), 문화정치적 관점에서 본 장소마케팅 전략수립에 관한 연구(이무용, 2003) 등 여러 논의가 있어왔지만, 지리학적 관점에서 장소마케팅을 재해석하는 시도는 충실히 이루어지지 못하였다. 장소가 중요하다는 점에 대해서는 대체로 동의하고 있지만, 결국 주어진 장소의 요소 파악에 그쳐, 장소마케팅이 장소 형성에 대해 가지는 정책적 의미를 살리지 못하고 있는 것이다. 그 결과, 지역의 고유한 문화자원을 마케팅 해야 한다는 주장을 되풀이할 뿐이다.

이러한 현상은 첫째, 지금까지의 장소마케팅 논의가 경영학의 논의에 영향을 많이 받아 마케팅의 전략에 초점을 두어 진행되어 오면서, 정작 상품이 되는 장소 자체에 대한 논의가 부족했기 때문에 발생하는 것이다. 지역경제 활성화와 지역사회통합이라는 대전제를 실현하기 위해서는 장소마케팅이 지역에 뿌리내려야 한다. 이는 곧 상품화되는 장소의 특질이 지역사회와 진정성(authenticity)을 가지고 통합되며, 지역주민은 이를 자신들의 장소자산이라고 받아들일 수 있어야 함을 뜻하는 것이다. 따라서 경영학적 기반에 근거한 장소마케팅 논의를 비판하는 지리학적 연구들은 장소에 대한 면밀한 분석이 필요하다고 지적하고, 이를 통해 고유한 장소자산을 시장의 특성에 맞도록 개발하는 것을 장소마케팅 논의의 중심으로 삼고 있다(김선기, 2003; 김현호, 2003 등). 또한 대중매체 등을 이용한 장소이미지의 조작은 결국 장소마케팅의 실패를 초래한다는 점도 지적하고 있다.

둘째, 장소마케팅 과정에서 장소의 중요성을 인식하고 분석하는 경우에도 정태적 장소개념을 가지고 출발하기 때문에 논의에 한계가 있다. 물론 어느 지역이나 자연적이고 역사적으로 형성된 독특한 장소성을 가지고 있기 마련이며, 이를 바탕으로 장소마케팅 전략을 수립하고자 하는 것이 일반적인 프로세스이다. 이에 대부분의 장소마케팅 연구들은 지역이 가지고 있는 독특하고 고유한 장소자산을 발굴하고, 개발하여, 판매하는 것이 장소마케팅의 정도라고 말한다. 보령의 머드축제나 오스트리아의 잘츠부르크 페스티벌 등, 그 예는 수없이 많다. 그러나 장소마케팅의 시각에서 보았을 때 고유한 장소성이 모두 경쟁력이 있는 것은 아니다. 장소마케팅이 지속적으로, 그리고 성공적으로 이루어지기 위해서는 독특하고 시장성이 있는 장소자산을 발굴하고 이를 장소성에 맞추어 마케팅 해야 하는 것이다.

　이상에서 살펴본 것처럼, 많은 장소마케팅 전략들이 한편에서는 기존의 장소성을 수동적으로 받아들여 시장성을 고려하지 않고 상품화하고, 다른 한편에서는 장소성에 대한 깊은 고찰 없이 지역의 이미지를 조작하거나 다른 지역의 사례를 복제하는 형식으로 진행되면서 수많은 시행착오를 낳았다. 물론 장소성을 논의하자면, 장소의 구성요소가 매우 복잡하고 장소성의 형성이 오랜 시간을 필요로 하므로 당장 결과를 눈으로 확인할 수 없다는 어려움이 있다. 그러나 장소마케팅을 지속적으로 수행하고 이를 통해 지역주민의 삶의 질을 높이고자 한다면 장소성에 대한 논의가 선행되어야만 하는 것이다.

　장소마케팅에서 말하는 장소성은 기존의 장소 및 장소성 관련 논의와는 차원을 달리한다. 기존의 장소성은 인지된 장소의 특징을 의미하므로 경험과 인지의 측면에서 형성되는 것이다. 따라서 장소성 관련 논의는 개인이 어떻게 장소를 경험하고 애착을 갖는가에 주로 초점을 맞추어 왔다. 그러나 장소마케팅은 장소를 상품으로 보는, 즉 장소성을 판매하는 전략이다. 따라서 장소성을 이루는 것은 시장에서 수요가 있고 판매되어 이윤을 남길 수 있는 경쟁력 있는 장소자산들이 된다. 그러므로 장소마케팅에서 바라보는 장소성은 기존의 정태적이고 개인적인 장소성의 개념과는 다르다. 또한 장소마케팅은 장소성을 소비자의 요구에 맞게 만들어낸다는 측면에서 단순한 장소판매와도 차이가 있다.

　이제 장소마케팅에 대한 중요한 정책적 질문이 도출된다. 만약 장소와 장소성이 고정된 것이 아니라면, 자산이 미약한 장소의 경우는 의도적으로 장소자산을 도입하거나 개발할 수는 없는가? 장소마케팅은 산업구조의 재편이 예상되거나 도시가 매력을 잃어 인구와 자본이 빠져나가는 곳 등 위기에 닥친 지역에 필요한 정책적이고 전략적인 개념이다. 즉 외부인구와 자본을 끌어들이기 위해 수요에 적합한 장소성을 개발한다는 의미이다. 장소가 기존에 가지고 있던 장소자산 중 수요에 적합한 속성이 있다면, 이를 부각시켜 그 지역을 대표하는 장소성으로 만든다. 그러나 기존 장소자산이 수요에 비추어 약하거나 없을 경우, 지역의 이미지를 새롭게 창출하거나 장소자산을 이식할 수 있다면, 그리고 이 이식된 장소자산이 완전히 지역에 뿌리내려 주민과 방문객이 모두 그 지역의 장소성으로 받아들이게 될 수 있다면, 이는 장소마케팅의 중요한 전략 중 하나가 될 수 있을 것이다. 장소자산을 이식하는 것은 어떤 관점에서는 별 문제가 아닐 수 있다. 그러나 거짓된 장소이미지의 판매는 외부인구와 자본에게 지속적인 매력이 될 수 없다. 이미지 조작 전략이 실패하는 것은 이러한 이유 때문이다. 따라서 장소자산의 인위적 도입 가능성과 함께 도입된 장소자산이 지역 내에 뿌리내리는, 즉 인위적으로 장소성이 형성되는 프로세스를 밝힐 필요가 있다.

이러한 배경에서 장소마케팅과 인위적 장소성 도입에 관련하여 다음과 같은 문제 제기가 가능하다.

첫째, 일반적으로 받아들여지는 것처럼 장소란 내재적인 속성을 가진 정태적인 것인가?

둘째, 삶의 양식이 변화하고 장소 역시 변화하는 것이라면, 인위적으로 장소성의 변화를 일으키거나 장소성의 변화를 가속화시킬 수는 없는가?

셋째, 만약 그러한 것이 가능하다면, 장소마케팅에 적합한 장소성을 정책적, 의도적으로 개발하여 지역개발에 활용할 수 있는가? 그리고 이를 장소마케팅의 프로세스와 접목시킬 수 있는가?

이상과 같은 문제의식에서 필자는 연구의 목적을 다음과 같이 설정하였다.

 첫째, 기존의 장소 논의들을 검토하여 장소성 형성의 일반적 과정을 고찰한다.

 둘째, 장소성의 정책적 형성과정을 보기 위해, 장소마케팅 과정에서 인위적으로 장소성을 형성 또는 변형하는 가능성을 검증한다.

 셋째, 인위적 장소성 형성의 가능성이 있는 지역들을 사례로 선정하여, 실제로 장소성이 인위적으로 형성되고 있는가를 밝혀낸다. 이를 위해 우선 인위적 장소자산의 도입과 그 장소자산의 뿌리내림 프로세스를 장소마케팅 주체를 중심으로 고찰한다.

 넷째, 장소성의 인위적 형성을 통한 장소마케팅의 메커니즘과 이것이 장소마케팅 논의에 갖는 함의를 밝힌다.

2. 연구지역과 방법

1) 연구지역 개관

 사례지역은 미국 오레곤주의 애쉴랜드(Ashland)시와 잭슨빌(Jacksonville)시, 그리고 한국의 경남 통영시 등 세 지역을 선정하였다.

 잭슨빌과 애쉴랜드는 미국 오레곤주 남서부에 위치한 작은 도시들이다(<그림 Ⅰ-1>).

 오레곤과 캘리포니아 주경계선에서 북쪽으로 약 15마일 떨어진 지점에 애쉴랜드가, 그리고 애쉴랜드에서 다시 북서쪽으로 15마일 정도 떨어진 지점에 잭슨빌이 위치해 있다. 이들 두 도시와 지역의 중심지인 메드포드(Medford), 그리고 센트럴포인트(Central Point), 피닉스(Phoenix), 탤런트(Talent) 등의 도시들이 이 지역을 남북으로 관통하는 Interstate 5번과 베어 크리크(Bear Creek)를 따라 성장해 왔다.

　이 도시들은 동서로 흐르는 로우그 리버(Rogue River) 이남 지역으로써 동쪽으로는 캐스케이드 산맥(Cascade Ranges)이, 그리고 남서쪽으로는 시스키요우 산맥(Siskiyou Mountains)이 둘러싸고 있는데, 이 지역을 관통하는 강의 이름을 따라 베어 크리크 밸리 지역(Bear Creek Valley Area)이라고 불리기도 하고, 보다 넓게는 남부 오레곤 중 로우그 리버 이남지역을 가리키는 로우그 밸리 지역(Rogue Valley Area)이라고 불리기도 한다. 도시계획상으로는 메드포드－애쉴랜드 메트로폴리탄 지역(Medford-Ashland metropolitan area)에 해당한다.

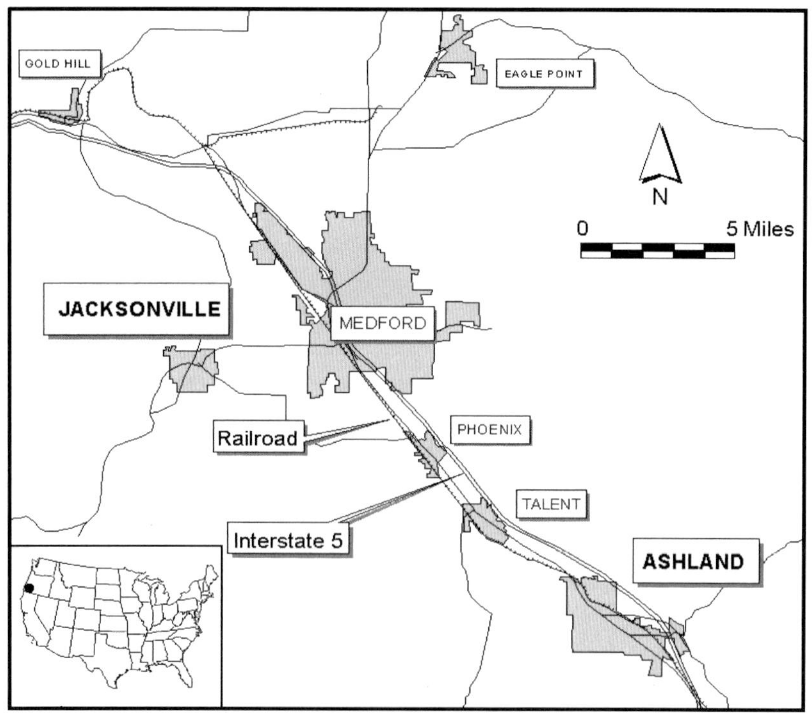

<그림 Ⅰ－1> 애쉴랜드시와 잭슨빌시의 위치

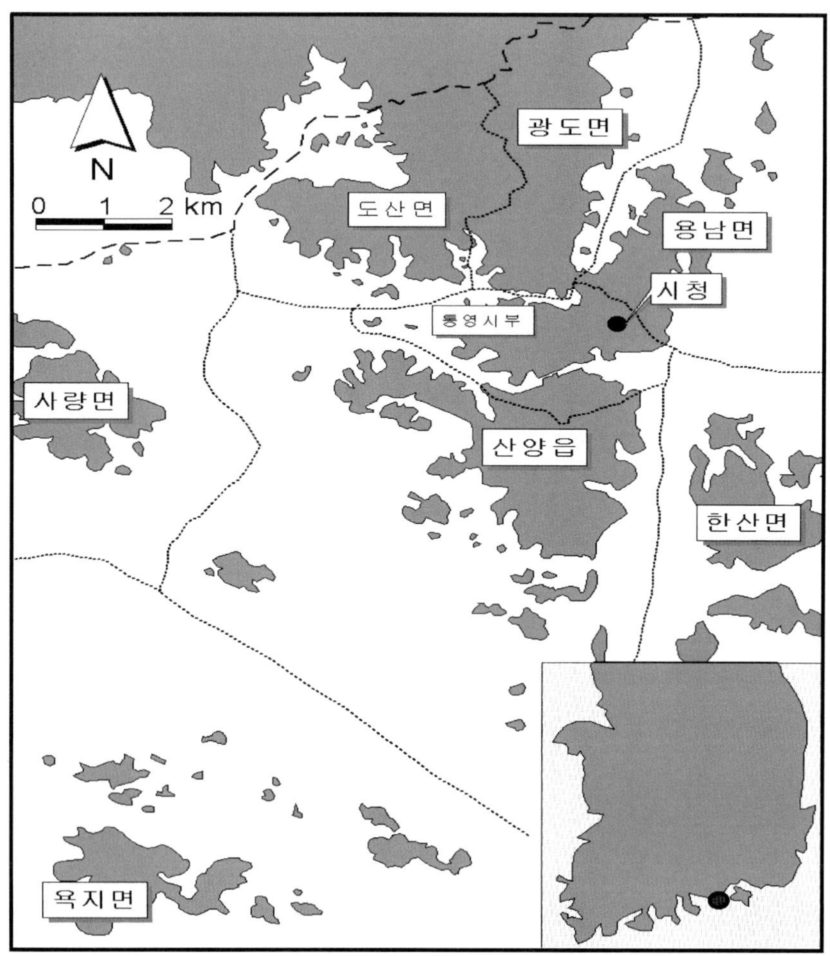

<그림 Ⅰ-2> 통영시 위치와 행정구역

통영시는 경상남도 서남부에 위치한 도·농복합도시로 고성반도의 중남부와 151개의 부속도서로 구성되어 있다. 북쪽의 도산면과 광도면은 고성군과 육지로 연결되어 있다. 동쪽은 거제시, 서쪽은 남해군과 바다로 연접해 있으며, 남쪽은 공해로 이어진다(<그림 Ⅰ-2>).

통영시의 바다는 한려해상국립공원의 중심이며, 해안선의 굴곡이 심하고 그 경관이 수려하기로 유명하다. 통영시는 평야가 없고 구릉지가 중첩된 속에서 해안에 약간의 평지가 있을 뿐이어서 농사에 적절치 못한 땅이다. 그러나 굴곡이 심한 리아스식 해안에 수온이 적당하고 동해난류가 흐르는 해역은 한국수산의 보고로, 일찍부터 어업이 발달하였다.

2) 연구지역 선정이유

인위적 장소성 형성의 가능성이 있는 지역들을 사례지역으로 선정하여, 각각의 사례에서 실제로 인위적인 장소성 형성의 프로세스가 진행되고 있는가를 검증하고자 하는 연구목표에 비추어 연구지역을 선정하였다. 특히 연구지역 선정과정에서 고려한 두 가지 주요한 요인은 장소마케팅의 수단으로 문화예술축제[1]를 도입한 경우일 것과 대도시로부터 멀리 떨어진 곳에 위치한 소도시일 것이었다.

먼저, 문화예술축제를 중요하게 고려한 이유는 문화예술축제가 인위적 장소성 형성의 수단으로 가장 적합하다고 판단하였기 때문이다. 자연환경이나 역사 등과 같이 지역에 고유한 자원에 비해 문화예술자원은 이동과 재창조가 비교적 용이하므로, 장소의 고유한 맥락과 상관없이 인위적으로 도입이 가능하다. 그밖에 21세기 들어 문화를 경제의 한 영역으로 이해하고 있을 뿐만 아니라, 문화예술과 삶의 질과의 관계에 대한 관심이 깊어지고, 그 수요 역시 꾸준히 성장하고 있는 것도 중요한 이유가 된다. 이러한 점에서 많은 도시들이 문화예술축제를 지역개발의 한 수단으로 이용하고 있다.

한편, 대도시는 매우 복잡한 요소들이 복합되어 있으므로, 어떤 요

---

1) 문화예술을 어떠한 의미로 사용하느냐에 따라 문화예술축제의 포괄범위가 달라진다. 이 책에서는 연극, 음악, 무용 등과 같은 공연예술과 사진, 미술 등의 전시로 한정하여 사용하였다.

소를 외부에서 의도적으로 도입한다고 하더라도 도입된 요소의 장소
성 형성에 대한 영향을 밝히기에는 적합하지 않다. 또한 소도시라 하
더라도 대도시 주변에 입지해 있는 경우는 대도시와의 상호 작용이
소도시 자체의 프로세스보다 더 결정적으로 작용할 수 있다. 그러므
로 대도시로부터 원거리에 위치하여 비교적 간섭요인이 적은 소도시
로 대상을 한정함으로써 연구의 명확도를 높이고자 하였다.

사례지역 연구를 통해, 장소성 형성의 과정이 서로 다른 환경에
도 적용되는가, 그리고 적용된다면 그 구체적인 프로세스는 어떠한
공통점과 차이점을 가지고 진행되는가를 검증하고자 하였다. 이러
한 맥락에서 경제사회적 여건, 지리적 배경, 문화와 역사 등이 상이
한 한국과 미국에서 각각 사례지역을 선정하였다.

사례연구지역으로 선정된 애쉴랜드와 잭슨빌은 각각 셰익스피어
페스티벌(애쉴랜드)과 브릿 뮤직 페스티벌(잭슨빌)을, 그리고 통영시
는 통영국제음악제를 개최하고 있다. 이들 문화예술축제는 지역에
전통적으로 뿌리내려진 문화예술을 이용한 것이 아니라, 지역과 연
관이 거의 없거나, 혹은 있더라도 과거에는 자산으로 인식되지 않
았던 자산을 이용하여 축제로 발전시킨 경우이다. 그럼에도 불구하
고 오레곤 셰익스피어 페스티벌의 경우는 미국 전체에서 가장 오래
되고 큰 지역 연극무대(regional theatre)로 명성을 쌓았고, 브릿 뮤
직 페스티벌은 남부 오레곤 공연예술의 중심으로 자리매김하고 있
다.

미국의 경우에 비해 우리나라는 문화예술축제 도입의 역사도 상당
히 짧고, 수와 규모도 작아 사례지역 선정에 어려움이 있었다. 그렇
지만 통영시 국제음악제의 경우, 짧은 역사에도 불구하고, 초기부터
큰 성공과 성장을 거듭하여 이미 통영시의 대표적인 축제 가운데 하
나로 인식되고 있다. 현재 우리나라 지방단위 문화예술축제 중 예산
규모가 가장 크고, 지자체가 매우 적극적으로 개입하고 있어 문화예
술축제 도입 이후 장소성의 변화가 빠르게 진행될 것이 기대된다2).

3) 연구방법과 절차

연구는 문헌을 분석하고 이론을 연구하여 장소성 형성의 메커니즘을 밝히고, 인위적인 장소성 형성 과정을 이론적으로 도출하는 순서로 진행되었다. 그리고 사례지역에 대한 자료 분석, 현장답사, 심층인터뷰, 우편설문 등을 통한 경험연구로 인위적인 장소성 형성의 과정을 실증하고, 이것이 장소마케팅 연구에서 갖는 함의를 도출하였다.

우선 문헌분석 및 이론연구를 위해 장소와 관련된 국내외 문헌을 분석하고 이를 토대로 장소성 형성의 과정을 도출하였다. 그리고 이를 바탕으로 의도적인 장소자산의 도입에 의한 장소성의 형성과 이를 통한 장소마케팅의 프로세스를 정립하였다.

다음으로 사례연구를 통해 장소성의 인위적 형성과정을 검증하였다. 우선 각 사례지역들의 장소자산의 특징 및 도입과정을 보기 위해 문헌과 각종 신문자료들을 포함한 역사자료들을 정리, 분석하였다. 지역과 관련된 통계자료들을 수집하고, 관련기관에서 발간한 자료들과 홈페이지에 수록된 자료들을 수집하였다.

2003년 4월 사전답사를 수행하여 애쉴랜드와 잭슨빌이 연구주제에 적합한가를 판단하고 기초 자료를 수집하였다. 그리고 같은 해 9월 한 달간 그 지역에 머물면서 축제에 직접 참가하고, 주민과 자원봉사자, 문화 NPO(Non-profit organization, 비영리조직)의 대표자와 실무자, 방문객 등과의 심층인터뷰를 진행하였다. 또한 각 시의 시청과 관련학회들을 방문하여 자료를 수집하였다. 통영국제음악제는 2004년 시즌에 자원봉사자로 참가하여, 3월 15일부터 28일까지 통영국제음악제 사무국에서 일하면서 조직의 구조와 운영을

---

2) 통영국제음악제의 인지도를 비교하기 위해, 2003년 1월 1일부터 12월 31일까지 10대 종합일간지에 통영국제음악제와 거창국제연극제, 춘천인형극제와 춘천마임축제를 다룬 기사수를 검색하였다. 통영국제음악제는 79건의 기사가 검색된데 비해, 나머지는 각각 8건, 21건, 25건에 불과하였다.

심층적으로 탐구하고, 사무국 직원 및 통영시 공무원, 통영주민과 자원봉사자들을 대상으로 심층인터뷰를 진행하였다. 또한 4월과 5월 중에 통영에 수차례 방문하여 추가조사를 실시하였다.

한편, 페스티벌에 참여한 관람객들의 사회경제적 특성과 인식조사를 위해, 각각의 페스티벌 참가자들을 대상으로 설문조사를 하였다. 미국의 경우, 각 페스티벌 사무국으로부터 애쉴랜드 오레곤 셰익스피어 페스티벌과 잭슨빌 브릿 뮤직 페스티벌 참가자 명단에서 각각 400명씩을 무작위로 추출한 주소록을 협조 받아 2003년 9월에서 10월 사이에 우편설문을 하였다. 같은 해 12월 31일까지 오레곤 세익스피어 페스티벌의 경우 243부의 유효한 응답이 회수되었으며(회수율 60.75%), 브릿 뮤직 페스티벌의 경우 중 201부의 유효응답이 회수되었다(회수율 50%).

통영국제음악제 2004년 개막시즌에 참가한 사람들을 대상으로 공연장 앞에서 직접설문조사를 실시하였다. 3월 19일에서 20일까지 이틀간의 설문조사로 총 372부를 회수하였으며, 그 중 유효응답 347부를 분석에 이용하였다.

3. 본문의 구성

이상에서 살펴본 바와 같이, 이 연구는 장소성의 인위적 형성 가능성을 검증하고, 이것이 장소마케팅 논의에 갖는 정책적 함의를 밝히고자 하는 것이다.

이를 위해 제2장에서는 장소와 관련된 기존 논의를 분석하여 정의와 요소, 그리고 장소성 형성에 대한 일반적 논의를 살펴보겠다. 이를 통해 장소마케팅의 도입과 장소성의 인위적 형성 가능성을 검토하고, 연구의 분석틀을 도출한다.

제3장에서는 장소성의 인위적 형성 수단으로서 문화예술축제를 살펴보겠다. 우선 문화에 대한 수요와 축제의 특징을 통해 문화예술축제가 장소마케팅에 중요한 수단이 될 수 있음을 밝히고, 국내외 유수 축제들의 사례를 바탕으로 문화예술축제와 장소성의 인위적 형성 가능성 사이의 관련성을 밝히고자 한다.

제4장에서는 2장과 3장의 논의들을 토대로, 장소성의 인위적인 형성의 가능성이 존재하는 지역들을 사례지역으로 선정하여, 장소성의 인위적 형성 과정이 실질적으로 존재하는가, 그리고 존재한다면 어떠한 과정을 거치는가를 검증한다. 사례지역으로 선정된 미국 오레곤주의 애쉴랜드시와 잭슨빌시, 그리고 한국 통영시는 문화예술축제를 개최하여 장소성의 변화를 이끌고 있다.

제5장은 이론연구와 사례지역연구를 종합하여 장소마케팅 과정에서 나타난 장소성의 인위적 형성 프로세스를 장소전략과 마케팅전략으로 나누어 고찰한다. 그리고 이를 일반화하여 장소자산의 인위적 도입을 통한 장소성 형성의 프로세스를 도출하겠다.

마지막으로 제6장은 논의의 요약과 결론을 통해 장소성의 인위적 형성이 가능함을 밝히고 그것이 장소마케팅과 지역개발전략에 갖는 함의를 밝히고자 한다.

제 1 장	문제제기와 연구목적
제 2 장	이론연구 • 장소의 정의와 요소 • 장소성의 형성 • 장소마케팅과 장소성의 관계
제 3 장	문화예술축제와 장소성 • 장소마케팅과 문화예술축제 • 문화예술축제를 통한 장소성의 인위적 형성
제 4 장	소도시 문화예술축제연구를 통한 장소마케팅 • 애쉴랜드시 • 잭슨빌시 • 통영시
제 5 장	소도시 장소마케팅에서 나타난 장소성의 인위적 형성과정 • 장소전략 • 마케팅 전략
제 6 장	결론과 정책적 제언

<그림 Ⅰ-3> 연구 흐름도

제2장 이론연구와 분석틀

1. 장소의 정의와 접근방법

1) 장소의 정의

장소는 지리학에서 다루는 중심개념 중 아마도 가장 까다롭고 복잡한 개념일 것이다. 이는 장소가 공간적 실체와 인간의 상호 작용이 만들어내는 물질적, 정신적 영역을 모두 담고 있는 개념이기 때문이다. 분명 장소는 지리학의 중심적 연구대상이었으나, 장소란 무엇이라고 한마디로 정의하는 것은 거의 불가능해 보인다. 인문지리학사전에 따르면 장소는 지리적 공간의 일부이고, 공간은 장소들로 조직된다. 이들 장소는 제한된 환경(bounded settings)으로서, 이곳에서 사회적 관계들과 아이덴티티가 형성된다. 장소는 공식적으로는 지리적 총체(geographical entities)로 인식될 수도 있고, 사회관계와 의미, 집합적 기억 등이 상호 교차하는 보다 비공식적으로 조직된 현장(site)일 수도 있다(Johnston et al., 2000: 582). 장소의 의미에 대한 혼란이 발생하는 것에 대해 Relph는 장소가 아직 정확하게 정의되지 않은 개념일 뿐만 아니라, 지리적 경험의 나이브하고 가변적인 표현이기 때문이라고 그 이유를 설명하고 있다(Relph, 1976: 4).

최근 장소마케팅의 도입과 함께 장소의 중요성이 다시금 높아지고 있으며, 이와 동시에 과거와는 패러다임을 달리 하는 개념이 장소의 정의에 추가되고 있다. 따라서 장소마케팅 논의를 전개하기에 앞서, 기존 장소 논의를 종합하여 장소와 장소성에 대해 명확히 개념정의를 할 필요성이 도출된다.

May(1970: 214)는 지리학자들이 사용하고 있는 '장소' 개념을 공간적 규모에 따라 네 가지로 구분하였다. 첫째, 장소는 지구의 전체 표면을 가리키는 것이다. 그 예로 인간이 사는 장소로서의 지구라는 개념을 들 수 있다. 둘째, 장소는 도시, 지방 혹은 국가와 같은 공간상의 단위를 의미하는데 사용되며, 이 경우 장소는 '지역(region)'의 개념과 명확히 구분되지 않는다. 셋째, 공간의 특별하고(particular) 특수한(specific) 부분 및 그 공간을 점하고 있는 그 무엇을 가리키는 데에 장소개념을 사용해 왔다. 특별한 건물을 자신의 주거공간으로 생각할 때나 신앙의 장소 및 유희의 장소에 대해 말할 때 등을 예로 들 수 있다. 넷째, 장소는 정확한 위치라는 개념에서 '로케이션(location)'을 의미하는 것으로 사용된다. 그러나 장소는 특수하게 위치를 규정할 수 있는 수많은 것들로 구성되어 있기 때문에, 엄격하게 말해서 로케이션은 장소보다 더 특수하다고 할 수 있다. May는 여기서 오로지 세 번째 의미에서만 장소가 뚜렷한 개념으로 사용되고 있다고 주장한다. 왜냐하면 이 세 번째 의미에서의 장소만이 우리가 독특하고 실재적인 장소들을 경험하면서 그 장소에 부여하게 되는 "지각적 통일성(perceptual unity)"을 가지고 있는 것으로 나타나기 때문이다(Relph, *ibid.*: 3-4).

이처럼 May는 지역(region)이나 로케이션과 장소를 공간적 규모에서 구분되는 것으로 파악하였다. 그러나 장소의 규모는 인지의 초점을 어디에 맞추는가에 따라 영역적으로 다양한 차원에서 나타나므로, 현실적으로 지역과 장소를 명확히 구분하기는 어렵다. 오히려 May의 개념에서 보다 중요한 것은 장소에 대한 경험과 지각의 국면이다. 즉, 우리가 어떤 주어진 환경을 경험하고 그것을 독특한 실재라고 구분하여 생각하게 되는 지각적 측면에서의 통일성을 갖춘 공간이 장소라는 것이다.

May에 앞서 Lukermann(1964)이 장소의 개념과 요소에 대해 밝힌 바 있는데, May는 Lukermann의 논의가 공간적 규모의 구분을 결여하고 있다고 비판하였다. 그러나 Lukermann은 장소의 물리적, 정서적 특징과 장소 간 상호 작용을 모두 고려하고 있기 때문에, 이후 여러 학자들이 제안한 장소개념을 거의 모두 포괄하고 있다. 그는 장소의 개념이 여섯 가지 주요 요소로 나뉘어 진다고 분석하였는데, 로케이션, 자연과 문화의 통합, 공간적 상호연관성, 국지성, 형성성, 그리고 의미 등이 그것이다. 각각의 요소를 개략적으로 살펴보자. 우선 로케이션은 다른 사물 및 장소들과 관련지어 살펴보았을 때 기본적인 요소로, 내적 특성(site)과 외적 연결성(situation)의 두 측면을 가진다. 장소가 자연과 문화의 통합을 포함한다는 것은 각 장소가 그 자체의 질서, 즉 자체의 특별한 전체적 조화(ensemble)를 가지고 있으며, 이것으로 한 장소가 이웃 장소와 구별된다는 것을 의미한다. 즉, 각 장소는 고유한 총체로서 분명하게 나타난다. 그러나 이처럼 각 장소가 독특한 특성을 가진다는 점이, 모든 장소가 독립적으로 고립되어 존재한다는 것을 의미하는 것은 아니다. 모든 장소는 공간적 상호 작용과 이동이라는 시스템으로 상호 연관되어 있어, 순환적 성격을 갖는 틀의 각 부분을 이루고 있기 때문이다. 한편, 장소가 국지적 성격을 갖는다는 것은, 모든 장소가 보다 큰 지역의 일부이며, 또한 지방화(localization) 체계 내에서 초점이 된다는 의미이다. 그리고, 장소는 고정되어 있는 것이 아니라 발생하고 형성되어가는 것이다. 역사적, 문화적 변화와 함께 새로운 요소들이 추가되며 오래된 요소들은 사라지므로, 장소는 뚜렷한 역사적 요소를 가진다. 마지막으로 각각의 장소는 의미(meaning)를 가지고 있다. 이는 다시 말하면 장소들은 인간의 믿음(beliefs)으로 특징 지워진다는 것이다. 즉, 장소는 인간 의식에서 실질적 사건일 뿐만 아니라, 인간이 장소에 대해 지니는 믿음이 인간 행동의 근거를 이루며, 이는 다시 장소에 특성을 부여한다(Relph, *ibid. :* 3). 이처럼 Lukermann에게 있어 장소는 특정한 위치에서 일어나는 자연과 문화의 통합이며, 다른 장소들과의 상호 작용을 내포하고 있고, 역사적으로 형성되어가는 것으로, 인간이 그 장소에 의미와 믿음을 부여하게 되는 종합적 실체이다. 그의 논의에서 중요하게 드러나는 것은 장소가 물리적 실체(로케이션, 자연환경, 문화)와 정서적 측면(인간의 믿음, 의미)을 가진 특정한 영역으로 공간적 상호 작용과 시간의 흐름에 따라 의미를 형성해간다는 종합적 시각이다.

한편, Entrikin(1991)에게 있어 장소는 사건(events), 사물(objects), 행위(actions)의 영역적 맥락(areal context)을 의미한다. 그는 특정한 공간적 규모의 맥락 내에서 사건과 사물, 그리고 인간의 행위를 이해하고자 하였다. 여기에는 자연적인 요소와 인간에 의한 물질적, 이념적 구성이 모두 포함된다. 프랑스 지역지리학자들은 Entrikin의 장소 개념에서 나타나는 '맥락으로서의 장소감'을 '밀리우(milieu)'라는 용어로 포착하였다. 그들의 관심은 특정한 삶의 방식과 관련된 자연적 맥락을 설명하고 이해하는 것이었으나, Entrikin은 밀리우를 세상에서 행위자(agents)로서 우리가 창조하는 상징적 맥락을 포함하는 데까지 확장하여야 한다고 제안하였다. 이는 우리가 장소에 대해 상반된 태도를 가지고 있기 때문이다. 즉, 우리는 장소 안에서 삶을 영위하고 장소의 일부라는 느낌을 갖지만, 이와 동시에 분리되어 있는 외부의 어떤 것으로서 장소를 바라보는 것이다(Entrikin, 1991: 6-7). 따라서 장소를 파악하기 위해서는 장소가 가지는 두 가지 상반된 성격, 즉 우리의 행동이 일어나는 외부적 맥락(배경)으로서의 장소와 우리가 부여하는 의미의 중심으로서의 장소를 동시에 고려해야 한다고 보았다.

도시설계나 환경계획 분야에서는 흔히 '장소(place)'는 '공간(space)'과 구별되는 보다 복합적인 개념으로, 장소를 공간이 지니는 물리적 속성 외에 특정한 활동과 상징성을 포함하는 사회문화적인 성격이 강한 개념으로 사용하고 있다. 기본적으로 공간이 실재론적 차원에서 객관적으로 존재하는 물리적 실체를 의미한다면, 장소는 보다 관념론적인 차원에서 인간의 인식체계를 통해 특정한 이미지와 가치를 지니고 인지된 공간을 의미한다고 할 수 있다(최막중·김미옥, 2001: 153). 그러나 인지의 측면을 강조하는 것이 장소가 가지는 물리적 실체를 부정하는 것은 아니다. 따라서 장소를 관념론적 차원에 국한시키는 것은 Entrikin이 살핀 장소의 개념 중 외부적 맥락으로서의 장소를 배제한 협의의 개념이라고 하겠다.

장소를 어의 분석의 측면에서 접근하고자 하는 시도도 있다. 이석환·황기원은 한자문화권의 '場所'와 영어권의 'place'의 어의(語義)의 고찰을 통해, 장소가 울타리 내부로서의 환경, 지각·실존 공간, 상대적 위치 및 시간, 그리고 경관 등에 의해 총체적으로 설명되어지는 중층 결정적 성격을 지니고 있다고 하였다. 장소란 '평평하게 한정된 공간단위'라는 물리적 국면과 '특정한 목적이나 사건의 발생'이라는 활동적 국면, 그리고 '편안함, 신성함, 중심성, 혹은 인공성'이라는 상징적 국면을 함께 지닌 복합개념이라는 것이다. 따라서 장소는 물리적인 환경을 기반으로 특정한 활동을 수용하는 기반이며 때로는 인간에게 안전과 편안함을 제공하는 역할을 한다(이석환·황기원, 1997: 181).

이상에서 살펴본 바와 같이 장소는 특정한 공간적 규모로 존재하는 물리적 실체와 인간행위의 결과물이 인지되어 의미를 가지는 공간적 실체이다. 또한 인간의 활동이 일어나는 맥락인 동시에, 인간이 경험을 통해 의미를 부여하는 상징적 대상이기도 하다. 그러나 그것은 완결된 실체가 아니라 시간의 흐름에 따라 형성되어가는 역동적 실체인 것이다. 한편, 장소에 대한 접근방법은 시대와 사조에 따라 많은 차이가 있으며, 그에 따라 장소에 대한 해석과 장소와 인간과의 관계에 대한 분석이 차이를 보이게 된다. 다음 절에서는 지리학 사조의 주요 변천을 중심으로 장소에 대한 접근방법의 변천을 살펴보도록 하겠다.

2) 장소에 대한 접근방법의 변천

(1) 근대지리학과 장소

근대지리학에서는 장소와 사건, 인간이 필연적으로 관련되어 있다고 보는 총체적 시각이 두드러졌다. 이러한 시각에서 장소는 그곳에서 일어나는 사건이나 사물의 의미를 취한다고 보기 때문에, 인간의 목표나 가치, 의도, 행위 등이 얽혀 장소를 설명한다. 또한 주관적인 것과 객관적인 것의 구분이 모호하다. 따라서 장소와 장소의 내용물이 서로 구분이 되지 않고 하나의 통합체로 나타나게 된다. 근대지리학의 총체적 시각에서 접근하는 장소는 신화 속에서 나타나는 장소와 유사하다. 즉, 사건과 그 사건이 일어나는 입지는 필연적으로 연계되어 있기 때문에, 입지 자체가 신화적 인물의 출생을 예고한다든지 장소가 운명을 결정한다는 등의 전체적 관점으로 장소를 해석하는 것이다.

이러한 전체적 관점은 초기 근대지리학자들의 저작에서 두드러지는데, 대표적인 예가 19세기 독일의 근대 지리학자인 Carl Ritter와 Alexander von Humboldt이다(Entrikin, 1991: 11).

Humboldt는 지구가 분리될 수 없는 유기적 통일체로서 지구상의 모든 각 부분은 서로 상호 의존적이라고 생각하였다. 이러한 철학적 사고를 바탕으로, 자연세계란 조화를 이루고 있는 통일체이며 지표면에서 나타나고 있는 모든 현상들과 사물들은 상호 연관되어 있다고 보아, '자연의 통일체'라는 개념을 통해 자연현상 속에 내재된 인과적 연관성을 밝히려 하였다. 또한 인과적 연관성에 대한 개념을 예술적인 관점에서 보려고 하였는데, 이는 괴테의 사상으로부터 영향을 받은 것이었다. Ritter 역시 공간적 관점에서 지역(장소)을 총체적으로 연구하며 현상들 간의 상호관련성을 객관적으로 규명하는 것이 지리학의 임무라고 하였지만, 신학적인 목적론적 견해

42

를 가지고 있었다. 즉, 자연과 인간이 대립되는 것이 아니라 인간의 문화, 역사 등 모든 것이 자연에 내포되어 하나의 통일체를 이룬다는 Ritter가 가진 유기적인 자연관의 바탕에는, 지구는 유기체이며 지표상에 나타나는 현상들은 인간의 욕구를 완전히 충족시키기 위한 신의 의도에 따라 만들어졌다는 유신론적 견해가 있었던 것이다[3].

근대지리학자들은 이러한 전체성과 총체성, 그리고 필연성에 대한 생각들을 근대과학의 용어 속에서 포착하고자 자주 시도하였다. 이들 지리학자들이 역사에서 참고한 것은 Ritter의 유신론적 전체론보다는 주로 Humboldt의 심미적 전체론이었으며, 과학적 근거는 주로 생물학에 의존하였다[4].

근대지리학자들의 지역과 장소에 대한 관점이 지역연구의 전통으로 이어지면서, 지역 간의 차이에 초점을 둔 지역지리학이 발달하였다. Hettner와 Vidal de la Blache로부터 지역연구의 전통이 활발하게 전개되기 시작하였으며, Hartshorne에 이르러 지역지리학이 집대성되었다. Vidal de la Blache는 인간과 자연의 관계가 매우 밀접하기 때문에 자연경관과 문화경관을 분리하는 것은 불가능하고, 모든 장소는 다른 장소와 다른 특성을 지니며, 이것이 지리학 연구의 대상이 된다고 주장하였다. Hettner 역시 지리학이 지역의 차이

---

3) 보다 자세한 내용은 「이희연, 1995, pp.137-163」을 참조.

4) 예를 들어, 20세기 초 미국 지리학에서, Carl Sauer는 문화역사를 위한 모델로 진화생물학과 자연역사를 이용하였다. 유사하게, 20세기 초에 프랑스 지리학자 Paul Vidal de la Blache와 그의 제자들이 수행한 지역연구는 지표상의 단위에 대한 생각과 사회과학의 자연주의적 개념에 기초를 두고 있었다. 비달학파(Vidalian)는 필연적 관계를 일련의 인과관계와 우연이라는 생각에 기초를 둔 "우연적" 필연(contingent necessity)으로 대체하였다. 보다 최근의 논의에서는, 이들 필연성에 대한 최후의 잔재들이 순수한 우연성 개념으로 대체되었는데, 그 예로 볼 수 있는 것이 Allan Pred(1986)가 장소를 "역사적으로 우연한 과정"으로 특징지은 것이다. 지역과 경관을 연구하는 학자들이 가졌던 전체론은 시간지리학의 사회물리학이나 구조분석(system analysis)의 기능적 전체론으로 대체되었다(Entrikin, 1991: 12).

점을 연구하는 학문으로, 개개의 지역이나 국가를 단순히 기술하는 것이 아니라 지역 간의 차이점을 비교하는데 관심을 두었다5).

이상에서 알 수 있듯이, 전통적 지역지리학에서 각 지역(장소)은 자연현상, 문화, 역사 등이 유기적으로 결합되어 저마다의 고유한 특성을 가진 하나의 유기체로 생각되었으며, 지리학의 임무는 이러한 지역마다의 특성을 밝히는 것이었다. 한편 여기서 장소와 지역은 명확히 구분되는 실체가 아니라는 점을 짚고 넘어갈 필요가 있다. 두 개념이 의미하는 공간적 규모가 상이하다 하더라도 그것이 명확하게 드러나는 것이 아니기 때문이다. 따라서 지역연구에서 지역과 장소는 등치될 수 있는 개념이다.

지역 간 또는 장소 간 차이에 초점을 맞추어 각 지역의 고유한 특성을 밝히는 것을 목적으로 한 전통적인 지역연구에서 장소는 인간과 자연이 혼합되고 주관과 객관이 혼재되어 존재하는 종합적 실체로 파악되었다.

그러나 이러한 연구방법은 지리학을 과학적 학문분과로 세우는데 장애가 되는 것처럼 보였고, 실증주의를 앞세운 공간과학에 밀려 한동안 빛을 보지 못하게 되었다.

(2) 실증주의 지리학과 장소

전술한 바와 같이 전통적 지역연구가 지역 간 차이에 치중함으로써 과학으로서의 보편성 획득에 실패했다는 인식은 실증주의 사조를 낳게 되었다. 지리학이 논리실증주의와 계량혁명에 힘입어, 경관의 형태학을 연구하거나 지역의 차이점을 연구해오던 사조에서 벗어나 공간조직을 연구하는 새로운 사조로 옮겨지게 된 것이다. 많은 지리학자들이 공간조직의 구조적 특징을 이해하고 반복적으로 나타나고 있는 분포패턴의 규칙성을 설명하기 위한 법칙 수립에 전

---

5) 이희연, ibid., pp.387-398 참조.

넘하였다. 실증주의 과학은 경험, 신념, 의미 등 형이상학적인 면을 배제하고 단지 사실적 내용을 지닌 경험적 가설에만 관심을 두며, 제한되지 않는 전제조건이나 가설의 수립, 즉 과학적 법칙의 추구를 목표로 한다. 여기서 말하는 법칙이란 시·공간상에 제한되지 않는 일반화를 의미하는 것이다.

실증주의를 받아들인 많은 지리학자들은 공간조직이 인간의 의사결정 과정과 그 특성에 대한 보편적인 과정의 작용으로부터 유래되는 것이라고 인식하게 되었다. 따라서 이러한 과정을 성공적으로 밝힘으로써 주된 구성요소가 공간이 되는 지리적 법칙을 발전시킬 수 있을 것이라고 믿었다. 왜냐하면 분별력 있는 의사결정은 효율적인 자원사용, 즉 공간을 이용하는데 포함된 시간과 비용이 내포되는 것이기 때문이었다. 공간의 역할은 개개인의 행태와 사회의 움직임 및 조직에 영향을 주는 것이다[6].

즉, 공간과학을 추구하던 실증주의 지리학에서 장소는 사라지고 오직 보편적이고 추상적인 과학법칙에 종속되는 공간만이 남게 되었다.

그러나 공간을 주요 연구대상으로 삼고 법칙탐구에 치중하였던 실증주의 지리학은 결과적으로 장소의 주관적 특성, 즉 객관적으로 계량화할 수는 없지만 인간이 경험하고 의미를 부여하여 인간의 삶에 실재하는 장소의 특성을 간과한다는 비판을 받게 되었다.

(3) 인간주의(인본주의) 지리학과 장소

공간과학의 과열에 대응한 반작용의 일환으로, 사회와 공간 사이의 관련성에 대한 재평가가 진행되었다. 1970년대부터 시작된 인간주의 지리학의 발달은 이러한 여러 갈래의 재평가 가운데 하나라고 할 수 있다. 인간주의 지리학은 장소가 인간에 대해 어떤 의미를 가지는가를 깊이 있게 탐구하면서, 이전과는 다른 방법으로 지역지

---

6) 이희연, ibid., pp.447-494 참조.

리에 대해 관심을 가진다. 장소가 인간 개개인에게 갖는 의미에 대해 관심을 기울이게 된 것이다.

인간주의 지리학에서 실증주의 지리학과 차별적 접근법을 드러내기 위해 사용한 핵심 개념들로 장소와 장소감, 그리고 무장소성(placelessness) 등을 들 수 있다. 공간이 과학법칙에 종속되는 것에 비해, 장소는 보다 주관적으로 정의되고 실존적이며 특수한 것으로 생각되었다. 장소에 대한 인간주의적 개념은 주로 현상학에서 이끌어진 것으로(Relph, 1976; Tuan, 1977), 특정 장소에 대한 개인의 애착과, 장소에 대한 대중적 개념의 상징적 특성과 관련되었다. 즉, 사건, 태도, 장소 등을 연결하여 혼합된 세계를 창조한다고 생각하였으며, 의미에 관심을 두고, 경험된 풍부함(experienced richness)이라는 장소개념을 객관적 불모성(detached sterility)을 가진 공간개념과 대비하였다(Johnston et al., 2000: 582-583).

인간주의 지리학을 대표하는 학자는 Relph와 Tuan이다. Relph는 장소의 본질과 장소가 인간에게 가지는 의미와 중요성을 중심적으로 다루었으며, Tuan은 공간과 대비하여 장소가 가지는 의미 및 인간이 지각을 통해 장소감을 획득하는 과정을 밝혔다.

Relph(1976)는 장소 논의를 통해 인간이 장소를 경험하면서 가지게 되는 정서적 연계를 탐구하였으며, 장소 개념의 명확화를 위해 지리학의 현상학적 기반, 즉 세계에 대한 직접적인 경험들7)과 장소 사이의 연계를 검증하는 것이 필요하다고 역설하였다.

그런데 일상생활의 요소들이 서로 중첩되고 다양하기 때문에, 현상으로서 장소를 이해하고자 하는 데에 장애가 생긴다. Relph는 장소를 경험의 다면적 현상으로 이해하고, 입지, 경관, 개인적 관련 등과 같은 장소의 다양한 속성들을 검토함으로써 이들 속성이 우리

---

7) Relph는 지리적 지식의 기초가 우리가 살고 있는 세계에 대해 우리가 가지게 되는 직접적 경험들과 의식에 있다고 주장한다.

의 장소경험과 장소감에 중요한 정도를 추정할 수 있을 것이라고 제안한다. 또한 이러한 방식으로 의미의 원천, 즉 장소의 본질이 드러날 수 있을 것이라고 하였다(Relph, 1976: 29). Relph는 장소의 요소들로 로케이션, 경관(landscape), 시간, 주민집단(community), 개인적이고 개별적인 경험, 장소에 대한 애착(rootedness and care for place), 인간 존재의 중요한 중심으로서의 거주 장소, 장소의 구속성 등을 꼽으면서, 장소의 본질이란 무엇인가, 그리고 장소가 인간에 갖는 중요성은 무엇인가를 논하고 있다.

Relph는 장소가 인간의 행위에 맥락과 배경이 되는 동시에 행위의 대상이 된다는 이중성에 주목한다. 우선, 장소는 행위와 의도가 일어나는 중심이며, Norberg-Schulz(1971: 19)의 언급처럼, "우리가 의미 있는 사건들을 경험하게 되는 중심(focus)"이 된다. 사건과 행위는 특정 장소의 맥락 내에서만 유의미하며, 그 사건과 행위가 장소의 특성의 한 원인이 되는 바로 그 때조차, 장소의 특성에 의해 영향을 받게 된다. 따라서 사물에 대한 의식은 그것이 위치해 있는 장소 내에서의 의식이 되고, 장소는 그 장소에 속하는 사물들과 그 사물들이 갖는 의미의 측면에서 규정될 수 있는 것이다.

한편, 장소 자체가 행위의 대상이 된다는 것은 인간의 의도가 특정 장소에 집중됨을 의미하며, 이는 입지와 규칙성, 패턴 등 — 실증주의적 입장에서 바라본 공간과 유사한 의미의 — 을 보이는 장소의 기능적 측면을 말한다.

이러한 장소의 이중적 속성 중 Relph가 중요하게 생각한 것은 전자의 속성, 즉 인간 행위와 의도가 이루어지는 배경으로서의 장소이다. 왜냐하면 인간이 어떤 장소와 맺은 깊은 친밀감은, 우리의 무의식 속에 존재하고 있지만, 인간의 자기정체성을 형성하고 세상을 살아나가는 기본 출발점이 되기 때문이다.

장소의 근본 의미, 즉 장소의 본질은, 입지에서 오는 것도, 그 장소들이 하는 일상적 기능에서 오는 것도, 그 장소를 점유하고 있는 커뮤니티에서 오는 것도, 피상적이고 세속적인 경험에서 오는 것도 아니다. 물론 이들이 모두 일반적이며 아마도 필수적인 장소의 특성임을 부정하는 것은 아니다. 그러나 장소의 본질은 대개 스스로 의식하지 못하는 의도성(unselfconscious intentionality)에 있다. 이러한 비자의식적 의도성이 장소들을 인간 존재의 심원한 중심으로서 규정하는 것이다. 사실상 모든 사람들에게는 우리가 태어나고 자란, 우리가 현재 살고 있거나 또는 특히 감동적인 경험을 한 장소와의 깊은 친밀함(deep association)과 그러한 장소에 대한 의식이 있다. 이러한 친밀함은 개인과 문화의 아이덴티티 및 안정감 모두에 지극히 중요한 원천, 즉 우리가 세상에서 우리 자신을 방향지울 수 있는 출발점을 형성한다(Relph, 1976: 43).

Relph가 인간에게 장소가 왜 중요한가를 역설하였다면, Tuan(1977)은 장소를 공간과 대비시켜 그 의미를 공고히 하였으며, 장소감을 획득하는 과정을 인간의 신체적 조건과 지각의 측면에서 설명하고 있다. 그에게 장소와 공간은 연속선상에 놓여 있어 각각을 정의하기 위해서는 서로가 필요한 개념으로, 인간의 경험에서 공간과 장소의 의미가 종종 혼합된다고 하였다. 그러나 "공간"은 "장소"보다 추상적이며, 무차별적인 공간에서 출발하여 우리가 공간을 더 잘 알게 되고 공간에 가치를 부여하게 됨에 따라 공간은 장소가 된다. 따라서 장소는 안전(security)과 안정(stability)을 의미하는 반면, 공간은 개방성, 자유, 위협을 의미하게 되는 것이다. 나아가 우리가 공간을 움직임이 일어나는 곳이라 생각한다면, 장소는 정지(멈춤)이다. 움직임 속에서 정지할 때마다 입지는 장소로 변할 수 있다8).

이처럼 공간이 장소가 되는 순간, 즉 광활한 공간이 친숙한 장소로 완전히 익숙해지기 위해서는 개념을 구성하는 능력과 운동감각적 경험 및 인지적 경험이 필요하다. Tuan은 예를 들어, 그러한 능력을 갖추지 못한 어린아이들과 정신박약자들이 넓은 공간을 친숙

---

8) 구동회·심승희 역, 1995, pp.19-20.

48

한 장소로 인지하는데 어려움을 겪는다는 점을 지적하고 있다9). 이처럼 공간이 우리에게 익숙해진다는 것은 우리가 그 공간에 대한 명확한 뜻과 의미를 획득한다는 것을 의미하며, 이를 통해 공간이 장소로 전환된다는 것이다.

그러나 Tuan은 또한 장소에 대한 인식이 장소의 본질을 그대로 받아들이고 이해하는 것이 아니라, 대개 왜곡될 소지가 있음을 지적한다. 왜냐하면 사람들은 보고 감상하는 법을 배운 방식에 따라 감각 자료들을 획득하기 때문이며, 이는 보통 사회적으로 승인된 공식적 관점을 따르는 경향이 있다는 것이다(구동회 · 심승희 역, 1995: 235).

(4) 공간과 장소의 사회적 구성

Ray Hudson(1990)은 전통적인 지역지리학과 인간주의 지리학이 장소에 내재적인 특성이 있다고 보고 그것을 밝히는데 주력하였지만, 지역의 내부적 속성을 보다 광범한 사회적 프로세스와 관련시켜 보거나, 지역적 패턴을 사회적 프로세스와 연계시켜보고 지역변화를 사회변동과 관련시켜보려는 시도는 거의 없었다고 비판한다(손명철 편역, 1995: 124). 즉, 이들 연구에서는, 장소가 인간과 자연의 결합이라고 보았을 때 자연이 변함에 따라 서서히 변할 가능성이 있지만, 기본적으로는 장소가 균형상태를 이루고 있음을 전제하는 내재적인 속성을 가지고 있다고 파악하여 기술적 접근에 머물렀다는 것이다. 프레드(1985) 역시 기존 장소와 지역에 관련된 논의들을 비판하였다. 장소와 지역은 그 위에서 인간 활동이 펼쳐지는 얼어붙은 무대에 불과한 것으로 묘사되었다는 것이다. 인간주의적 지리학 역시도 본질적으로 장소를 스스로는 꼼짝도 못하는 비활성체적인 것으로 인식하고 있다(손명철 편역, *ibid.* : 229-230).

---

9) 구동회·심승희 역, *ibid.*, p.124.

공간과 장소의 사회적 구성론은 사회와 공간 사이의 관계를 재평가하는 또 하나의 흐름으로, 인문지리학과 현대 사회이론을 접목시키려는 노력이다. 이는 기술보다는 설명을 강조하고 장소의 고유성과 보편적인 사회적 프로세스 사이의 상호관련성을 해명하려 한다. 여기서 핵심이 되는 것은, 지역 또는 장소가 지니는 고유성은 각 지역이 지니는 특이성 내에서 작용하는 광범한 사회적 힘들의 상호 작용을 반영한다는 것이다. 따라서 지역의 고유성을 연구하려면 주어진 사회의 주요 차원들―계급관계를 비롯하여 성관계(gender relations), 인종관계 등과 이들의 접합들― 을 해명하고, 이들이 특정 장소에서 특정 방법으로 어떻게 조합하여 고유한 지역을 형성하는가를 해명할 필요가 있다는 것이다. 그러나 동시에 지역의 고유성과 사회적 프로세스 사이의 관련성은 상호적이기 때문에, 전자는 후자의 전개에 영향을 미친다(손명철 편역, *ibid.* : 125-126).

장소의 특이성과 사회적 프로세스의 상호 작용이 공간을 사회적으로 구성한다는 이른바 신지역지리의 입장에서, Johnstone은 지역[10]의 성격에 대해 논의하고 있다. 특징적인 것을 보면, 우선 지역은 사회적 행위(social act)의 산물이며, 물리적 환경의 차이가 지역 간 차이를 만든다는 점이다. 그러나 유사한 물리적 환경이 매우 상이한 인문적 반응과 관련될 수도 있으며, 반대로 유사한 공간조직 패턴이 매우 상이한 밀리우 속에서 발견될 수도 있다.

또한 지역은 자기재생산적 실재(self-reproducing entities)로, 학습과 사회화를 위한 맥락을 제공한다. 따라서 인간은 장소 안에서 형성되며, 장소가 다르면 사람도 역시 달라질 것이다. 그러나 지역의 자기재생산적 특성은 결정론적인 것이 아니므로, 인간과 분리된 物자체로서의 실재(existence as a thing-in-itself)를 가지지 않는다. 지역의 특성이 나타나는 양상들은 새로운 자극에 대응해야 할 필요, 다른 지역출신 사람들과의 접촉 및 그들의 생활방식에의 적응, 그

---

10) Johnstone은 지역과 장소의 의미를 엄밀하게 구분하지 않고 혼합하여 사용한다.

리고 자신들의 이익을 증대시키기 위해 변화를 추진하려는 지역 내 개인들의 의도적인 행위 등의 결과로 변화할 수 있다.

그리고 자본주의 세계경제 속에서의 지역은 고립적으로 존재하는 것이 아니라, 항상 상호 의존하고 있는 물리적 체계이며 동시에 상호 의존하고 있는 인간체계이기도 하다. 지역은 특정 목적을 추구하기 위해 사회에서 권력을 행사하는 개인들과 제도들에 의해 신중하게 창출된 것이며, 전지구적인 사회 변화에 대한 국지적 반응만이 연구가 가능하다11).

Johnstone이 사회적 프로세스의 산물로 장소를 파악하였다면, Pred는 장소가 끊임없이 생성되는 것이라는 점을 강조하면서, 역사적-우연적 과정을 통해 장소가 형성되는 프로세스를 상세히 설명하고 있다.

Pred(1985)에 따르면, 건물들과 토지이용패턴 그리고 통신망 등이 서로 어우러져 어떤 장소를 현재와 같은 모습으로 만들어 놓게 되는데, 이는 절대 無에서부터 생겨날 수는 없으며, 자연경관 속에 멈춰있을 수도, 고착되어 있을 수도, 그리고 영원히 새겨져 있을 수도 없다는 것이다. 장소는 항상 시간 및 공간상에서의 지속적인 인간 활동-그리고 그것으로 인한 인간의 경험-에 의해 특성이 부여된다. 그러므로 장소는 인간 활동과 사회적 상호 작용이 펼쳐지는 단순한 무대(scene)나 현장(locale) 혹은 환경(setting)이 아니다. 그것은 끊임없이 생성되는 것이며, 현재의 무대를 장소로서 창출하고 이용함으로써 특정한 맥락 속에서 역사형성에 기여하는 어떤 것이다(손명철 편역, *ibid.* : 230-231).

프레드(1985)는 역사적으로 우연적인 과정으로서의 장소를 개념화하면서, 구조화 과정을 통해, 그리고 개인의 경로와 제도적 기획 사이의 연속적인 교차흐름을 통해 장소가 생성된다고 밝혔다. 여기서

---

11) 손명철 편역, *ibid.*, pp.214-217.

말하는 구조화는 관습과 모든 사회체제의 구조적 속성들이 변증법적으로 서로를 재생산하고 변형시키는 과정을 뜻하는 것으로, 물질적으로 연속적인 속성을 가진다. 그리고 모든 장소의 역사적-우연적 생성과정은 그 장소에서 일어나는 구조화과정의 물질적-연속적 전개과정과 분리될 수 없다고 한다. 장소는 주어진 일련의 역사적 조건 속에서 생성되기 때문에, 그 장소 내 사회구조의 한가운데에는 권력관계가 자리 잡고 있다.

그는 또한, 장소의 생성과정을 제도적 기획과 연관지어 설명한다. 즉, 개인의 전기(individual biography)는 장소의 생성과 더불어 형성되며, 동시에 장소는 개인의 전기형성과 더불어 생성되는데, 모든 장소의 생성에 있어서, 특정한 제도적 기획들이 두드러지게 나타난다는 것이다. 이처럼 두드러지게 나타나는 제도적 기획들은 어떤 사람이 실제로 수행하는 다른 제도적 기획들 및 독립적으로 정의된 기획들의 연속성과 속도에 영향을 미침으로써, 그리고 다른 기획들에 참여하는 것을 시간-지리적으로 제약함으로써, 일상경로들을 정기적으로 혹은 지속적으로 구조화한다. 또한 장소가 생성되는 과정에 주도적인 역할을 수행하는 제도적 기획들은 대개 지방수준에서 중요한 의미를 지니는 생산양식의 작동과 일치하지만, 생산 및 분배활동의 수와 기타 문화적, 사회적 형태의 수는 몇 가지로 제한되어 있다. 주민들의 일일 시간자원과 장기적 시간자원이 한정되어 있기 때문이다. 그리고 외부자연 혹은 물리적 환경은 장소의 생성과 더불어 끊임없이 변화한다[12].

(5) 장소와 공간의 결합론

장소의 사회적 구성론은 장소의 속성이 고정된 것이 아니라 사회적 요구에 의해 인간의 의도적 행위로 변화될 수 있음을 적시하였

---

12) 손명철 편역, *ibid.*, pp.232-238.

다는 점에서 의의가 있다. 그러나 인간주의 지리학에서 중요하게 다루었던 장소의 정서적 부분에 대한 고려는 찾아볼 수 없다.

장소를 "사회적으로 구성하는" 인간의 능력에 대한 관심과 같은 신지역지리적 관점은 능동적 행위자(active agent)와 그 행위에 대한 사회적 구속을 강조하지만, 상대적으로 주관적이고 존재론적인 장소감과 상대적으로 객관적이고 자연주의적인 장소개념 사이에 존재하는 기본적 긴장을 해소하지는 못하고 있다. 이는 밀리우로서의 장소가 주체들과는 관계없는 세계를 의미하기 위해, 우리가 주체로써 공유하는 것을 넘어서는 데까지 확장되기 때문이다. 존재론적 관점과 자연주의적 관점의 결합이 어려운 것은 우리가 장소를 이해하는데 있어 주관적인 것과 객관적인 것 사이의 근본적 양극성을 반영한다.

이러한 양극성으로 인해 근대적 시각에서는 주관적 관점과 객관적 관점 사이의 "거리"가 현저하게 커졌다. 이론가들은 객관적이고 공평한 시각을 추구하고, 장소와 지역은 이론가들의 분석적이고 초월적인 시각 내에서 "부분들로 조각나는" 경향이 있다. 이 세상에서 행위자로 존재하고 항상 장소 내에 존재한다는 느낌과, 인간행위와 사건을 이론화하고자 하는 시도를 나타내는 "무장소성(placelessness)" 사이에 커다란 지적 갭이 존재한다(Entrikin, 1991: 7). 장소가 가지는 특수성에 대한 탐구에 지리학자들은 두 가지 인식론적 반응을 보여왔다. 하나는 신칸트학파처럼 법칙의 탐구를 넘어 과학적 인식론의 기초를 확장시킬 것을 추구하는 것이며, 다른 하나는 장소와 지역에 대한 연구를 사회이론과 사회과학으로부터 거리를 두게 하고, 인문학에 보다 가깝게 이동시킨 것으로, 역사지리학자와 문화지리학자들 사이에서 특히 두드러진다. 이들은 특히 이론의 필연적 불완전성을 인식하고 있으며, 이들 집단들의 경험으로부터 일반화를 시도하는 것을 경계한다13).

---

13) Entrikin, *ibid.* : 15-16.

이처럼 주관적 관점과 객관적 관점 사이의 지적 갭은 어느 한 입장을 선택하게끔 하여왔다. 그런데 여기서 드러나는 문제점은 장소를 공간상의 입지로 이론적으로 환원시키는 것은 인간정체성의 요소로서 장소감을 효과적으로 파악할 수 없게 하며, 그 반대방향으로의 환원은 장소를 홀로 주관적인 현상으로 취급하는 경향을 낳게 된다는 것이다.

Entrikin은 장소와 공간의 이론적 괴리에 대한 해결책으로 장소에 대한 실증주의적 개념과 현상학적 개념을 중용할 것을 역설한다. 즉, 장소개념의 모순을 해결하기 위해, 그는 장소의 개념에 사물들의 상대적 입지로서의 장소와 인간행동에 대한 맥락으로서의 장소라는 두 개의 상반된 개념이 포함되어야 한다고 주장하고 있다. Tuan(1974)이 언급한 것처럼, "장소는 공간의 더 넓은 틀 내에서 설명되어야 하는 대상일 뿐만 아니라, 거기에 의미를 부여한 인간들의 시각에서 해명되고 이해되어야 하는 실체이기도 하기" 때문이다(Entrikin, *ibid.* : 10). 그리고 그 방법으로서 서술적 통합(narrative-like synthesis)을 제안한다[14].

지금까지 지리학에서 장소의 정의와 접근방식의 변천을 살펴봄으로써, 장소가 다양한 스펙트럼에서 논의되고 있음을 알 수 있었다. 장소는 물리적 실체라는 객관적 측면뿐만 아니라, 인간이 부여한 의미라는 상징적 측면, 그리고 인간과 물리적 실체의 상호 작용의 측면을 포함한다. 지리학의 각 사조별로 어느 측면을 중요하게 접근하느냐에 따라, 장소가 인간에게 갖는 의미를 강조(인간주의 지리학)하기도 하고, 물리적 실체(즉, 공간)에서의 법칙 추구에 집중(실증주의 지리학)하기도 하며, 사회와의 상호 작용에 의해 공간과 장소가 형성되고 변형될 수 있음을 지적(공간의 사회적 구성론)하기도 한다.

따라서 장소에 대한 올바른 이해는 장소의 주관적이고 객관적인

---

14) Entrikin, *ibid.* : 23-26.

54

성질을 동시에 이해하는 것이다. 장소의 성격을 명확히 이해하는 것은 장소마케팅이나 지역개발 등에서 보다 인간의 삶을 풍요롭게 하는 방향으로 개발과 발전을 이끌어 낼 수 있다는 측면에서 매우 중요하다.

2. 장소의 요소와 장소성의 형성

1) 장소의 요소

장소의 개념이 다양하였던 것과 마찬가지로, 학자들에 따라 장소의 구성 요소도 차이가 나타난다.

Johnston은 장소가 자연환경과 건조 환경, 그리고 인간 등 세 개의 상호 연결된 중요한 구성요소를 가지고 있음을 밝혔다(손명철 편역, 1994: 220). 그에 앞서 Lukermann은 장소가 로케이션, 자연과 문화의 통합, 장소 간의 공간적 상호 작용, 국지성, 형성성, 의미 등의 요소를 가진다고 파악하였다. 또한 J. Agnew (1987)는 로케일(locale)과 로케이션(location), 그리고 장소감을 장소의 세 가지 주요 요소라고 정의하였다. 여기서 로케일이란 사회적 관계들이 구성되는 소환경(settings)이며, 로케이션은 보다 큰 규모에서 작동하는 사회적 경제적 프로세스들에 의해 규정되는 것과 같은 사회적 상호 작용을 위한 소환경들을 포괄하는 지리적 영역이다. 그리고 장소감은 감정의 국지적 구조물(local structure of feeling)이다.

이무용(2003)은 김태선(1998)과 최규창(1999) 등의 논의를 바탕으로 장소의 구성 요소를 자연적 요소, 인적 요소, 삶의 질 요소, 경

영환경 요소, 문화적 요소 등 다섯 가지로 나누었다. 각각의 하위범
주를 살펴보면, 자연적 요소에는 토지, 기후, 자연경관, 지리적 위치
등; 인적 요소에는 인적자본 수준, 시민의식, 기업가, 기술자, 행정
가 등의 보유정도 등; 삶의 질 요소에는 생활환경, 교육·사회복지,
도시안전, 문화여가·휴식 공간, 교통 혼잡도 등; 경영환경 요소에
는 비즈니스 인프라, 시장(성장) 잠재력, 교통·정보화 수준, 경제수
준, 고용조건 등; 문화적 요소에는 국제적 문화자원과 문화시설, 문
화이벤트, 상권, 유흥오락시설, 문화수용성, 학술연구기관 등이 속하
게 된다(이무용, 2003: 37).

즉, 장소는 자체 내에 경성 요소와 연성요소, 그리고 정서적 요소
들을 가지고 있으며, 장소 간 관계에 의한 관계적 요소도 있음을
알 수 있다. 기존 논의를 종합하여 장소의 요소를 다음과 같이 물
리적·환경적 요소, 인적·문화적 요소, 상대적 요소, 정서적·상징
적 요소 등 네 가지 요소로 재구성하였다.

① 장소의 물리적·환경적 요소

장소가 가지고 있는 경성 요소(hard factor)로, 장소의 자연환경과
수리적 위치뿐만 아니라 인간의 활동에 의한 건조 환경, 교통체계,
인프라 및 역사유적 등 특정 장소 내에 유형의 실체로 존재하는 물
리적 요소들을 가리킨다. 마야유적지 등과 같이 활동하던 인간의
존재가 사라져도 지속하는 예에서 나타나듯, 상대적으로 지속성이
강해서 일단 형성되면 변화가 어렵다. 인간의 활동에 의해 장기간
에 걸쳐 형성되고 변화되는 속성을 지니고 있다.

② 장소의 인적·문화적 요소

장소가 가지고 있는 연성 요소(soft factor)로, 인간 활동의 결과로
만들어진 생활양식, 역사, 문화, 인적 자본, 제도 등이다. 대개 사회적
행위자로서의 인간이 공간과의 상호 작용을 통해 만들어내는 무형의

요소들로, 특정 장소에 특수한 형태로 나타나지만, 물리적 요소에 비해 상대적으로 유동적인 특성이 있다. 예를 들어 재즈음악의 전 세계적 확대나 음식문화의 국제화 등과 같이 예술이나 인적자본 등은 원래의 장소로부터 다른 장소로의 이동이 비교적 자유롭다.

③ 장소의 상대적 요소

장소의 상대적 요소라 함은 장소 내부의 특성이 아니라 장소 간의 특성을 일컫는다. 장소는 특정한 공간적 규모와 위치를 가지고 있는 것이며 따라서 위치 고정적이다. 그러므로 장소는 그 자체가 운동을 하거나 이동을 하는 것은 아니다. 그러나 장소 간 물자와 인간의 유동에 따른 상호 작용이 일어나기 때문에 이웃한 장소끼리, 혹은 이웃하지 않은 장소끼리와도 서로 연관을 맺으며 영향력을 끼친다. 이와 같은 장소 간 유동과 순환은 한 장소와 다른 장소에 어떠한 자원들이 있는가의 비교가 낳는 것으로, 중심부와 주변부, 상권 등이 해당한다. 소극적 비교로는 내 장소에 있는 요소들과 다른 장소들에 있는 요소들을 비교하는 것이나, 적극적 의미에서는 다른 장소에 없는 요소들을 내 장소의 요소로 파악하는 것에까지 확장할 수 있으며, 이는 이후 논의할 장소마케팅의 중요한 전략 중 하나가 된다.

④ 장소의 정서적·상징적 요소

앞의 세 요소는 정도의 차이는 있지만 한 장소에서 객관적으로 밝혀낼 수 있다는 점에서 장소의 네 번째 요소인 정서적 요소와는 크게 구별된다. 장소감, 장소애착, 장소정체성, 장소이미지 등이 포함되는 정서적 요소는 인간의 인지와 관련이 있는 것으로, 위의 세 요소를 인간이 인지하여 그 장소와 자기 자신에게 장소에 대한 느낌과 정체감을 부여함으로써 생성되는 요소이다. 이는 바꾸어 말하면 장소와 인간의 정서적 관계라고 할 수 있는데, 수많은 학자들이 이를 개념화하는 시도를 해오고 있다.

장소와 인간의 정서적 관계에 대한 개념화 중 대표적인 것으로는 '장소감(sense of place)', '장소애착(place attachment)', '장소의존성(place dependence)', '장소정체성(place identity)' 등을 들 수 있다. 이들 개념은 다소 광범하게 정의되고 있는데, 예를 들어, 장소감은 '사람이 그곳에 가지고 들어오는 무엇과 결합되어, 소환경에 의해 창조된 경험적 과정'이고, 장소애착은 '인간들의 장소에 대한 결속', 그리고 장소의존성은 '한 인간과 특정장소 사이에 인지된 연관의 힘'으로서 설명된다. 마지막으로, 장소정체성은 '물리적 환경과 관련되어 발전하는 자아의 영역'으로서 정의된다. 그런데 이들 개념들이 인간의 장소에 대한 관계를 언급하고는 있지만, 개념 간의 정확한 연계는 불분명하다. 어떤 학자들은 장소감, 장소의존성, 장소정체성이 장소애착의 형태라고 주장하고(Williams, Patterson, Roggenbuck & Watson, 1992; Bricker & Kerstetter, 2000), 다른 학자들은 장소감이 장소애착보다 더 광범한 개념이라고 맞선다(Hummon, 1992; Butz & Eyles, 1997; Hay, 1998). 또 다른 일부는 장소애착이 장소에 대한 평가에 집중하고 있는 반면, 장소정체성은 장소들이 아이덴티티를 형성하는 방식에 보다 관련되어 있다고 느낀다(Moore, 2000). 또한 장소애착이 장소아이덴티티를 발전시키고 지지한다는 주장도 있다(Twigger-Ross & Uzzell, 1996)[15].

장소의 정서적 요소는 이렇게 다양한 수준과 범위에서 다루어질 수 있으며, 이에 대한 논의는 본 연구의 범위를 벗어나는 것이다. 따라서 장소감과 장소성을 특별히 구분하지 않으며, 장소애착, 장소정체성, 장소의존성 등이 혼합된 포괄적 개념으로 사용하고자 한다. 각각의 개념에 대한 탐구와 비교는 차후의 과제로 남긴다.

Relph(1985)는 장소가 항상 장소감을 암시하며, 이는 경관이나 공

---

15) Lynne C. Manzo, 2003, p.47.

간에 대한 느낌과는 질적으로 다르다고 주장하고 있다. 즉, 공간은 세계에 대한 어떠한 즉각적 조우(encounter)의 일부이며, 내가 볼 수 있는 능력만 있다면, 무슨 의도를 가지고 있든 볼 수밖에 없는 것이다. 그러나 장소는 그와 다른데, 왜냐하면 장소는 반복적인 조우와 복잡한 연관들(associations)을 통해 우리의 기억과 애정으로 구성되기 때문이다(Relph, 1985: 26). 장소는 누군가가 그 곳에서 알려져 있고 그 역시 그곳에 존재하는 다른 사람들을 알고 있는 곳이다. 장소감은 존재감(sense of being)을 수반한다. 그러므로 우리는 장소를 절실한 가치(felt value)의 중심으로 보며(Tuan, 1977), 인간의 경험과 열망의 중심으로 본다(Tuan, 1976). 한 장소에 애착감을 느끼는 것은, 아마도 그 중요성이 가장 덜 알려져 있을지라도, 매우 중요한 인간의 필요이다(Weil, 1955). 장소는 인간이 존재하기 위한 심원한 중심이며(Relph, 1976), 개인의 (집단에 대해 가지게 되는) 아이덴티티 형성에도 중요하다(Duncan, 1973). 장소는 물론 단지 아이덴티티나 애착의 기초일 뿐만 아니라, 가족단위를 넘어선 다른 차원들에 대한 기초를 제공한다(Meyrowitz, 1985). 과학기술시대에조차 장소종속성(place-boundedness)은 강하다(Pred, 1983). 장소아이덴티티는 애착이 긍정적이지 않을 때조차(Hummon, 1992), 장소가 붕괴될 때조차(Brown and Perkins, 1992), 그리고 거주지로부터 지역에 이르기까지 다양한 규모에서(Cuba and Hummon, 1993) 강하게 남아 있다(Butz & Eyles, 1997: 2).

장소의 정서적 요소는 인간의 기억과 애정으로 구성이 되며, 개인에게 안정감을 준다. 따라서 Tuan(1977)은 장소의 정서적 요소가, 비록 눈에 보이지 않고, 또 장소 및 지역개발 논의들에서 자주 무시되어 왔음에도 불구하고, 다른 장소의 요소들과 마찬가지로 중요하게 다루어야 한다고 주장한다. 지역개발의 논의에 구성원이 소속감을 느끼고 그 장소에 거주함으로써 행복과 만족을 느끼는 정서적 차원에 대한 고려가 포함되어야 한다는 것이다. 따라서 한 장소를 개발하고자 할 때에는 그 장소가 가지는 물리적 요소들에 대한 개발뿐만 아니라, 인간이 그 장소에 대해 장소감을 기르고 애착을 느낄 수 있는 기제를 마련해주어야 한다. 그런데, 지역민들에게 장소감은 그 취락의 공간상의 물리적 범위에 의해서만 증진되는 것이 아니다. 다른 취락들에 대한 인식 및 그들과의 경쟁이 고유성과 정체성의 느낌을 한층 고양시키기 때문이다(구동회·심승희 역, *ibid.* : 269).

주요한 지리학 사조를 장소관련 논의와 연관하여 살펴보았을 때, 각 사조의 특성에 따라 중심적으로 고려하였던 장소의 요소가 다르게 나타난다(<표 Ⅱ-1>).

<표 Ⅱ-1> 장소관련논의에서 중심적으로 나타난 장소(공간)의 요소

장소의 요소 / 지리학분야	물리적·환경적	인적·문화적	상대적	정서적·상징적
근대지리학 (필연적 연계)	■	■		
실증주의 지리학	■		■	
인간주의 지리학				■
신지역지리학 (공간의 사회적 구성)	■	■		
장소와 공간의 결합론	■	■		■

주) 음영부분은 각 분야에서 강조한 장소 또는 공간의 요소임.

지금까지의 논의에서 시사하는 바는, 장소라는 것이 공간상에 분포하는 물리적 실체와 그에 대한 인간의 정서적 느낌의 결합이라는 점이다. 지금까지 지역개발이나 장소마케팅의 논의는 주로 물리적 자원의 개발에 치중해 왔으며, 공동체의 의식은 그와는 별개의 문제로 생각했다. 그러나 장소의 개발이 지속적으로 수행되고, 그 과정에서 공동체의 협력과 애정을 얻어내기 위해서는 장소에 대한 의식 부분을 개발의 과정에서 함께 고려해야만 한다. 즉, 한 장소를 개발할 때 장소의 물리적 요소에 대한 투자만이 아니라, 장소감의 형성과 같은 정서적 부분을 함께 고려하여야 한다는 것이다.

2) 장소성의 형성

장소성의 형성과정을 논하기에 앞서 우선 기존 연구들에서 사용된 장소성의 개념을 살펴보도록 한다. 최막중·김미옥은 장소가 인간의 인식체계를 통해 특정한 이미지와 가치를 지니고 인지된 공간을 의미하는 것으로 파악되는 것이라고 할 때, 이와 같이 공간을 장소로 만들고 특정 장소를 다른 장소와 구별되게끔 하는 총체적 특성을 '장소성'이라고 하였다(최막중·김미옥, 2001: 154). 유우익은 또한 장소성(placeness)을 주관적으로 인지된 장소의 특성으로 파악하고 있다(유우익, 2004: 12).

국토연구원 전자도서관 참고정보원의 국토용어해설에서는 장소성의 개념을 정의하기 위해 우선 추상적이고 물리적인 '공간'과 맥락적인 '장소'의 개념을 대비한다. 즉, 공간은 거리, 방향, 위치 등의 가치를 지니는 지구표면의 공간인 반면, 장소는 인간의 눈과 마음, 태도와 가치를 통해 나타나는 현상과 공간이며, 체험을 통해 공간을 더 잘 이해하고 가치를 부여함으로써 형성된다는 것이다. 이렇게 보았을 때 장소는 의미가 부여된 공간이다. 이때 의미의 실마리가 되는 장소의 체험은 곧 사람과 소환경의 상호 작용, 즉 관계를 통해 형성되는 것이다. 장소성은 이러한 장소의 본질, 구체적으로는 장소가 지니는 의미이며, 인간의 체험을 통해 나타나는 물리적인

환경에 대한 의식(인식)이라 할 수 있다. 장소성을 형성하는 소재로
는 자연환경이나 인공 환경의 특성, 사람들, 그리고 문화적 정체성
등을 들 수 있다. 결국 장소성은 어떤 장소에 대한 의식적 애착이
며 그 장소의 정체성(즉 그 장소의 동일성과 다른 장소와의 차별성)
으로 구성된다16).

이들 논의를 종합하면, 장소성이란 장소의 인지된 특성으로, 이는
인간이 체험을 통해 애착을 느끼게 되고, 한 장소에 고유하면서 동
시에 다른 장소와는 차별적인 특성을 일컫는 것이다. 그런데, 장소
의 특성에 대한 인지는 한 개인으로부터 집단, 도시, 또는 국가에
이르기까지 인지하는 주체에 따라 다양한 스펙트럼을 보일 수 있
다. 그런데 개인의 장소감의 합이 그 장소의 장소성이 되는 것은
아니다. 한 사회 내에서 개인으로서의 역할과 집단 내 구성원으로
서의 역할이 다르기 때문이다. 오히려 장소성은 개별적인 장소감의
형성과정과는 또 다른 과정을 통하여, 예를 들면 집단적인 경험의
공유를 통해 형성된다고 파악하여야 한다.

한편, 모든 장소는 물리적 토대를 가지고 있으며 인간이 인지의 기
능을 발휘할 수 있는 한, 장소성을 내포하고 있다. 그러나 이러한 당
위적 특성 때문에 장소성을 당연히 형성되는 것으로 바라볼 뿐, 그
구체적 형성과정에 대한 논의는 활발히 전개되어오지 않은 것으로
보인다. 이석환(1998)은 장소성의 형성과정에 대한 구체적인 논의를
하였는데, 그는 장소를 외적인 장소와 내적인 장소로 구분하여 장소
성 형성과정을 밝히고 있다. 우선 인간과 소환경(땅의 분위기, 물리
적 특성, 활동과 기능, 의미와 가치)의 상호 작용에 의해 외적인 장소
가 형성이 되며 이러한 외적인 장소를 인간이 경험함을 통해 내적인
장소, 즉 장소정체성과 장소애착이 생기고 이것이 장소감과 장소정
신을 낳는다. 장소감은 개인적 국면, 장소정신은 집단적 국면에 대응

---

16) http://168.126.177.25:8888/

하는 것으로, 이들의 상호 작용을 통해 장소성이 형성된다. 즉, 한 장소에 대해 인간이 가지게 되는 장소정체성과 장소애착을 유발하여 진솔한 장소감과 장소정신이 형성된 총체가 장소성이라는 것이다. 그의 논의는 장소성의 형성이 인간과 장소의 상호 작용에 의한 결과물임을 적시하고 이를 모형화하였다는 점에서 의의가 있다. 그러나 인간의 경험이라는 추상적 언급 외에는 장소성의 형성과정에 대한 구체적 프로세스의 언급이 없으며, 무엇보다도 장소가 고정된 특징을 가지고 있는 것으로 상정하였기 때문에, 장소성 형성의 과정이 이러한 고정적 실체를 인간이 어떻게 인지하게 되는가라는 측면에서 일방통행식으로 이해된다는 한계를 가진다.

장소성 형성 논의에 구체적 실마리를 제공하고 있는 것이 Tuan과 Relph의 논의이다.

Tuan은 장소성의 형성 요소로 시간과 가시성의 두 가지를 들었다. 여기서 시간이라는 것은 단지 시간의 흐름을 말하는 것이 아니라, 인간이 여러 해에 걸쳐 반복적으로 경험한다는 측면에서의 시간을 말하는 것이며, 이러한 반복적 경험을 통해 장소성이 형성된다고 하였다.

우선 장소성과 시간의 관계를 살펴보도록 하겠다. Relph(1985)가 말하였듯, 즉각적으로 인식할 수 있는 공간과는 달리, 장소는 반복적인 조우와 복잡한 연관들(associations)을 통해 우리의 기억과 애정으로 구성된다(Relph, 1985: 26). 따라서 장소를 알기 위해서는 반복적 경험을 위한 시간이 필요하다.

장소에 대한 추상적인 지식은 즉석에서 획득될 수 있다. 환경의 가시적 특성은 예술가적 심미안을 가지고 있다면 재빨리 기록될 수 있다. 그러나 장소에 대한 "느낌"을 획득하는 데에는 더욱 오랜 시간이 소요된다. 그것은 매일 매일 그리고 여러 해에 걸쳐 반복되는, 주로 순간적이고 극적이지 않은 경험들로 구성된다. 이렇게 본다면,

장소를 아는 것은 분명히 시간을 요하는 것이다. 그것은 잠재의식적인 종류의 인식이다. 조만간 우리는 장소와 친밀해지며, 이는 우리가 점점 더 장소를 당연시하게 됨을 의미한다. 사람이든 장소든 그에 대한 애착은 순간적으로 획득되지 않는다(구동회·심승희 역, 1995: 293).

Tuan은 장소를 조직된 의미의 세계이며, 본질적으로 정적인 개념으로 파악하고 있다. 만일 우리가 세계를 항상 변화하는 과정으로 본다면, 우리는 어떠한 장소감(sense of place)도 발전시킬 수 없다는 것이다(구동회·심승희 역, *ibid.* : 287). 그러나 이러한 주장이 장소성을 고정된 것으로 바라보는 시각을 정당화하지는 않는다. 인지의 대상인 장소가 정적이고 고정된 순간 장소성이 형성되는 것이나, 그렇게 장소성이 형성되는 순간에도, 그리고 형성된 이후에도 인간의 활동과 함께 장소는 변화를 지속하며, 이렇게 변화된 장소를 인지하는 순간 다시 장소성은 변화하기 때문이다.

장소성 획득의 두 번째 요소로 Tuan(1977)이 들고 있는 것은 가시성이다17). 이는 장소의 특정 요소가 축제나 기념물 등으로 가시화되고, 이러한 가시화된 요소를 사람들이 참여하고 체험함을 의미한다. 단지 오랫동안 같은 위치를 점유해왔기 때문에, 즉 오랜 시간 동안 그 자리에 지속되어 왔기 때문에 도시가 역사적으로 유명해지는 것은 아니다. 과거의 사건들이 역사책, 기념물, 화려한 행렬, 그리고 [여전히 전통의 일부로 계속되고 있는] 엄숙하고도 즐거운 축제로 기억되지 않는다면, 그것들은 현재에 아무런 영향도 끼칠 수 없다. 오래된 도시는 풍부한 사실들을 담고 있다. 풍부한 역사와 문화는 가시화될 속성이 풍부함을 뜻하며, 이러한 풍부한 가시적 요소들로부터 후세대 시민들은 장소의 이미지를 유지하고 재창조할 수 있다. 시민들은 자신들의 과거에 자부심을 가지면서, 그들의 고향을 받들어 모시는 사업을 부드러운 목소리로 말할 수 있고 기호

---

17) 구동회·심승희 역, 1995, pp.280-285.

에 맞게 실행할 수 있다.

한편, 북아메리카의 개척취락과 같은 신도시들은 가시화할만한 유서 깊은 과거를 가지지 못한 경우가 많다. 사업을 유치하고 자긍심을 얻기 위하여 도시의 지도자들은 큰 목소리로 말해야만 했다[18]. boosterism(도시선전주의)은 인상적인 이미지를 창조하기 위한 기법으로, 다소 누그러졌지만 현재도 여전히 남아 있다. 도시의 과거나 문화를 뽐낼 수 없었던 도시선전주의자들은 주로 "가장 중심적인", "가장 큰", "가장 빠른", "가장 높은" 같은 추상적이고 기하학적인 우수성을 강조하는 경향을 보였다.

Tuan은 도시국가의 장소성 형성 과정을 예로 제시하면서, 시간(반복적 경험)과 가시성의 획득이 어떻게 장소성을 형성하게 되는지에 대한 이해를 돕고 있다. 그는 도시가 독립적인 정치적 단위[즉 도시국가]로서 최대의 가시성을 획득했을 것이라고 주장한다. 그리스의 폴리스(polis)는 추상적인 실체가 아니라, 시민이 폴리스를 직접 알 수 있었다는 것이다. 비록 그가 자기 나라를 끝에서 끝까지 답사한 적이 없다 하더라도 적어도 자신이 충성을 바쳐야 하는 국가의 자연적 경계를 볼 수 있었다. 그는 분명히 산맥을 식별할 수 있었으며, 그 너머에는 자신의 조국과 경쟁관계에 있는 다른 국가들이 있었다. 도시의 자아감을 높이는 또 다른 요인은 <소규모의 인구>였다. 사람들은 서로를 알게 되었다. 사회적 의사소통이 광범위하게 이루어진다고 해서 그것이 곧 바로 공공사업으로 발전되는 것은 아니다. 하지만 그리스인들은, 성인은 모두 국가의 기능에 참여해야 한다고 믿었다. 공공서비스와 명예 획득은 사생활이 주는 만족보다 상위에 놓여 있었다.

도시국가는 대부분의 시민들이 직접 알 수 있을 정도로 작았으나, 근대의 민족국가는 너무 커서 그런 경험을 할 수 없다. 이를 극

---

18) Anselm Strauss, 1961, *Image of the American City*, Free Press, New York.

복하고 거대한 민족국가를─정치적 이념이 아니라─국민이 깊은 애정을 느낄 수 있는 구체적인 장소로 보이도록 하기 위해서는 상징수단을 사용해야만 했다.

근대국가가 되기 위해서는 직접경험과 친밀한 지식에 기초한 지역적 애착을 극복해야 한다. 일단 사람들을 마을, 도시, 또는 지역에 묶어두는 정서는 보다 큰 정치적 단위로 이전되어야만 했다. 무엇보다도 민족국가는 최대의 가시성을 획득해야만 했다. 한 가지 방법은 국가를 종교적 숭배의 대상으로 만드는 것이었으며 이는 지금도 행해지는 방법이다. 신성한 나라라는 사고가 실재인 것처럼 보이게 하기 위하여, 예를 들어 필라델피아에 있는 독립기념관이나 렉싱턴에 있는 Lee 장군의 묘 등과 같이 직접 경험할 수 있는 신성한 장소들을 만들었다.

장소들을 가시화할 수 있는 수단은 다양한데, 인간의 장소는 극적으로 표현함으로써 생생한 실재가 된다. 장소의 정체성은 개인적·집단적 삶의 열망, 필요, 기능적인 리듬을 극적으로 표현함으로써 성취된다(Tuan, *ibid.* : 286). 이처럼 장소들은 극적인 표현을 통해 가시화될 수 있으며 이를 통해 장소성을 형성하게 된다. 우선 예술, 건축, 역사유적, 의례 등을 기념물로 지정하거나 그에 관한 책을 펴내며, 축제 또는 이벤트를 열어 가시성을 획득한다. 역사문화 자원이 빈약한 경우 도시의 기하학적 우수성을 강조할 수도 있다. 또한 스펙터클을 건설하여 도시의 이미지를 상징하기도 한다. 다른 장소와의 경쟁이나 갈등을 드러낼 수도 있다(<그림 Ⅱ-1>).

지금까지의 논의에서 살펴본 바와 같이, 지리학적 의미에서 논의되는 장소는 인간 활동의 배경이며 인간이 정체성을 형성하는 근원이었다. 또한 장소가 가지고 있는 제반 요소들 중 극적 요소가 채택되고 이것이 어떤 형태로든 가시성을 획득하면, 주민이 이를 오랜 기간 동안 반복적으로 참여하고 경험하는 과정을 통해 장소성이 형성된다고 할 수 있다.

　이처럼 장소성의 형성은 역사적이고 자연적인 과정으로 파악되었다. 장소는 정태적이며 모든 속성들을 내재하고 있는 것으로 받아들여졌고, 그 변화는 역사적이고 우연적인 요소에 의해 결정되었다. 그리고 장소가 변화한다고 하더라도 그것은 장소가 가지고 있는 내재적 속성의 발현으로 파악되었다.

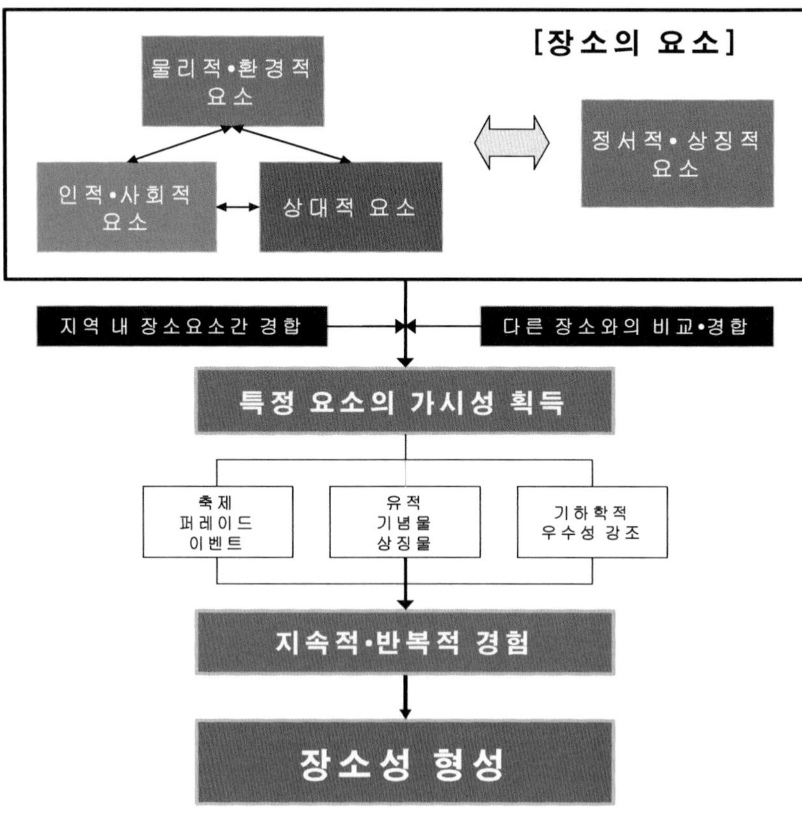

<그림 Ⅱ-1> 장소성 형성 모식도

그러나 장소에 대한 태도와 장소성 형성의 일반적 과정이 장소마케팅의 도입과 함께 변화되고 있다. 사실상 장소마케팅은 장소에 대한 인식의 전환을 가능하게 하는 전략이다. 장소는 더 이상 인간 존재의 기반으로서만 존재하는 것이 아니라, 지역개발을 위한 정책적 시각에서 상품으로 그리고 적극적 마케팅의 대상으로 인식되기 시작하였기 때문이다.

3. 장소마케팅과 장소성

1) 장소마케팅의 시각에서 본 장소의 상품화

20세기를 거치면서 선진경제를 주도했던 공업도시들은 경제기반이 급격하게 약화되면서 지역경제 붕괴, 삶의 질 저하, 부정적 지역 이미지의 생성 등 지역의 침체를 겪게 되었다. 이는 지역이 매력을 잃음으로써 지역의 활력을 구성하고 유지해오던 주체들이 지역을 외면하여, 새로운 구성원이 유입되지 않는데다 기존의 구성원들마저 빠져나가게 됨으로써 생긴 현상이다.

Kotler et al. (1993)은 다음과 같은 두 가지 원인 때문에 모든 도시가 구조적으로 위기를 맞을 수밖에 없다고 주장한다. 첫째는 내부적 작용으로, 이는 도시의 발달에 따른 자연적 단계이다. 도시가 발달하게 되면 인구가 증가하고 집값과 땅값이 오르며 그에 따라 기존의 사회간접시설과 사회복지예산이 부족해진다. 이는 세금 인상을 낳으며 결과적으로 그 지역은 매력을 잃고 자본과 인구를 잃게 된다는 것이다. 둘째는 외부적 작용으로, 이는 크게 기술의 변화, 세계적 경쟁의 가속화, 정치권력의 이동 등의 작용이다. 과학기술의 발달과 자본의 이동성 증대에 따라 기업은 비용이 적게 들고 작업조건이 좋은 지역으로 이동하는 것이 용이해졌다. 이와 동시에 세계화의 진전에 따라 자급자족하던 도시경제, 지역경제 및 나라경제가 통합적인 지구환경 속에서 상호 의존하는 일부분으로 변화하며, 그 결과 세계적 경쟁은 세계적 교통, 통신 및 금융 서비스의 개선을 통하여 벽지의 조그만 마을에도 경제적, 사회적 변화를 가속화시킨다. 오늘날의 새로운 경제 질서 속에서 모든 고장이 다른 고장과 경제 경쟁을 하여야 하는 상황이 된 것이다. 또한 기술발달과 세계적 경쟁 때문에 각급 정부－시정부, 주정부, 연방정부 등－들의 적정한 규제 수준에 대한 논의가 계속되고 있는데, 대략적인 합의는 아마도 국가나 주정부는 도시나 지역의 경제조정을 미시적으로 관리할 능력도 없고, 또 효과적으로 관리할 수도 없다는 선에서 이루어지고 있는 것으로 보인다[19].

일국경제 시대에는 기업이 제품을 팔고, 지방자치단체에서는 자본순환의 효율화를 위한 인프라 구축과 노동력 재생산을 위한 집합적 소비수단을 제공하는 방식으로 역할을 분담하였다. 그러나 세계화에 따른 경제의 지구적 통합은 국가나 지역의 자율성을 상실시키고 있으며 그에 따라 경쟁의 패러다임이 국가와 국가 간의 경쟁에서 도시와 도시 간의 경쟁으로 변화하고 있다. 혹자는 이를 도시가 중추적 역할을 하던 중세에 빗대어 '신중세' 내지 '신도시국가' 시대의 도래라 부르기도 한다(김현호, 2003: 78). 결과적으로 침체를 극복하는 것은 지역의 몫이 되고 있다.

그러나 세계화가 이러한 시공간 압착을 통해 지역을 동질화시키려는 (자본의) 탈영역화 현상으로 이해되는 그 이면에는, 지역 또는 장소의 특성을 중요하게 고려하게 되는 (장소의) 영역화(territorialization)라는 상호 대립적 힘이 존재하고 있다. 이에 따라 정보통신기술의 비약적

---

19) 이종영 · 구동모 역, 1997, pp.15-25.

발전에도 불구하고 장소의 중요성은 오히려 증가한다. 거리장벽 해소, 시간에 의한 공간의 섬멸이 경제활동 주체로 하여금 장소나 지역 간의 아주 사소한 차이에도 매우 민감하게 만들고 있기 때문이다. 경제활동의 이동성은 불가피하게 고정적인 교통·통신시설, 조절, 제도 등을 구축하는 '영역화'를 통해 가능해진다고 한다. 영역화는 '영역성'을 구축하는 것인데, 영역성은 탈맥락화된 지구경제(decontextualized global economy)에 대비되는 장소나 지역의 물리·제도·문화·사회적 특수성을 가리킨다(Amin and Thrift, 1997: 153). 경제활동은 끊임없이 장소속박을 줄여 지구적 이동성(global mobility)을 향상시키려고 하는데 비해, 영역은 그들의 범역 안에 경제활동을 잡아두려는 장소고정성(local fixity)의 상반된 속성을 지니기 때문이다(김형국, 2002; 김현호, *ibid. :* 80에서 재인용).

이처럼 경제 질서의 변화와 세계화는 지역의 침체를 가져오고 지역 간 경쟁을 가중시켰지만, 그와 동시에 장소의 중요성이 커지면서 경쟁력 있는 자산을 가진 장소에 대한 수요 또한 높아지게 되었다. 장소마케팅은 세계화와 지방화의 이와 같은 동시적 경향, 즉 세방화(glocalization) 과정에서 보편적인 지역 특성보다는 고유의 독특성과 차별성이 지역 경쟁력의 원천이 된다는 인식에 기초하고 있다(최막중·김미옥, 2001: 154).

이로부터 Kotler et al. (1993)은 도시는 이제 단지 사업을 하고 생활을 영위하는 배경적 장소가 아니라고 결론짓는다. 모든 고장은 제품과 용역을 팔아야 하고, 제품과 그 고장의 가치를 마케팅 하여야 한다. 고장(도시, 지역), 즉 장소는 부가가치를 부여하고, 설계하고 팔아야 하는 '상품'이다. 자기를 성공적으로 팔지 못하는 고장(장소)은 경제침체와 쇠퇴에 직면하게 된다(이종영·구동모 역, *ibid. :* 21).

기존의 도시계획 및 지역정책이론은 장소상품화에 따라 소비자의 시각을 보다 중시하게 되었으며[20], 그 결과 정착된 것이 장소마케

---

20) Ashworth, G. J. & Voogd, H., 1990, p.23.

팅이다. 장소마케팅은 장소를 상품화해 지역의 경쟁우위를 도모하는 전략이다. 즉, 공적·사적 주체들이 기업과 관광객, 그리고 그 장소의 주민들에게 매력적인 곳이 되도록 하기 위해 지리적으로 규정된 특정한 '장소(대개 도시나 마을)'의 이미지를 '판매'하기 위한 다양한 방식의 전략인 것이다. 그 목표로는 크게 지역 내부로의 자본투자와 지역고용창출을 통한 지역경제의 재활성화, 그리고 지역 주민에 대한 선전과 통합을 통한 성공적인 공동체 실현이라는 사회적 목표 등 두 가지를 들 수 있다(Kearns & Philo, 1993: 3).

이처럼 장소마케팅은 장소의 속성과 경쟁력에 대해 면밀히 분석하고 의도적으로 마케팅을 전개하는 정책적이고 전략적인 개념이다. 따라서 장소마케팅의 논의를 진전하기에 앞서 장소마케팅 전략에서 다루는 장소와 마케팅의 속성에 대해 분명히 하지 않으면 안 된다.

먼저 마케팅에 대해 살펴보자. 마케팅 산업에서 마케팅(marketing)과 단순한 판매(selling)는 엄격히 구분된다. 판매는 가용할 수 있는 것을 사게끔 소비자를 설득하는 시도인 반면, 마케팅은 소비자가 원하는 것을 생산하는 것이다. 다시 말하면, 마케팅에서 상품은 소비자의 요구와 선호에 맞추어진 맞춤품이다. 마케터의 역할은 소비자들의 요구를 이문이 남도록 파악하고 예측하며 만족시키는 것이다. 반면, 판매는 소비자들로 하여금 자신의 상품을 사도록 설득하는 것이다(Briavel Holcomb, 1999: 55). 만약 마케터가 시장의 요구에 따라 장소의 질과 특성을 바꿀 수 없다면, 이는 장소의 마케팅이 아니라 단순한 판매일 뿐이다. 따라서 장소마케팅은 이미 그 어의에서부터 장소를 정책적으로 형성하는 것까지 전제하고 있다고 할 수 있다.

한편, 장소상품의 판매에서 움직이는 것은 상품이 아니라 소비자이다. 이 상품은 대개 소비자가 보기 전에 팔리기 때문에, 본질적으로 상품을 보고 실험하고 다른 유사상품들과 비교할 수 있었던 전통적인 상품의 마케팅보다 더 중요하다. 즉, 장소의 재현과 마케팅을 위해 만들어낸 이미지들, 그리고 생동감 있는 비디오와 광고문구의 설득적인 어구 등은 마케터들이 만들어낼 수 있는 한 선택적이고 창조적일 수 있다는 것이다(B. Holcomb, *ibid. : 54*). 따라서 마케터의 역할이 극대화되면 장소 자체의 속성을 변화시켜서 마케팅하는 범주에까지 이르게 된다.

　다른 한편으로 주목해야 할 것은 장소마케팅에서 말하는 장소성의 개념이 기존의 정태적 장소, 즉 장소상품화의 개념이 도입되기 이전의 장소와 관련된 장소성의 개념과는 다르다는 것이다. 장소를 상품화하여 판매한다고 할 때, 이는 문자 그대로의 장소(혹은 물리적 의미의 땅)를 포장하여 소비자에게 판매하는 것을 목적으로 삼는 것을 의미하는 것이 아니다. 앞서도 살펴보았듯이, 그 목적은 장소가 가지고 있는 장점을 잘 선전하여 인구와 자본을 해당 장소로 끌어들이려는 것이다. 단순히 장소의 어떤 요소(혹은 장소자산)만을 판매할 수도 없다. 장소는 여러 요소로 이루어진 복합적 실체이며, 장소가 가진 특정 요소가 대표자산이 된다 하더라도 그 장소가 마케팅 될 때에는 항상 대표자산과 그 외 다른 요소들이 결합된 복합적 이미지로 포장이 되기 때문이다.
　또한 장소의 판매가 소기의 목적을 달성하여 인구와 자본을 끌어들이기 위해서는, 판매되는 복합적 이미지를 위해 의도적으로 매력적인 것을 선택하거나 또는 매력적인 이미지를 만들어야 한다. 이처럼 의도적이고 목적적으로 매력을 갖춘 복합적 이미지가 장소마케팅에서 말하는 장소성이며, 따라서 장소의 판매는 곧 장소성의 판매가, 그리고 장소상품화는 장소성의 상품화가 되는 것이다. 그리고 장소의 요소들 중 장소마케팅의 자산으로 활용될 수 있는 것들, 즉 마케팅 되었을 때 경쟁력을 가질 수 있는 것들이 장소자산이 되는 것이다.

　따라서 장소마케팅 전략에서 가장 중요한 것은 마케팅의 상품이 되는 장소성(즉 장소와 장소자산)에 대한 연구이다. 그러나 장소자산이 장소마케팅의 향방과 성패를 가름할만한 요소임에도 불구하고 장소마케팅은 여전히 불완전하고 부분적인 논의에 머무르고 있다. 장소에 대한 깊이 있는 조명 없이 마케팅기법에 대한 논의로 직행하고 있기 때문이다(김현호, 2003: 78). 이는 아마도 장소마케팅의 논의가 경영학적 논의에서 발달하는 과정에서, 다른 상품들과 비교해 장소가 갖는 차별적 성질을 무시하였기 때문일 것이다. 또한 장소를 이미 형성되어 있거나 불변의 속성을 내재한 정태적인 것으로 보는 시각이 만연해 있기 때문이기도 하다. 장소마케팅에 대한 연구들이 시도되고 있는 지리학이나 도시계획 등 다른 학문분야에서도, 지역이론을 마케팅 이론과 접목시키는데 중점을 두고 있어 장소상품의 형성 자체에 대한 심도 깊은 논의를 찾기 어렵다. 그러나 장소의 속성이 고정적이지 않고 변화 가능한 것이라면, 장소와 장소자산에 대한 본질적 논의 없이 장소마케팅을 논의할 수는 없다. 상품을 이해하지 못하고 판매를 하는 셈이 되기 때문이다.

2) 장소마케팅 전략의 장소와 장소자산

정보기술경제체제 하의 현대경제에서 고도의 이동성을 가진 기업이나 여행자 등 지역발전 요소를 끌어들이기 위해 장소가 갖추어야 할 요건이 '장소자산(place assets)'이다. 장소자산은 두 가지 주요한 특성을 지니고 있는데, 하나는 장소특수성이며 다른 하나는 입지 비대체성이다. 장소특수성은 다른 장소에는 존재하지 않는 장소자산을 소유하고 있는 독특성이며, 입지 비대체성은 장소자산의 특수성으로 인해 입지의 이동성을 제약하는 성격이다. 다른 장소가 구비하지 못한 장소자산이지만 단시일 내에 모방하거나 창조가 가능하다면 장소자산의 특수성과 입지 비대체성은 크게 떨어질 수밖에 없다(김현호,

2002: 35). 장소들은 자산을 구축하여 입지를 위한 장소경쟁에 나서게 되는데, 이와 같은 장소자산의 구축을 '장소형성(place making)'이라 하며(Brenner, 1997), 그 예가 장소마케팅인 것이다. 한편, 장소에서 무엇을 생산하는 것보다 장소 자체의 형성이 중요해지고 있기 때문에, 장소자산이 지역발전을 위한 장소마케팅의 핵심이라 해도 과언이 아니다(김현호, 2003: 78). 여기에서의 장소자산의 형성이란 지역이 가지고 있는 장소자산의 분석을 통해 그 지역의 장소마케팅에 적합한 자산을 채택하고 그를 육성한다는 것이다.

장소마케팅의 입장에서 장소자산에 대해 구체적으로 살펴보자. 장소자산이란 한 장소가 가지고 있는 장소의 요소 중 긍정적 요소, 즉 장소의 매력으로 기능을 하고 있거나, 혹은 잠재성을 가지고 있어 개발하였을 때 매력적으로 판매가 될 수 있는 유, 무형의 자원들을 가리킨다. 이무용(2003: 38)의 논의에 따르면, 장소를 구성하는 모든 요소들(예를 들어 자연적 요소, 인적 요소, 삶의 질 요소, 경영환경 요소, 문화적 요소 등)이 상품의 잠재력을 지니고 있어, 일반상품과는 달리 매우 포괄적이고 다양한 상품유형을 지니게 된다고 하였다. 특히 그 장소의 이미지와 매력, 삶의 질, 문화관광자원, 물리적 인프라, 심지어 지역주민 자체까지도 상품이 될 수 있다고 밝혀 장소의 사실상 모든 요소들이 장소자산이 될 수 있음을 강조하였다. 그러나 어떠한 요소가 장소자산이 될 수 있을 것인가는 사회적 수요와 분위기, 지역의 경쟁력과 잠재력 등을 종합적으로 고려하는 가운데 결정될 수 있는 것이다.

장소마케팅에서 상품으로 인식하고 있는 장소를 파악하기 위해 우선 기존의 장소마케팅 실천에서 판매의 대상으로서의 장소의 요소, 즉 장소자산을 어떻게 분류하고 있는가를 살펴보아야 할 것이다. 장소마케팅의 방법론을 체계화한 Kotler(1993)가 파악한 장소의 요소는 <표 Ⅱ-2>와 같다. 그의 장소 개념은 지리학자에 비해 정교

함이 떨어지기는 하지만, 하위 항목들은 현재 각 지역에서 이루어
지고 있는 장소마케팅의 초점과도 대략 일치하는, 상당히 포괄적이
고 자세한 범위를 다루고 있다.

<표 Ⅱ-2> Kotler가 파악한 장소자산

상품으로서의 장소의 요소	장소자산의 예
도시의 물리적 구조	- 도로망 - 항구 - 공항다리 - 주요 가로 및 건물들로 이루어진 도시의 뼈대 등
사회간접자본	- 도로 - 항구 - 댐 - 하수도 - 통신선 등
도시 공공서비스	- 경찰 - 소방 - 교육 등
매력성	- 자연의 미와 특성 - 역사(스토리, 인물 등) - 시장 - 문화적·인종적 매력 - 레크리에이션과 오락 - 스포츠 경기장 - 이벤트와 행사 - 건축물과 기념비 - 조각 등 예술작품 - 주민(친절함의 정도, 도움 등)

자료: 이종영·구동모 역, 1997: 109-157을 참조로 재구성.

김현호(2003)는 장소자산을 문화자산, 제도·정치자산, 물리자산의
세 가지로 나누었다. 문화자산은 문화배태적 자산과 문화자본적 자
산으로 나눌 수 있는데 생활양식이나 신뢰, 인간관계 등은 전자의

자산에 속하는 반면, 예술 등은 후자에 속한다. 제도·정치자산은
제도적 두터움 혹은 제도적 역량을 지칭하며, 관계자산을 포함한
다21). 물리적 자산은 발전인자의 유치, 성장에 필요한 물적 인프라
나 건조 환경 등을 의미한다. 물론 특정한 장소자산이 특정한 장소
마케팅에 완전히 배타적으로 사용되는 것이 아니라, 때로는 여러
유형에 공통적으로 사용될 수도 있다(김현호, 2003: 87-88).

앞 절에서 기존 논의를 토대로 구성하였던 장소의 요소를 장소자
산의 개념과 연결시키면, 장소마케팅에 활용될 수 있는 전략적 요
소들이 장소자산으로 각각 재구성될 수 있다. 즉 장소의 물리적·
환경적 요소는 물리적·환경적 자산으로, 인적·문화적 요소는 인
적·문화적 자산으로, 장소의 상대적 요소는 장소의 상대적 자산으
로, 정서적·상징적 요소는 정서적·상징적 자산으로 등치되는 것
이다.

물리적·환경적 요소에서 장소마케팅에 활용될 수 있는 자산을
물리적 자산과 환경적 자산으로 나눌 수 있는데, 물리적 자산에는
도로망, 항구, 건물 등과 같이 지표 위에 고정적 형태로 나타나는
건축자산이 해당되고, 환경적 자산에는 지형이나 기후, 청정한 환경
등과 같이 자신의 지역에 고유한 지리적, 환경적 우수성이 해당된
다. 인적·문화적 요소는 사회·문화적 자산과 정치·제도적 자산
으로 구성되는데, 사회·문화적 자산은 문화, 레크리에이션, 역사,
축제 등과 같이 그 지역 사회가 가지고 있는 유형, 무형의 문화와
예술적 우수성을, 그리고 정치·제도적 자산은 기업에 대한 인센티
브나 협조적 분위기 등과 같이 경제적 활동을 뒷받침하는 제도적
구성을 말한다. 한편 정서적·상징적 요소는 지역에 대한 애정과
같은 상징적 자산으로 구성되며 지역개발에 긍정적 요소로 작용할

---

21) 제도·정치적 자산은 공식적인 것인데 비해, 관계적 자산은 비공식적인 특성
   이 있다. 관계자산의 대표적인 것으로 축적되고 공유된 인간관계에서 오는 자
   발적 협력과 도움 등이 해당된다.

수 있다. 마지막으로 상대적 요소는 위치적 자산과 잠재적 자산, 그리고 상대적 가능성 자산으로 나누어지는데, 위치적 자산은 로케이션의 특성에 따라 다른 지역과 맺는 관계로 시장, 상권, 결절지 등의 이점을 말한다.

<표 II-3> 장소의 요소에 따른 장소자산의 분류

장소의 요소	장소 자산 분류	구체적 예
물리적·환경적 요소	물리적 자산	도로망, 항구, 건물, 인프라
	환경적 자산	지형, 기후, 청정 환경
인적·문화적 요소	사회·문화적 자산	문화, 레크리에이션, 역사, 이벤트, 축제, 예술작품
	정치·제도적 자산	기업에 대한 인센티브, 주민의 협조적 분위기, 도시공공서비스
정서적·상징적 요소	상징적 자산	주민의 지역에 대한 애정, 정체성
상대적 요소	위치적 자산	시장, 상권, 결절지
	잠재적 자산	자산으로 인식이 되고 있지 않거나 심지어 부정적 요소로 인식이 되고 있는 장소 요소 가운데 시대 변화에 따라 긍정적 자원으로 변화될 수 있는 자산
	상대적 가능성 자산	장소자산으로 존재하지 않지만 경쟁 장소에 재하지 않거나 약하여, 해당 장소에 도입하면 상대적으로 선발이익이나 비교우위를 누릴 수 있는 모든 장소자산

상대적 요소의 나머지 두 자산, 즉 잠재적 자산과 '상대적 가능성 자산'은 모두 장소와 장소가 맺고 있는 상대적 관계에 따라 형성될 수 있는 자산이다. 우선 잠재적 자산은 장소 내에 분명히 존재하고 있지만 자산으로 인식되고 있지 않거나 혹은 부정적인 것으로 인식

되고 있는 장소의 요소로, 사회경제적 프로세스의 변화나 환경의 변화, 인식의 변화 등에 의해 장소자산화 할 수 있는 것을 말한다. 문자 그대로 잠재적인 것으로 그에 대한 인식은 시대에 따라 달라진다.

한편, '상대적 가능성 자산'은 엄밀히 말하면 장소자산의 범주에 포함될 수 없는 것이다. 왜냐하면 현재 해당 장소에 존재하지 않는 것이기 때문이다. 그러나 경쟁 장소에 존재하지 않거나 약하여 해당 장소에 도입하면 상대적으로 선발이익이나 비교우위를 누릴 수 있는 모든 장소자산을 의미하는 '자산의 가능성'은 장소자산의 개념을 적극적으로 확대한 것이라고 할 수 있겠다. 이 개념은 특히 한 장소의 장소자산들이 약한 경쟁력을 가지고 있을 때 적극적으로 고려해야 하는 개념이다. 이 개념을 도입함으로써, 장소가 현재 가지고 있는 자산들을 검토하여 전략을 수립해 온 지금까지의 장소마케팅에서 한 단계 더 발전한 논의를 진행할 수 있게 된다.

3) 장소마케팅의 수단으로서 장소성

(1) 장소자산의 인위적 도입

지금까지의 논의에서 장소마케팅의 도입과 함께 장소를 상품으로 인식하게 되었으며, 이에 따라 장소자산을 개발하여 장소의 매력을 높이는 것이 중요하게 되었다는 점을 밝혔다. 또한 장소자산의 유형을 나누어 고찰하는 과정에서 잠재적 자산이나 상대적 가능성의 자산과 같이 의도적인 노력을 통해 장소에 이식되는 자산이 있음을 살펴보았다. 장소마케팅이 지역개발의 주요한 수단으로 받아들여진 지 오래이지만, 기존의 논의를 살펴보면 장소마케팅과 장소성의 관계에 대해서는, 장소성을 살리고 장소성에 기반한 장소마케팅을 해

야 한다는 원론적 주장만 되풀이될 뿐, 장소의 적극적 형성에 대한
본격적 논의는 없었다. 다만 <표 Ⅱ-4>에서 보이듯이, 장소마케팅의
이미지전략에서는 새로운 이미지를 창출하는 가능성에 대해 언급하
고 있지만, 이 역시 그 장소가 가지고 있는 장소자산의 틀을 벗어
나지 않는다.

<표 Ⅱ-4> 장소마케팅의 이미지 전략 유형

유형	이미지 강화형	이미지 변화형	이미지 창출형
정의	기존에 있던 이미지를 보다 강화하는 전략	새로운 이미지를 만들어내는 전략	
		부정적 이미지를 긍정적으로 전환하는 전략	부재하던 이미지를 새롭게 창출하는 전략
기존 이미지	긍정적	부정적	부재
고객반응 유도	반응강화	반응변화	반응형성
방법	- 기존 이미지에 역행하지 않는 범위에서 기존 문화 인프라와 상품에 대한 재정비 및 판촉에 초점	- 적극적이고 공격적인 토털 마케팅 전략 수립 - 이미지 마케팅 타깃 선정 및 광범위한 시장조사를 통한 목표시장 선정, 그에 따른 상품 개발	

자료: Ashworth & Voogd, 1990을 토대로 구성.
출처: 이무용, 2003, p.40.

　　특히 경쟁력 있는 장소자산이 없는 경우 또는 기존의 장소이미지
가 약하거나 부정적이어서 이를 바꾸어야 할 필요가 있는 경우, 잠재
적 자산이나 상대적 가능성의 자산을 의도적으로 도입함으로써 지역
경제와 공동체의 활성화를 모색할 수 있는 가능성이 존재한다. 이러
한 가운데, 유우익(2004: 12)은 지역개발에서 장소성의 인위적 형성이
갖는 중요성을 설명하고 있다. 즉, 지역의 삶의 양식이 변화하고 장소
가 변화하듯 장소성 역시 시간에 따라 변화할 수 있는 것이며, 따라
서 장소성은 인위적으로 조작되거나 만들어질 수도 있다는 것이다.
또한 이와 같은 맥락에서 축제를 예로 들어, 축제를 통해 잠재된 장

소성을 일깨워 내거나 아예 새로 만들어낼 수도 있다고 주장한다. 만약 이것이 가능한 것이라면, 지역문화와 축제, 그리고 지역개발 사이에는 쌍방적, 교호적인 관계가 성립하게 된다. 그것은 마치 산업발전 과정에서 전방연계(forward linkage)뿐만 아니라 후방연계(backward linkage)가 가능하여 이것이 발전전략으로 사용될 수 있는 것과 같이, 축제가 장소성의 형성 및 지역발전을 위한 수단으로 동원될 수 있음을 의미하게 되며, 이는 문화와 지역의 발전을 위해 새로운 지평이 열리는 것을 의미할 수 있다는 것이다.

<그림 Ⅱ-2>는 장소마케팅의 과정에서 장소성을 인위적으로 형성하는 과정을 모식적으로 나타낸 것이다. 전술한 바와 같이 모든 장소가 이러한 인위적 장소성 형성과정을 겪는 것이 아니라, 장소의 상황에 따른 판단에 의해 적용이 달라진다. 즉 지역의 장소자산이 미약하거나 부정적일 경우, 경쟁력 있는 장소자산을 장소마케팅의 주요 자원으로 드러내거나 도입하는 것이다. 구체적으로는 장소마케팅의 주체가 자신의 장소의 자산을 검토하고 경쟁 장소의 자산과 비교하며, 사회적 수요와 장소의 역량을 고려한다. 잠재적 자산 또는 상대적 가능성 자산 가운데에서 비교우위나 선발이익을 가질 수 있는 자산을 뽑아내고 이를 지역에 도입한다.

이러한 인위적 장소자산이 장소성을 형성하게 되기까지는 형식을 의미하는 외적 프로세스와 내용을 의미하는 내적 프로세스를 거친다. 형식의 측면에서는 축제나 이벤트의 개최 등과 같이 인위적 장소자산을 포장하여 가시화할 수 있는 수단을 만들고, 내용의 측면에서는 이를 운영하며 주민과 방문객이 경험과 참여를 할 수 있는 제도를 형성하는 것이다. 이러한 참여가 지속적, 반복적으로 가능하고 도입된 장소자산이 경제적으로 기여하며, 관련 산업이 파생하면서 새로운 장소성이 형성될 수도 있고, 기존 장소성이 변화할 수도 있다.

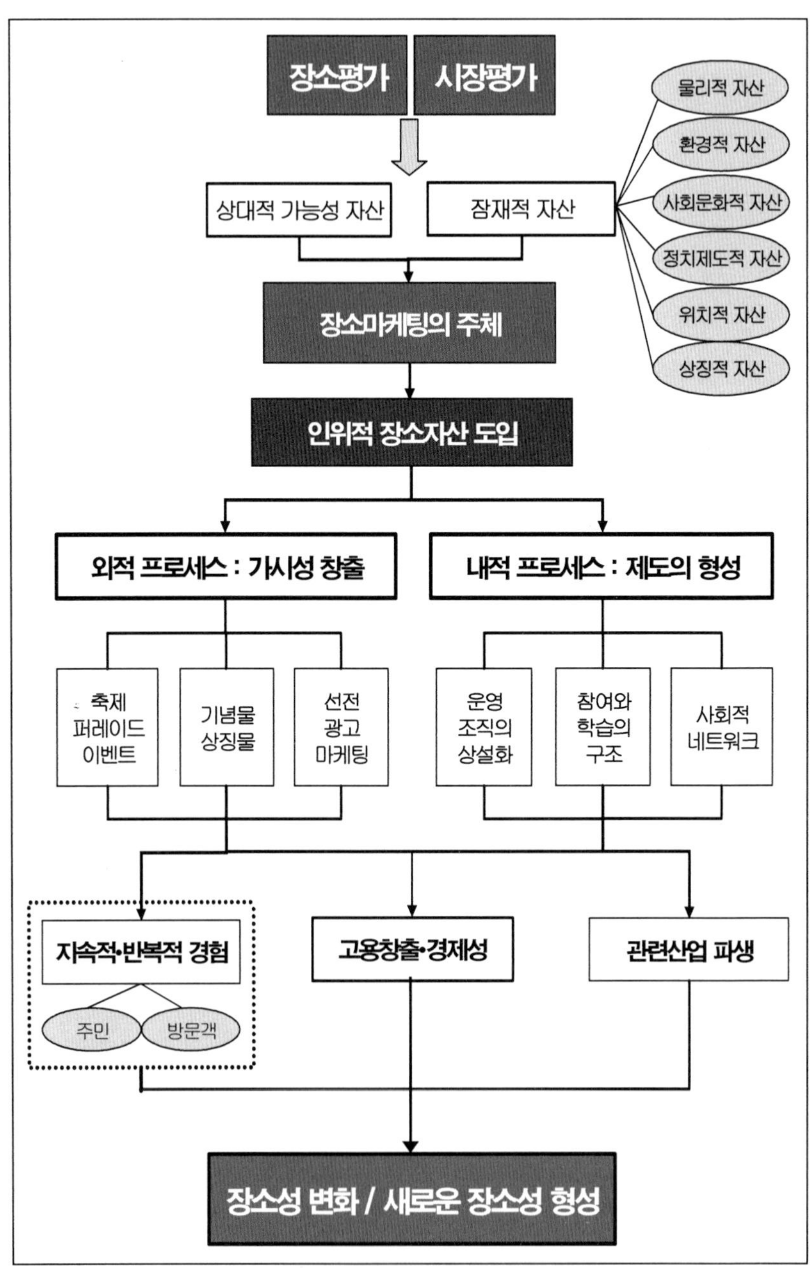

<그림 Ⅱ-2> 장소성의 인위적 형성과정

(2) 장소마케팅 전략: 장소 전략과 마케팅 전략

장소마케팅 전략에 대한 접근은 크게 마케팅 전략(marketing strategy) 중심과 전략적 마케팅 계획(strategic marketing planning)으로 나누어진다. 마케팅 전략은 경영학에서 주로 다루는 마케팅 개념을 장소에 응용한 것임에 비해, 전략적 마케팅 계획은 행정학 등에서 논의되던 전략계획을 장소에 적용한 것이다(이무용, 2003: 42).

우선 마케팅 전략 수립절차는 시장분석(market analysis)과 마케팅 믹스(marketing mix)로 구성된다. 시장분석은 전략주체가 현재 직면하고 있는 전반적인 대내외적 상황을 분석하여 목표시장을 선정하는 일련의 과정을 일컫는 것으로, "시장기회분석→시장세분화→시장표적화→목표시장선정"의 과정을 거친다. 마케팅 믹스란 목표시장에서 마케팅 목적을 달성하기 위해 활용하는 마케팅 수단 내지 도구의 조합으로, 어떠한 마케팅 수단들을 사용할 것인지에 대한 결정은 수행되는 마케팅 대상에 따라 달라질 수 있다(이소영, 1999: 41). 대체로 마케팅 수행 조직과 마케팅 대상 상품, 그리고 마케팅의 방법이 여기에 해당한다.

Kotler et al. (1993: 81)은 전략적 마케팅 계획이 "장소평가(place audit)→비전과 목표 정립(vision and goals)→전략 수립(strategy formulation)→행동계획(action plan)→실행과 통제(implementation and control)" 등의 다섯 단계로 이루어져 있다고 보았다. 마케팅 전략에서 보는 장소마케팅은 장소가 다른 상품들과 차별적으로 가지는 특성을 무시하고 시장 중심적으로 사고하고 있다. 따라서 마케팅 전략에 앞서 장소의 특징을 평가하는 전략적 마케팅 계획의 단계가 필요하다. 최규창(1997) 등은 이 논의를 장소마케팅에 직접 적용하여 전략적 장소마케팅이라 부른다.

<table>
<tr><td colspan="1" rowspan="2">장소마케팅 전략</td><td colspan="2">구체적 실행단계</td></tr>
</table>

<표 Ⅱ-5> 장소마케팅 전략별 실행단계 비교

장소마케팅 전략	구체적 실행단계	
마케팅 전략 (일반 경영학)	**시장분석** 시장기회분석→시장세분화→ 시장표적화→목표시장선정	**마케팅믹스** 마케팅 목적을 달성하기 위해 활용하는 마케팅 수단 내지 도구의 조합 (학자에 따라 다양)
전략적 마케팅 전략 (Kotler, 최규창 등)	장소평가→비전과 목표 정립→전략 수립→행동계획→실행과 통제	
지역문화추구형 장소마케팅전략 (이무용)	**장소전략 (place strategy)** 장소의 사명 규정→장소 평가→ 장소의 비전과 정체성 정립→ 장소마케팅의 목적 수립	**마케팅전략 (marketing strategy)** 시장분석→목표시장 선정→마케팅 믹스→마케팅 실행 및 피드백
인위적 장소성 형성 장소마케팅전략	**장소전략 (place strategy)** 장소평가＋시장평가 → 장소자산 도입	**마케팅전략 (marketing strategy)** 장소마케팅 주체→ 외적/내적 프로세스

이무용은 마케팅전략과 전략적 마케팅전략 논의를 발전적으로 재구성하여 장소마케팅 전략 수립의 프로세스를 장소 전략(place strategy)과 마케팅 전략(marketing strategy)의 두 축으로 나누어 설명하고 있다. '장소 전략'은 마케팅 하고자 하는 장소 자체에 대한 정확한 이해와 평가를 바탕으로 장소정체성 확립을 위한 마케팅의 목적을 분명하게 하기 위한 사전작업이고, '마케팅 전략'은 장소 전략을 토대로 구체적인 마케팅 절차를 밟아가는 것이다(이무용, 2003: 74). 즉, 장소전략은 "장소의 사명 규정→장소 평가→장소의 비전과 정체성 정립→장소마케팅의 목적 수립"의 과정을 거치며, 마케팅 전략은 "시장분석→목표시장 선정→마케팅 믹스→마케팅 실행 및 피드백"의 과정을 단계적으로 거친다. 마케팅 전략에서는 실질적 마케팅 활동 수행에 해당하는 마케팅 믹스의 과정을 강조하였다.

이무용의 논의는 장소의 중요성을 강조하여, 장소마케팅 전략에

서 독립된 전략단계로 장소전략을 구분하였다는 점에서 기존의 장
소마케팅 논의와 차별적이다. 그러나 장소마케팅의 대상을 지역 고
유의 장소성에 한정하여, 장소성이 자연적으로 형성되어 지역에 내
재해 있는 것으로 보는 전통적 시각을 따르고 있다. 따라서 여기서
말하는 장소전략이란 한 장소가 가지고 있는 여러 고유한 속성들을
장소의 사명에 따라 평가하고 그 중 장소마케팅에 적합한 요소를
발굴하는 것에 한정된다.

그러나 장소마케팅에 이용할 장소자산이 부족하거나 없는 장소의
경우 인위적 장소자산 도입을 통한 장소마케팅 전략을 수립해야 한
다. 이 경우, 장소전략 단계에서부터 시장과 수요를 고려하여야 하
므로, 전략구성 방법이 일반적 장소마케팅의 구조와는 다르다(<그
림 Ⅱ-3>).

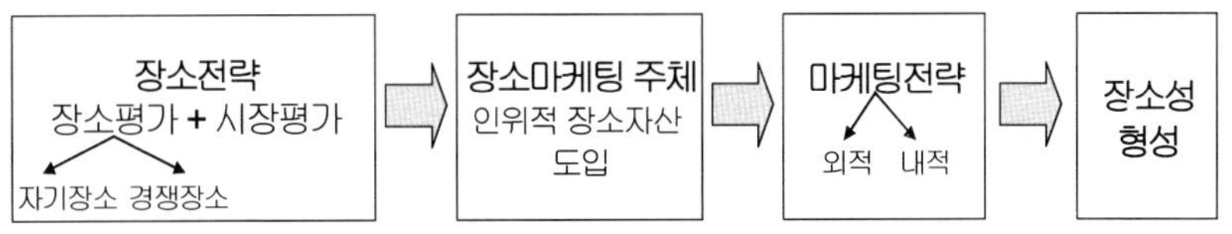

<그림 Ⅱ-3> 인위적 장소자산 도입을 통한 장소마케팅
전개과정

장소전략 과정에서는 장소평가의 항목에 해당 장소가 가지고 있
는 장소자산과 경쟁의 대상이 되는 다른 장소의 장소자산들의 비교
가 포함된다. 여기서 구체적으로 어떠한 장소자산이 경쟁력을 가질
것인가, 즉 선발이익이나 비교우위를 가질 잠재력이 있는 자산을
도출해 내야 한다. 장소자산을 도입하기 위해 장소평가에 더하여
고려하여야 하는 것이 수요와 사회적 환경에 대한 고려, 즉 시장평
가이다. 이는 어떤 자산에 대한 수요가 있을 것인가를 분석하고 예
측하는 것으로, 장소평가와 함께 상대적가능성 자산이나 잠재적 자

산을 도입하는 기반이 된다. 그리고 도입될 장소는 지역의 사회경제적 상황이나 자연환경과의 상호 작용과 조화를 잊어서는 안 된다. 이런 측면들을 모두 고려하여 장소자산을 인위적으로 도입하는 주체가 장소마케팅의 주체이다. 한편, 문화예술의 경우 문화자산의 성격이 강해 도입이 비교적 쉽고, 지역주민들에게 호응을 얻기 쉽다는 이점이 있다. 그리고 다른 메가 이벤트나 거대한 랜드마크의 건설 등과 달리 초기에 적은 자본만으로도 시설을 갖출 수 있다는 장점도 있다.

한편 도입된 장소자산의 마케팅 전략은 외적 전략과 내적 전략의 두 프로세스를 거친다. 기존에 그 장소에 존재하지 않았던 장소자산이기 때문에 장소마케팅에 온전히 결합되기 위해서는 도입된 장소자산이 장소성을 형성하여야 하고, 그 과정은 가시성과 경험이라는 외적, 내적 프로세스의 결합인 것이다. 외적 프로세스는 가시성을 지속적으로 나타내는 것이 중심으로, 문화예술축제의 경우 축제의 지속적 개최와 페스티벌하우스의 건설 등이 한 방법이 될 것이다. 그리고 내적 프로세스는 방문객과 지역주민이 지속적으로 경험하는 제도적 틀과 관련된 것으로, 참여와 학습의 형태로 페스티벌을 경험하게 될 것이다.

이와 같은 프로세스의 결과 기존의 장소성을 변화시킬 수도 있고, 또는 다른 새로운 장소성을 형성할 수도 있는데, 장소성의 형성과 변화의 정도는 장소의 특성과 사회경제적 배경, 문화적 차이 등에 따라 다양하게 나타날 수 있다.

(3) 장소마케팅 및 장소성 관련 기존 연구

장소성과 관련된 본격적 논의는 장소의 의미와 인간이 장소와 맺는 관계에 대해 본격적으로 탐구한 Relph(1976)와 Tuan(1974; 1977) 이후 시작된다. 이들의 논의를 바탕으로 장소와 인간의 정서적 관계에 대한 개념화들이 시도되었다. 그 예로 '장소감(sense of place)' (Buttimer, 1980; Tuan, 1980; Steele, 1981; Hay, 1998), '장소애착 (place attachment)' (Altman & Low, 1992; Hidalgo & Hernandez, 2001), '장소의존성(place dependence)' (Stokols & Shumaker, 1981), '장소정체성(place identity)' (Proshansky, 1978; Sarbin, 1983; Pros-hansky, Fabian & Kaminoff, 1983; Twigger-Ross & Uzzell, 1996) 등을 들 수 있다. 그러나 이들 개념은 개인이 어떻게 장소에 대한 느낌을 형성하고 애착을 가지게 되는가에 집중되어 있다. 또한 각 개념이 다소 모호하게 정의되고 있으며, 각각의 형성과정과 서로 간의 관계에 대해서는 논쟁의 여지가 많이 남아 있다.

　장소성과 관련한 국내 논의로는 주로 건축학적 관점에서 장소성 논의가 많이 진행되는데 예를 들면, 건축적 장소의 시각에서 대도 시에 적합한 새로운 장소성 의미구현에 대한 논의(김병우, 2003)와 장소성을 고려한 재래시장의 재조성에 대한 논의(김창환, 2002)가 있다. 장소성의 의미론적 접근을 시도한 이석환·황기원(1997)과 이 석환(1998)의 논의가 있으며, 김미옥(2000)은 이 논의에 기반하여 장 소성의 의미와 가치를 계량화하고자 시도하였다. 자본주의의 특성 으로 장소성이 상실되었으며, 이를 복원하는 것이 필요하다는 주장 (최병두, 2002)도 있다. 한편 김현호(2002; 2003)는 지역개발에서 장 소가 중요함을 역설하고 그 방법으로 장소자산 형성을 통한 장소 만들기를 주장한다.

　장소성 형성과 약간 맥락을 달리 하지만, 공간의 사회적 구성론 을 접합시켜, 사회의 변화에 따라 장소를 새롭게 해석하는 연구들 도 있다. 대표적으로 심승희(2000)와 이은숙·장은미(2001)의 연구를 들 수 있는데, 문학작품을 통해 장소가 새롭게 해석되고 재생산되 는 과정의 분석을 통해, 장소성의 변화가능성을 시사하고 있다.

　장소마케팅 논의는 1980년대부터 시작되어 1990년대에 본격화되었다. Kearns & Philo(1993)와 Ward & Gold(1997), Ward(1998) 등은 장소마케팅의 구체적인 사례들을 분석하고 있는데, 특히 Ward (1998)는 영국과 미국의 장소마케팅 역사를 분석하면서 장소마케팅의 기원을 미국 서부개척시대까지 거슬러 올라가 찾고 있다. 한편 Ashworth & Voogd(1990)와 Kotler et al. (1993) 등은 도시계획 부문에 장소마케팅을 적용하는 방안을 분석하고 있다. 장소마케팅 논의에는 대체로 장소마케팅 과정에서 일어나는 장소와 문화의 조작과 그에 따른 특정 계층의 소외 등에 대한 비판적 논의들이 많은데, 특히 Kearns & Philo(1993), Bianchini et al. (1992) 등이 그러하다.

기존 장소마케팅 연구는 문화전략에 대해 '엘리트의 일방적 이데올로기 관철' 및 '사회통제' 논리를 견지해 왔으나, 이후 다양한 경험연구들은 장소마케팅 전략이 수행되는 도시에서 등장하고 있는 의미 있는 지역적 저항을 밝히고 있다. 이러한 지역적 저항의 대표적 예로는 '장소의 문화정치', '분배적 정의를 둘러싼 정치', '타자화된 섹슈얼리티에 대한 정치'를 들 수 있다. 또한 성장연합의 '자본논리'와 문화생산집단의 '문화논리' 간의 갈등, 즉 문화의 상품화를 둘러싼 갈등도 장소마케팅 전략이 수행되는 곳에서 빈번하게 나타나고 있다(헤이만, 1999: 108).

국내에서는 구체적인 장소마케팅 전략과 사례와 관련하여 1990년대 후반부터 수많은 연구들이 진행되었으며, 그 주제와 접근방법 또한 다양하다. 지역축제와 문화행사에 관련된 논의들이 특히 많은데, 광주 비엔날레 행사를 사례로 문화예술행사의 집행사례를 비판적으로 분석한 연구(김유심, 1997)와 과천마당극제를 사례로 참여주체의 역할을 분석하면서 정부와 전문 예술집단 간의 관계를 강조한 연구(신혜영, 2002), 축제를 도시나 지역의 문화상품으로 인식하고 이들이 어떻게 장소마케팅에 결합되는가에 관한 연구(김우재, 2000; 구경희, 2003; 이효재, 2003), 도시축제에서 나타난 공간적 특성(오선재, 2004)과 축제 방문자의 만족도 평가(윤상근, 2004), 축제 주체의 변경에 따른 장소마케팅의 성격 변화(유혜인, 2003), 민관협력을 통한 장소마케팅 연구(유지현, 2000) 등이 있다. 장소마케팅에서 문화적 수단이 중요하게 다루어짐에 따라 그 운영주체와 그들의 갈등에 대해 연구되고 있는데, 특히 문화생산집단의 역할이 강조되고 있다(헤이만, 1997; 이무용, 2003). 또한 그 외에도 생태관광을 이용한 장소마케팅 연구(김문숙, 1999; 박소연, 2003), 장소마케팅을 통한 소외지역의 개발 가능성 탐구(박성희, 2003), 장소마케팅 전략 수립과 형성과정에 관한 연구(최규창, 1997; 김태선, 1998; 신혜란, 1998; 이소영, 1999; 김민수, 2000; 송희정, 2003), 장소마케팅과 지역이미지의 상관관계에 대한 연구(김숙진, 1999), 장소마케팅에 대응한 정체성 운동에 관한 연구(성주인, 2000) 등이 있다. 김인(2003)의 연구는 도시마케팅의 수단으로 도시자산을 개발하여 도시정체성을 확립할 것을 추구하고 있다.

이들 장소마케팅 논의를 살펴보면, 문화예술축제를 장소마케팅의 중요한 전략으로 인식하여 그 구체적인 과정을 밝힌 논의들이 많다. 이는 장소마케팅에서 문화전략이 매우 중요하게 다루어지고 있음을 보여주는 것이며, 이무용(2003)은 바람직한 장소마케팅 전략으로서 지역문화추구형 장소마케팅을 제시하고 있다.

이처럼 장소마케팅에서 문화를 중요하게 다루기 시작하면서, 지역의 고유한 장소성을 살려 장소마케팅에 이용하여야 한다는 주장들이 많이 나타나게 되었다. 즉, 장소마케팅이 진정한 의미의 지역개발을 가져오기 위해서는 장소마케팅을 통하여 경제적 효과를 낳을 뿐만 아니라, 지역주민이 마케팅 되는 장소성과 일체감을 느끼고 장소마케팅의 효과가 지역주민에게 고루 돌아가야 한다는 것이다. 그리고 이것이 실현되기 위해서는 고유의 장소성을 살려 마케팅 하여야 한다는 것이다.

이러한 주장이 매우 옳고 많은 사례에서 증명되고 있음에도 불구하고, 여기에는 한 가지 맹점이 있다. 즉, 지역에 고유한 장소성이 반드시 마케팅에 활용될 수 있는 것은 아니라는 점이다. 모든 지역은 고유한 장소성을 가질 수 있지만, 장소마케팅은 매력적인 장소 상품을 개발하는 것이며, 고유성이 매력성을 담보하지는 않기 때문이다. 따라서 정책적인 입장에서 보아 장소성이 약하거나 부정적이어서 장소마케팅에 적합하지 않을 경우에는, 의도적으로 장소자산을 투입하고 이것이 지역에 뿌리를 내리도록 하는 인위적 장소성 형성의 필요성이 제기된다고 하겠다.

4) 소결 및 연구의 분석틀

앞에서 장소에 대한 많은 논의들을 살펴보았다. 결국 특정한 공간적 규모로 존재하는 물리적 실체와 인간행위의 결과물이 인지되어 의미를 가지는 공간적 실체의 결합으로, 자연적, 인문적 요소들이 서로 상호 작용하는 종합적 실체이다. 그리고 장소성은 인간이 장소에 대해 인지하고 있는 특성을 말한다. 장소마케팅은 시장의 수요에 맞게 장소성을 매력적으로 가꾸고 이를 홍보, 판매하여 인구와 자본을 자신의 장소로 끌어들이고 지역경제를 활성화하려는 전략이다. 그러나 장소에 대해 인지된 모든 특성이 장소마케팅에 활용될 수 있는 것은 아니다. 시장수요를 고려하여 장소마케팅에 성공적으로 활용될 수 있는 특성을 발굴하는 전략적인 판단이 필요하게 된다.

장소자산은 장소의 요소 중 장소마케팅에 활용할 수 있는 요소이다. 한 장소가 가지고 있는 장소의 요소 중 긍정적 요소, 즉 장소의 매력으로 기능하고 있거나 혹은 잠재성을 가지고 있어 개발하였을 때 매력적으로 판매가 될 수 있는 유, 무형의 자원인 것이다.

장소성은 가시성과 반복적 경험을 통해 형성되는 것으로, 기존의 장소성은 인간의 의도와는 상관없이 오랜 시간에 걸쳐 서서히 형성되는 정태적인 것이었다. 물론 이는 장소성의 특성임에 분명하다.

그러나 장소마케팅의 도입으로 장소를 전략적으로 사고하게 되면서, 장소성을 의도적으로 변화시키거나 형성할 수 있는 가능성이 열렸다. 잠재적 자산이나 상대적 가능성 자산을 의도적으로 도입하여 장소성 형성을 꾀할 수 있기 때문이다. 이는 특히 장소마케팅에 활용할 수 있는 장소자산이 없는 지역 또는 기존의 장소이미지가 약하거나 부정적이어서 이를 바꾸어야 할 필요가 있는 지역들에 의미를 갖는다.

장소성의 인위적 형성을 통한 장소마케팅 전략은 장소자산의 도입부터 장소성 형성까지의 과정을 모두 포함하는 것이다. 구체적인 전략은 장소전략과 마케팅전략으로 구성되는데, 인위적 장소자산 도입을 통한 장소마케팅 전략의 장소전략과 마케팅전략은 고유한 장소자산을 발굴하는 경우와는 다른 전개과정을 거친다.

장소전략은 장소마케팅에 어떠한 장소자산을 도입할 것인가를 결정하는 전략이다. 이는 장소평가와 시장평가를 통해 결정된다. 마케팅전략은 도입된 장소자산을 구체적으로 개발, 홍보하여 소비시키는 전략이다. 이벤트나 축제의 개최 등과 같은 외적 프로세스의 개발뿐만 아니라, 방문객과 지역주민이 참여하고 경험할 수 있는 제도를 보장해 주어야 하며, 이것이 내적 프로세스이다. 장소전략과 마케팅전략을 통해 도입된 장소자산이 장소성을 형성하게 되며, 그 속도와 정도는 구체적인 상황에 따라 다르게 나타날 것이다.

지금까지의 논의에서 인위적 장소성 형성의 이론적 가능성을 밝혔다. 이상의 논의를 정리하여 도출한 분석틀이 <그림 Ⅱ-4>이다. 이를 바탕으로 하여, 인위적으로 장소성이 형성되었거나 형성될 가능성이 있는 지역을 사례로 장소전략과 마케팅 전략을 분석하고자 한다. 이를 통해 장소성이 새롭게 형성되거나 변형되는 과정이 현실적으로도 나타나는가를 검증하겠다.

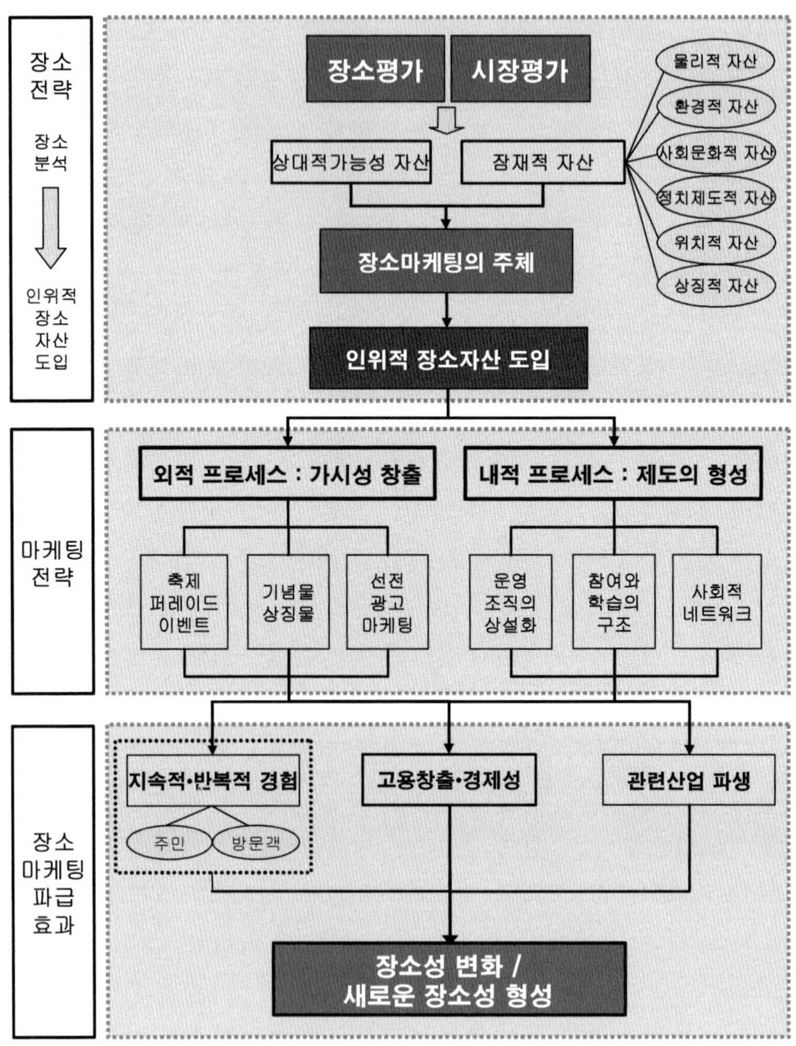

<그림 II-4> 연구의 분석틀

제3장 문화예술축제에 있어 장소성의 문제

장소마케팅이 지역개발의 중요한 화두로 등장함에 따라, 도시들은 지역의 특성에 적합한 장소마케팅 전략을 수립할 필요성을 갖게 되었다. 제2장의 이론연구에서 밝힌 바와 같이, 장소마케팅에 활용할 수 있는 장소자산이 빈약하여 경쟁력이 약한 장소들은 보다 차별적으로 전문화된 장소마케팅 전략이 필요하다. 즉, 이들 장소를 위한 장소마케팅 전략으로 비교우위나 선발이익을 가질 수 있는 장소자산을 인위적으로 도입하고, 이를 통하여 장소성을 새롭게 형성하도록 하는 방안을 제시할 수 있다. 비교우위나 선발이익을 가지는 장소자산은 다른 장소와의 비교, 사회적 수요의 분석, 그리고 지역의 현재 상황과 특성 등을 종합적으로 검토하여 도출된다.

뛰어난 매력을 가지고 있지 않은 일반 도시가 이미지를 형성하여 해당 장소를 마케팅 할 수 있는 방법은 크게 랜드마크 건설과 이벤트의 개최로 나눌 수 있다. 랜드마크는 파리의 에펠탑과 같은 국제적 규모부터 문화예술지구 및 문화의 거리 조성, 문화시설물 건축까지 다양한 규모로 건설될 수 있다. 이벤트는 올림픽과 같은 메가 이벤트부터 작은 축제와 소규모 이벤트에 이르기까지 그 종류가 매우 다양하며, 랜드마크 조성과 혼합하여 사용할 수 있는 방식이다. 올림픽이나 세계박람회 등의 메가 이벤트에 대해서는 비용과 이익에 관한 논쟁들이 많이 일어나고 있는 것에 비해, 꽃박람회, 문화축제, 종교축제, 스포츠이벤트, 역사적 기념일 제정 등과 같이 규모는 작지만 더 자주 볼 수 있는 활동들은 방문객을 끌어들이고 그 지역으로 미디어의 주목을 끄는 것에 효과적이라고 평가된다(Holcomb, 1999: 58-61).

특히 축제는 랜드마크 조성 등과 같은 메가 이벤트에 비해 초기

투입자금이 적으면서도 도시가 가진 매력을 포장하여 마케팅 하기에 효과적이고, 또한 그 운영에서 지역주민의 광범한 참여를 이끌 수 있다는 점에서 장소마케팅의 주요한 수단이 된다. 실제로 현대사회에서 문화에 대한 수요가 높아지고 문화예술이 가지는 경제성에 대한 인식이 커지면서 문화예술과 축제를 결합하여 장소마케팅하는 사례들이 자주 발견된다. 따라서 문화예술축제의 도입은 장소마케팅 과정에서 나타나는 장소성의 인위적 형성을 가능하게 하는 적절한 수단이 될 수 있으므로, 문화예술축제와 장소성 간의 관계를 고찰할 필요성이 도출된다.

이 장에서는 문화예술 및 문화예술축제와 관련된 일반현황들을 정리하고, 장소마케팅의 도구로서 문화예술축제를 사용하는 가운데 인위적으로 장소성이 형성될 수 있는 일반적 가능성을 고찰해 보겠다.

1. 장소마케팅으로서 문화예술축제

후기산업사회에 이르러 문화에 대한 수요가 높아지고 문화관광과 문화관광객이 증가하고 있다. 문화와 예술의 소비가 단순히 취향의 문제가 아니라 경제적 이익을 창출할 수 있는 영역으로 탈바꿈하게 되었다. 이는 사회경제구조의 변화로 문화의 생산과 소비계층이 변화하였기 때문이다.

많은 학자들이 '문화'와 '경제' 영역 간의 붕괴를 포스트모더니티의 중요한 현상으로 간주한다(Harvey, 1989; Jameson, 1894; MacCannell, 1993). 문화의 소비는 경제 재생의 의미로 사용되고 있으며, 유럽 도시에서 문화시설의 창출은 투자를 끌어들이기 위한 경쟁적 도구로서 중요성을 지닌다. 따라서 문화관광의 증가를 바라볼 때, 매력적인 관광자원의 개발 자체만을 보는 것은 충분하지 않다. 누가 이러한 관광자원을 소비하는가, 어떻게 소비하는가의 문제는 매력적인 관광자원의 생산과 형태, 위치에 중요한 영향을 미칠 것이다(Greg Richards, 1996: 261-286).

후기산업사회에서 문화 소비가 증가하는 이유를 설명하기 위해 사용되는 이론으로 중산계급화 이론(embourgeoisement thesis)과 민주화이론(democratization thesis)이 있다.

먼저 중산계급화 이론에서는 문화상품과 서비스의 소비를 '나이, 소득, 사회적 지위, 교육수준'으로 구별되는 사회적 계층이 가지는 생활양식의 한 부분이라고 생각한다. 특히 예술관광의 경우, 특정한 부류의 사람들이 사회적 미식가인 소수의 엘리트 집단을 추구하면서 발달한 것이다. 이는 서구 유럽에서 박물관과 미술관의 방문객 수가 증가하고 있고, 예술관련 책이나 음악 등과 같은 문화상품의 판매가 증가하고 있다는 점에서 뒷받침된다. 또한 여러 조사에서 평균적인 문화소비자는 나이가 40세부터 60세 정도로, 소득과 교육 수준이 높고 자녀가 없는 경우가 많은 것으로 나타나고 있다.

반면 민주화 이론은 문화소비의 증가를 수요 측면보다 공급 측면에서 접근하는 것으로, 문화상품의 창조와 보전에 대한 관심－생산자의 책임－이 새로운 기술을 도입하여 문화상품을 판촉함으로써 새로운 시장을 찾는 것으로 바뀌었다고 판단한다. 여기에는 사회적 책임의 증가나 지원금 감소에 따른 경제적 활로 모색 등이 그 배경으로 작용하고 있다. 마케팅, 연출, 해석이 문화상품 자체보다 더 중심이 되고 있으며, 따라서 몇몇 문화관광은 더 이상 고급예술을 지칭하는 것이 아닌, '일상생활'의 보통의 유적지를 의미하기도 한다(Ashworth, 1995: 265-284).

결국 문화예술에 대한 수요의 증가는 문화예술을 소비하고자 하는 특정 계층의 성장, 즉 소비의 영역과, 문화예술상품 공급기술 발달 등과 같은 생산의 영역이 동시적으로 발전하는 가운데 나타나는 현상이라고 할 수 있겠다.

1) 문화예술에 대한 수요 변화

중산계급화에 따른 것이든 민주화이론에 따른 것이든, 문화를 소비하는 계층이 증가한 것은 사실이며, 특히 그 중에서도 경제성장과 교육기회의 확대로 고급문화예술을 소비하는 것에 관심을 갖게 된 계층이 존재한다[22]. Stebbins의 논의에서 이들 문화예술 소비자의 특징을 찾아볼 수 있다. 그는 진지한 여가(serious leisure) 이론의 틀에서 문화예술관광을 자유로운 예술적 취미로 간주하고 있다. 이러한 틀 속에서 문화예술관광은 휴양관광(recreational tourism)과 구분된다. 진지한 여가의 측면에서 살펴본 문화예술관광은 관광객들이 특정한 장소를 이해하거나 표현하고자 하는 갈망에서 발생한 것이다. 이러한 흥미는 심오하며, 일정 단계의 기술이나 지식, 조건, 또는 경험을 필요로 한다(Delbaere, 1994).

진지한 여가의 속성은 여섯 가지로 구별되는데, 그 중 가장 먼저 들 수 있는 것이 지속성이다. 이는 여가활동이 특정시기 동안 지속적으로 이루어지는 것을 의미한다. 두 번째는 전문가로서 여가활동에 참여하는 것이며, 세 번째, 이러한 전문가가 되기 위해서 지식, 훈련, 기술 등의 획득에 기반하여 개개인이 노력해야 한다는 것이다. 네 번째는 진지한 여가의 영구적인 이익으로, 자아실현, 자기표현, 자신의

---

22) 1965년 이후 박물관을 찾는 미국인의 숫자는 연간 2억 명에서 5억 명으로 증가했으며, 1988-89 시즌 중 브로드웨이에서의 공연 기록은 모두 경신됐다. 또한 일류급 실내악단협회의 회원수는 1979년의 20개에서 1989년에 578개로 늘어났고, 1970년 이래 미국 오페라 청중은 3배로 늘어났다(김홍기(역), 1997, 메가트렌드 2000, 한국경제신문사, 서울, p.79 (John Naisbitt & Patricia Aburdene, 1990, *Megatrends 2000: Ten new directions for the 1990s*, Morrow, New York)).

재생산, 성취감, 자아 이미지의 개선, 상호 작용과 소속감 등을 얻을 수 있다는 것이며, 다섯 번째는 독특한 정신과 특별한 사회에 기반한다는 점, 그리고 여섯 번째는 다섯 번째 속성에서 이끌어내어지는 것으로 진지한 여가에 참여한 사람은 그들이 선택한 목적으로 인해 보다 더 강력한 정체감을 갖게 된다는 것이다(Stebbins, 1996: 948-950). 즉, 진지한 여가를 대표하는 문화예술관광은 소비의 대상이 되는 상품(즉 문화예술)에 대한 학습을 통해 전문적 지식을 함양한 소비자들이 문화예술을 지속적으로 소비함으로써 자아실현과 소속감, 정체성 등을 고취하게 되는, 보다 전문적 형태의 관광유형이라고 하겠다.

이들에 대해 일반적으로 알려져 있는 사실은 상대적으로 높은 연령층의 고학력·고소득 소지자로서 문화적 취향의 만족을 위해서는 먼 곳도 불평 없이 찾아가는 사람들이라는 점이다. 이들은 전문적인 직종에 종사하고 있으며, 학력수준과 환경의식도 높다. 조직 자본주의의 틀에 얽매이기를 거부하는 이 새로운 계층을 지칭하는 용어는 매우 다양한데, 대표적으로 신중간계급(new middle class), 신매개집단(new intermediary class), 창조적 계층(creative class) 등을 들 수 있다.

특히 Richard Florida(2002)는 현대 미국사회를 지배하는 두드러진 계층으로 대두하고 있는 사람들을 가리켜 창조적 계층(creative class)이라고 지칭한다. 현재의 경제는 근본적으로 창조적 경제(creative economy)이며, 이는 창조성(creativity)−지식을 바탕으로 유용한 새로운 형태를 만들어내는 능력−이 핵심 동력이 되는 경제를 말한다. Florida에게 지식과 정보는 창조성을 위한 도구이며, 그 결과물이 혁신(innovation)인 것이다(Florida, 2002: 44). 그리고 이러한 창조적 경제가 사회적 계층 형성에 영향력을 미치게 되었고, 그 결과 형성된 것이 창조적 계층이다. 이들은 개성을 존중하고 성취감을 중요하게 생각하며, 다양성과 개방성을 특징으로 한다. 그리고 여가를 위해 활동적으로 몸을 움직이고 직접 경험하는 것을 즐긴다(Florida, *ibid. :*

77-80).

창조적 계층은 기존의 계급분류체계나 직업분류체계 상에서는 명확하게 드러나지 않는다. Florida는 창조적 계층을 보다 명확히 파악하기 위하여 기존 직업분류체계를 직업의 창조성 여부에 따라 다시 분류하였다(<표 Ⅲ-1>).

이에 따르면 새로운 계층분류체계는 크게 창조적 계층, 근로계층(working class), 서비스계층, 그리고 농림수산업종사계층 등 네 가지로 분류된다. 그리고 창조적 계층은 다시 창조핵심계층(super-creative core)과 창조적 전문가계층(creative professionals)으로 나누어지는데, 창조적 계층 속에서도 직업이 개인의 창조성에 전적으로 의존하는가, 아니면 고도의 전문성을 가진 직업인가가 구분의 기준이다.

이들 창조적 계층이 문화예술관광에 있어 적극적 소비의 주체가 될 수 있다. 이들은 돈보다는 경험에 더 큰 가치를 두기 때문에, 돈을 모으는 것에 연연하지 않으면서도 과시적 소비가 아닌 자신의 만족을 위한 소비를 추구한다. 전통적으로 개인의 만족을 추구하는 대표적 방법 중의 하나가 문화예술의 소비이다.

따라서 창조적 계층과 문화예술 수요층은 일정정도 관련이 있을 것이라 추정할 수 있다. 이러한 맥락에서 문화예술에 대한 수요 변화 경향을 창조적 계층의 구성비 변화로 설명하고, 이와 함께 문화예술에 수요변화를 살펴보도록 하겠다.

<표 III-1> 창조적 계층을 고려한 계층분류표

창조적 계층(Creative Class)
　　창조핵심계층 (Super-Creative Core)
　　　· 컴퓨터 및 수학 관련 직종
　　　· 건축, 엔지니어링
　　　· 생명과학, 자연과학, 사회과학 관련직
　　　· 교육, 훈련, 도서관
　　　· 예술, 디자인, 연예, 스포츠, 언론
　　창조적 전문가계층 (Creative Professionals)
　　　· 관리직
　　　· 사업 및 금융경영
　　　· 법률직
　　　· 의료직, 전문기술직
　　　· 고가격제품(high-end) 판매 및 판매관리
근로계층
　　　· 건설, 광업
　　　· 설비, 유지, 보수관련직
　　　· 생산직
　　　· 교통과 유통, 운반직
서비스계층
　　　· 건강관리보조직
　　　· 음식공급 및 요식업관련직
　　　· 건물과 거리 등의 청소 및 유지관리
　　　· 개인 서비스
　　　· 저가격제품(low-end) 판매 및 관련직
　　　· 사무직 및 행정보조
　　　· 커뮤니티 서비스 및 사회 서비스
　　　· 경호 서비스
농림수산업종사계층
　　　· 농업, 수산업, 임업

자료: Florida, 2002, pp.328-329에서 재구성.

(1) 문화예술 수요변화: 미국

계층구조의 역사적 추정을 살펴보면, 창조적 계층이 총노동력에

98

서 차지하는 비중이 지속적으로 증가하고 있으며, 특히 1980년대 이후 급속하게 증가하고 있음을 볼 수 있다. 이는 산업구조의 재편이 창조적 계층의 비율에 영향을 미치고 있음을 암시한다. 1900년 당시 창조적 계층은 전체 노동력의 10% 수준에 불과하였으나, 1980년에는 18.7%를, 그리고 1999년 현재에는 30%를 차지고 있다. 1980년에서 1999년 사이의 증가율은 110%로, 이는 같은 기간 총노동력 증가율이 31%, 서비스업 증가율이 23%인 것과 비교하여 매우 큰 차이가 있다(<표 Ⅲ-2>).

<표 Ⅲ-2> 계층구조의 역사적 추정, 1900-1999

(단위: 1,000명)

	창조적 계층	창조핵심계층	근로 계층	서비스 계층	농림수산업	총노동력
1900	2,900(10.0%)	709(2.4%)	10,402(35.8%)	4,839(16.7%)	10,889(37.5%)	29,0303
1910	4,130(11.1%)	1,201(2.7%)	14,234(38.2%)	7,388(19.8%)	11,536(30.9%)	37,291
1920	4,945(11.7%)	1,279(3.0%)	16,974(40.2%)	8,885(21.1%)	11,396(27.0%)	42,206
1930	6,789(13.9%)	1,847(3.8%)	19,272(39.6%)	12,290(25.2%)	10,333(21.2%)	48,686
1940	7,326(14.2%)	2,059(4.0%)	20,596(39.8%)	14,796(28.6%)	9,020(17.4%)	51,742
1950	9,767(16.6%)	2,584(4.4%)	24,265(41.1%)	17,973(30.5%)	6,994(11.9%)	58,999
1960	12,187(17.9%)	3,680(5.4%)	25.617(37.7%)	22.614(33.3%)	4,134(6.1%)	67,990
1970	15,724(19.8%)	6,007(7.5%)	28.616(35.9%)	30,955(38.8%)	2,450(3.1%)	79,802
1980	18.215(18.7%)	7,963(8.2%)	30,779(31.7%)	44,938(46.2%)	2,703(2.8%)	97,270
1991	29,670(25.4%)	10,961(9.2%)	30,334(26.0%)	53,391(45.7%)	3,459(3.0%)	116,877
1999	38,278(30.1%)	14,932(11.7%)	33,238(26.1%)	55,293(43.4%)	463(0.4%)	127,274

주) 비율은 각 연도별 총 노동력에 대한 각 계층의 비율. 보고되지 않은 직종이 있기 때문에 비율의 합이 100이 안되는 경우가 있음.
자료: 1900-1960년 - U. S. Bureau of the Census, *Historical Statistics of the United States, Colonial Times to 1970*, Series D233-682, New York: Basic Books, 1976; 1970-1990년 - U. S. Bureau of the Census, *Statistical Abstract of the United States.* Washington D. C., various years, Table Nos.602,675, and 629.; 1999년 - U. S. Bureau of Labor Statistics, *Occupation and Employment Statistics*, 1999, available on-line.
출처: Richard Florida, 2002: 332.

물론 1999년 현재 서비스계층이 전체 직종에서 차지하는 비중은 가장 높지만, 서비스계층의 성장률이 창조적 계층의 성장률을 따라 잡지 못한다는 점에서, 새로운 경향으로서 창조적 계층의 성장을 주목해야 할 것이다. 이러한 새로운 계층의 등장은 사회의 소비구조와 여가패턴 변화를 낳는다. 특히 창조적 계층의 소득 수준이 높기 때문에 그 영향력은 더욱 클 것이다(<표 Ⅲ-3>).

<표 Ⅲ-3> 계층별 급료와 월급

	총 노동자수(명)	시간당 평균급료($)	연평균월급($)
창조적 계층	38,278,110	23.44	48,752
창조핵심계층	14,932,420	20.54	42,719
근로계층	33,238,810	13.36	27,799
서비스계층	55,293,720	10.61	22,059
농림어업	463,360	8.65	18,000
미국 총계	127,274,000	15.18	31,571

자료: Bureau of Labor Statistics, Department of Labor, 1999, Occupational Employment Statistics(OES) Survey.
출처: Richard Florida, 2002, p.77.

<표 Ⅲ-4>에서 알 수 있듯이, 미국인들은 가장 많은 여가시간을 TV를 시청하며 보내고 있다(1995년 현재 주당 평균 16.5시간). 사교활동(socializing)과 커뮤니케이션, 스포츠와 운동을 위해서도 많은 시간을 보내고 있다(1995년 현재 주당 평균 각가 7.3시간, 3.7시간, 3.0시간). 한편, 여가시간 활용의 증감을 보면, 1965년에서 1995년 사이에 가장 크게 증가한 것은 운동과 TV시청, 그리고 평생교육 등이다. 문화예술과 관련된 소비를 포함하는 항목은 스포츠와 문화행사 및 취미활동 등으로, 각각 8.3%와 18.2%의 증가율을 보였다.

<표 Ⅲ-4> 미국인들의 주당 평균 여가시간 활용

활동	1965	1995	변화	변화%
TV시청	10.4	16.5	+6.	+58.6
사교 활동	8.2	7.3	−1.	−18.5
커뮤니케이션	3.6	3.7	+0.	+2.8
활동적인 스포츠, 운동	1.0	3.0	+2.	+200.0
취미활동	2.2	2.6	+0.	+18.2
종교	0.9	0.9	0.	0.0
기타 단체 참여 활동	1.3	0.9	−0.	−30.8
스포츠, 문화 행사	1.2	1.3	+0.	+8.3
평생 교육	1.8	2.7	+0.	+50.0
소계 (TV 시청 제외)	20.2	22.4	+2.	+10.9
총 여가시간 free time	34.8	41.0	+6.	+17.8

자료: John P. Robinson and Geoffrey Godbey, 1997, *Time for life: The Surprising Ways Americans Use Their Time*, 2nd ed. University Park, PA: The Pennsylvania State University Press, p.343.

출처: Richard Florida, 2002: 172.

<그림 Ⅲ-1>은 미국인들이 여행을 계획할 때 중요하게 고려하는 사항의 변화를 보여주고 있다. 이에 따르면 1980년대에 비해 1990년대에는 특히 문화의 이해 및 문화, 역사, 건축적 예술품들, 그리고 다른 문화의 경험 등과 같이 문화와 관련된 항목들을 중요하게 고려하고 있음을 알 수 있다. 이 역시 문화적 소비의 증가 경향을 보여준다고 하겠다.

<그림 Ⅲ-1> 미국인의 여행 계획에서 중요한 고려사항

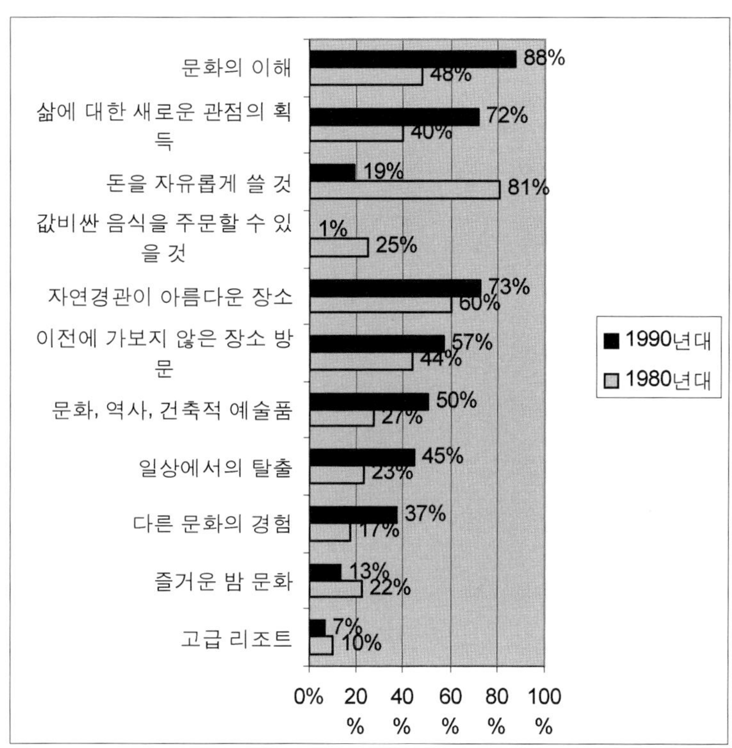

자료: Lou Harris Poll for Travel & Leisure Magazine.
출처: Ted Silberberg, 1995, p.364.

한편, 소득수준이 높을수록 문화예술소비의 비중이 높음을 <표 Ⅲ-5>에서 확인할 수 있다. 특히 연평균 소득수준 50,000 달러 이상 계층이 전체 인구 중 차지하는 비중에 비해 예술소비에서 차지하는 비중이 더 크게 나타난 것으로 나타나고 있다. 반면, 소득수준이 낮을수록 예술소비 비중은 더욱 낮아지고 있다. 특히 연평균 소득 50,000 달러-75,000달러에 해당하는 계층이 인구비에 비하여 높은 예술 소비수준을 보여주고 있다.

<표 Ⅲ-5> 소득수준별 예술소비현황 (미국)

(단위: $, %)

연평균 소득수준	인구 구성비	재즈	고전 음악	오페라	발레	기타 무용	뮤지컬	연극	미술관 /화랑
10,000 이하	7.7	2.8	2.1	3.0	2.1	4.3	3.6	4.6	3.5
10,001 - 20,000	13.5	6.2	7.0	5.7	7.3	8.1	6.6	6.2	7.7
20,001 - 30,000	15.0	9.1	9.2	7.9	9.2	11.1	10.3	9.3	11.0
30,001 - 40,000	16.4	14.6	13.5	8.9	12.6	16.3	13.8	15.8	14.9
40,001 - 50,000	13.2	11.4	12.3	12.7	13.3	13.4	12.4	12.5	13.7
50,001 - 75,000	17.9	23.5	24.8	28.8	24.4	22.1	23.1	22.0	23.0
75,001 - 100,000	8.3	15.5	13.7	10.4	13.4	13.1	13.8	13.9	12.9
100,000 이상	7.9	16.9	17.4	22.7	17.6	11.6	16.4	15.7	13.3
전체	100.0	100.0	100.0	100.0	100.0	100.0	100.0	100.0	100.0

출처: 양종회 외, 2004, p.157.

지금까지 살펴본 내용을 정리하면, 미국 사회는 1980년대 이래 창조적 계층이 크게 증가하고 있으며, 이들은 주로 고소득층을 형성하고 있어 소비패턴의 변화를 낳고 있다. 소득수준이 높아지고 문화에 대한 인식이 커질수록 예술소비 수준이 높아지기 때문이다. 즉, 미국인들이 주로 TV 시청으로 여가시간을 보내고 있지만, 1980년대와 비교하여 1990년대의 여가활동에서 문화관련 항목에 대한 고려비중이 더 높게 나타나는 것을 그 증거로 들 수 있다.

(2) 문화예술 수요변화: 한국

우리나라는 미국과 다른 사회경제적 배경을 가지고 있음에도 불구하고, 계층구조 변화의 경향이 유사하게 나타나고 있다.

<표 Ⅲ-6> 계층별 직업종사자수의 변화 (한국)

	1980년		1990년		2000년		증가율 (1980-2000)
	종사자수(명)	%	종사자수(명)	%	종사자수(명)	%	%
창조핵심계층	427,832	3.37	890,189	5.68	1,985,740	10.80	364.1
창조적전문가계층	518,016	4.08	1,230,573	7.85	2,114,120	11.50	308.1
근로계층	3,569,686	28.15	4,954,618	31.61	4,511,240	24.54	26.4
서비스계층	3,397,514	26.80	5,350,501	34.14	7,361,208	40.04	116.7
농림수산업	4,768,414	37.60	3,247,673	20.72	2,411,243	13.12	-49.4
계	12,681,462	100.00	15,673,554	100.00	18,383,551	100.00	45.0

자료: 통계청, 각 년도, 인구및주택총조사보고서.

　　먼저 창조적 계층구분을 고려하여 우리나라의 직업종사자수 변화 추이를 살펴보면, 서비스계층과 창조적 계층의 증가가 두드러짐을 알 수 있다(<표 Ⅲ-6>). 1980년 현재 창조적 계층의 종사자는 전체 직업종사자수의 약 7.5%(핵심계층 3.37%, 전문가계층 4.08%)에 불과하였으나, 2000년에는 약 22%(핵심계층 10.80%, 전문가계층 11.50%)에 이르러, 20년간 종사자 절대수가 334%나 증가하였다. 같은 기간 전체 직업종사자수가 45% 증가하였고, 이 중 종사자수가 가장 많이 증가한 서비스계층의 증가율도 약 117% 수준임을 고려할 때, 창조적 계층의 종사자가 수적으로나 비율상으로 매우 크게 성장하고 있음을 알 수 있다.

　　<표 Ⅲ-7>에서 보는 바와 같이 도시가구의 경우, 가구당 총지출 중 여가활용비가 차지하는 비중이 꾸준히 증가하다 1997년 이후 주춤하고 있다. 이는 경기침체와 큰 관련이 있는 것으로 보인다. 반면 농촌가구의 가구당 여가활용비 지출률은 계속 감소하는 추세에 있다.

　　여가시간 역시 감소하는 경향을 보인다(<표 Ⅲ-8>). 평일여가시간의 경우 1997년에 비해 2000년에는 5분이 증가하였지만, 다시 2003

년이 되면 22분이나 감소한다. 주말 및 휴일의 여가시간 비교 역시, 2000년에 비해 2003년에는 약 20분 감소하였다.

<표 Ⅲ-7> 가구당 여가활용비 지출률

(단위: %, 원)

	도시가구			농촌가구*		
	총지출비(A)	교양오락비(B)	B/A	총지출비(A)	교양오락비(B)	B/A
1980	2,151,288	39,420	1.8	2,138,323	35,755	1.7
1981	2,583,336	48,720	1.9	2,676,090	44,391	1.6
1982	2,987,724	110,808	3.7	3,257,836	59,821	1.8
1983	3,252,180	124,800	3.8	4,053,675	42,929	1.1
1984	3,532,752	128,616	3.6	4,272,220	41,410	1.0
1985	3,804,300	134,148	3.5	4,690,854	41,222	0.9
1986	4,178,316	157,536	3.8	4,994,705	43,479	0.9
1987	4,800,372	186,648	3.9	5,200,649	44,345	0.9
1988	5,611,632	231,540	4.1	6,030,657	51,536	0.9
1989	7,131,444	349,476	4.9	7,065,148	54,399	0.8
1990	8,227,944	386,412	4.7	8,227,213	54,515	0.7
1991	9,820,080	493,572	5.0	9,416,754	62,182	0.7
1992	11,303,388	563,040	5.0	10,045,960	70,165	0.7
1993	12,251,436	622,848	5.1	12,202,567	106,222	0.9
1994	13,685,184	702,612	5.1	13,333,699	116,282	0.9
1995	15,190,680	802,176	5.3	14,781,890	126,689	0.9
1996	17,122,236	908,952	5.3	17,038,753	130,517	0.8
1997	17,874,492	924,684	5.2	17,044,886	130,947	0.8
1998	15,794,664	703,068	4.5	16,442,064	121,506	0.7
1999	17,746,512	862,200	4.9	17,123,219	121,304	0.7
2000	19,587,576	1,013,772	5.2	18,003,433	131,264	0.7
2001	21,145,488	1,039,800	4.9	18,457,501	135,873	0.7
2002	22,017,744	1,040,460	4.7	17,858,245	138,179	0.8

*주) 1983년 이후는 문방구비를 제외.
자료: 통계청, 한국의 사회지표(http://www.nso.go.kr/).

<표 Ⅲ-8> 여가시간 비교

	2003년 조사	2000년 조사	1997년 조사
평일의 여가시간	3시간 5분	3시간 27분	3시간 22분
주말 및 휴일의 여가시간	5시간 44분	6시간 6분	-

출처: 문화관광부 · 한국문화관광정책연구원, 2003, p.7.

<표 Ⅲ-9> 공연 및 전시시설 입장률 (한국)

(단위: %)

연도	전체	공연장					전시장			체육시설
		소계	음악	연극	무용	영화	소계	박물관	미술관	
1990	-	36.8	7.1	7.9	1.4	34.4	16.3	12.4	7.8	-
1993	41.6	35.6	7.8	8.8	1.4	32.2	17.6	13.7	8.3	-
1996	44.4	33.5	11.2	8.8	1.2	27.2	16.0	10.8	9.2	17.0
2000	39.9	32.6	9.7	7.3	0.9	26.6	11.7	8.5	6.3	9.5

자료: 통계청, 한국의 사회지표(http://www.nso.go.kr/).

한편, 공연 및 전시시설 입장률을 보면, 1990년대 이래로 입장률이 지속적으로 증가하다가 2000년에 들어 감소함을 볼 수 있는데, 이 역시 경기변동과 관련이 있는 것으로 보인다. 다만 이러한 가운데도 영화나 전시장, 체육시설의 입장률 감소비보다는 음악이나 연극의 입장률 감소비가 상대적으로 낮고, 변동의 폭도 작다(<표 Ⅲ-9>). 이는 다른 문화예술에 비해 공연예술에 상대적으로 일정한 수요가 있음을 의미한다. <표 Ⅲ-10>에서 볼 수 있듯이, 영화 관람을 제외하고는 예술행사 연평균 관람횟수 역시 1997년 이래 대체적으로 감소하는 추세를 보이고 있다. 예술행사에 참여한 사람들을 대상으로 연평균 관람률을 보았을 때, 2003년 당시 문학행사, 미술전시회, 그리고 클래식 음악회 · 오페라 관람률이 각각 2.7회, 2.3회, 2.1회로 나타났다. 반면 영화 관람은 6.6회로, 우리나라는 영화 관람을 제외한 예술행사가 아직 일반화되지 않았다고 볼 수 있다.

<표 Ⅲ-10> 예술행사 연평균 관람횟수 비교

예술행사	연평균 관람횟수 (전체응답자)			연평균 관람횟수 (관람자 대상)		
	2003년 조사	2000년 조사	1997년 조사	2003년 조사	2000년 조사	1997년 조사
문학행사	0.1	0.1	0.3	2.71	2.24	1.98
미술전시회	0.2	0.3	0.6	2.26	2.44	2.36
클래식음악회, 오페라	0.1	0.2	0.2	2.06	2.18	1.77
전통예술공연	0.1	0.1	0.3	1.42	1.85	1.69
연극	0.2	0.2	0.4	1.88	1.95	1.94
무용	0.01	0.03	0.1	1.24	1.72	1.53
영화	3.5	2.2	3.1	6.58	5.57	5.83
대중가요콘서트/연예	0.2	0.2	0.3	1.85	1.78	1.90

출처: 문화관광부·한국문화관광정책연구원, 2003, p.29.

<표 Ⅲ-11>은 예술행사 관람경험 유무를 사회경제적 배경에 따라 나눈 것이다. 우리나라에서도 역시 고학력, 고소득층일수록 예술행사 관람경험이 많은 것으로 드러난다. 그런데 직업별 분류를 보았을 때, 예술행사 관람경험이 가장 많은 계층은 학생으로, 학생 중 95%가 예술행사를 경험하였다. 그 다음으로는 전문 관리직 종사자(80.2%가 경험)의 경험률이 높다. 또한 연령이 낮을수록 예술행사를 관람한 경험이 많은 것으로 나타나고 있다. 이를 통해 미루어보면, 학교 교육에 의해 학생들이 예술행사를 관람할 기회가 많아진데 비해 청장년층 이상은 상대적으로 소외되어 있었다는 것을 알 수 있으며, 문화예술 저변확대를 위한 노력이 시급하다고 하겠다.

<표 Ⅲ-11> 예술행사 관람경험 유무 (2003년)

(단위: 명, %)

		사례수	경험없음	경험있음	계
	전체	2,000	37.7	62.3	100.0
연령	10대	206	6.8	93.2	100.0
	20대	437	11.7	88.3	100.0
	30대	457	29.8	70.2	100.0
	40대	383	47.3	52.7	100.0
	50대	405	70.1	29.9	100.0
	60세 이상	112	77.7	22.3	100.0
학력	중졸이하	426	57.3	42.7	100.0
	고졸	864	44.8	55.2	100.0
	대재 이상	710	17.2	82.8	100.0
직업	전문 관리직	86	19.8	80.2	100.0
	사무직	294	24.5	75.5	100.0
	서비스/판매직	382	43.2	56.8	100.0
	생산직	248	65.3	34.7	100.0
	자영업	136	58.8	41.2	100.0
	주부	437	47.8	52.2	100.0
	학생	351	5.1	94.9	100.0
	기타/무직	66	45.5	54.5	100.0
월평균 소득	100만 원 이하	75	74.7	25.3	100.0
	101-150만 원	182	53.8	46.2	100.0
	151-200만 원	391	45.3	54.7	100.0
	201-300만 원	690	36.2	63.8	100.0
	301만 원 이상	662	26.0	74.0	100.0

자료: 문화관광부·한국문화관광정책연구원, 2003, p.27에서 재구성.

이상에서 살펴본 바와 같이 우리나라에서도 창조적 계층의 두드러진 성장을 찾아볼 수 있으며, 전문 관리직 종사자가 예술행사를 많이 관람했다는 사실로부터, 창조적 계층의 성장과 문화예술 소비의 상관관계를 짐작할 수 있다. 그러나 여가소비와 문화예술소비는 증가하는 경향을 보이다 최근 감소추세를 보이고 있으며, 또한 미국과는 상이한 문화예술 소비패턴을 보인다. 즉, 소득이 높아질수록 관람경험이 많아진다는 공통점이 있으나, 특이하게도 나이가 어릴수록 관람경험이 많고, 특히 학생이 가장 많은 문화예술 관람률을 보이고 있다. 이로부터 학교교육을 통해 문화예술을 경험할 수 있는 기회를 제공받는 학생들에 비해, 아직 일반인들에게는 문화예술 관람이 일반화되지 않은 우리나라의 현실을 짐작할 수 있다. 그러나 문화의 중요성이 강조되고, 선진국에서 문화소비의 비중이 높아지는 등의 경향을 고려하면, 장기적으로는 예술소비가 증가할 것이 자명하다.

2) 문화예술에 대한 공급 변화

문화예술에 대한 공급 역시 지속적으로 증가하고 있다. 문화예술산업은 대규모 리조트 건설이나 시설개발에 의존하는 다른 종류의 관광산업에 비해 소규모의 투자로 시작이 가능하다. 문화예술이 갖는 공공성으로 후원이나 기부금을 얻는 것도 용이하다. 극장이 많은 샌디에이고의 경우를 보면, 이곳의 올드 글로브 극장(Old Globe Theatre)은 미국 내 다른 극장들의 2배에 가까운 5만 명의 정기 관람회원을 갖고 있다. 샌디에이고에서는 보통 브로드웨이에서 드는 제작비의 30-40%로 제작을 할 수 있으며, 올드 글로브 극장이 크게 흥행에 성공하였던 「숲속으로」의 경우는 브로드웨이에서 제작했을 경우 필요한 비용의 10-15%만을 지출했다고 한다[23].

또한 리조트나 카지노, 테마파크 등과 달리 문화예술 산업은 주민들이 긍정적으로 받아들이는 경향이 있다. Clean industry라는 측면 이외에도, 수준 높은 관광객이 방문함으로써 지역의 문화적 질

---

[23] 김홍기(역), 1997, *ibid.*, pp.83-84.

이 높아지고 활기차고 교양 있는 분위기가 생긴다는 것이다. 또한 지역주민들은 방문객을 위한 시설(레스토랑, 공원 등)이 동시에 자신들을 위한 시설이기도 하다고 생각-왜냐하면 문화예술 산업이 존재하지 않았다면 자신들의 도시규모에서 다양한 레스토랑과 서비스를 누릴 수 없다는 것을 인식하게 된다-은 관광의 부정적 효과를 상쇄하는 작용을 할 수 있다.

(1) 문화예술 공급변화: 미국

<표 Ⅲ-12>는 1970년, 1980년, 1990년 미국 센서스의 대규모 표본을 기초로 미국 민간노동력과 문화예술직업의 크기변화를 나타낸 것이다. 우선 유경험 민간노동력(Experienced Civilian Labor Force, ECLF)은 민간인으로서 최근에 수입이 있는 일을 한 경험이 있는 모든 유직업인과 실업자를 포함한다. 여기에서 나타나듯 예술직의 비중이 크게 증가한 것은 베이비붐 시대에 태어난 젊은이들이 지속적으로 노동시장에 진입하고, 여성취업률이 증가함에 따라 예술 노동력의 크기 자체가 증가한 것이 중요한 원인 가운데 하나이다. 특히 예술가의 증가는 미국 경제에서 전문직과 서비스 부문의 중요성이 증가한 것을 반영한다(양종회 외, 2004: 37-38).

<표 Ⅲ-12> 미국 민간 노동력과 문화예술직업의 크기의 변화

분 류		1970-1980	1980-1990	1970-1990
전반적 성장률(%)	유경험 민간노동력	30.4	17.7	53.5
	전문직	39.5	35.6	89.2
	예술직	47.3	53.9	126.8
연평균 증가율(%)	유경험 민간노동력	2.7	1.6	2.2
	전문직	3.4	3.1	3.2
	예술직	4.0	4.4	4.2

자료: Kay&Butcher(1996: 86)에서 재구성.
출처: 양종회 외, 2004, p.37.

<표 Ⅲ-13> 미국 문화예술 분야별 노동력 크기

(단위: 1,000명)

분야	1985	1990(%)*	1995	2000(%)*	%ECLF	증가율(%) 1990-2000
배우 및 감독	91	108(6.7)	130	149(7.1)	0.106	37.9
아나운서	54	55(3.4)	53	57(2.7)	0.040	3.6
건축가	133	147(9.1)	166	217(0.3)	0.154	47.6
작가	71	85(5.3)	123	144(6.8)	0.102	69.4
무용가	17	16(1.0)	33	33(1.5)	0.023	106.2
디자이너	504	549(34.1)	586	758(35.9)	0.539	38.1
음악가 및 작곡가	163	167(10.4)	172	170(8.1)	0.121	1.8
화가 등의 미술가	207	224(13.9)	241	246(11.7)	0.175	9.8
사진사	134	127(7.9)	144	154(7.3)	0.109	21.2
예술분야 교수	42	46(2.9)	31	36(1.7)	0.025	-21.7
기타	66	84(5.2)	109	146(6.9)	0.104	73.8
계	1,482	1,608(100.0)	1,788	2,110(100.0)	1.502	31.2
전문직	13,946	16,132	18,592	21,482	15.297	33.2
총 민간노동력	115,462	124,067	132,304	140,432	100.000	13.2

*주) 전체 예술가에 대한 각 예술분야의 백분율.
자료: NEA Research Division Note, Varisou years.
출처: 양종회 외, *ibid.*, p.41.

한편, 문화예술에 종사하는 종사자의 추이를 보았을 때, 디자이너
와 미술가의 구성비가 가장 높다. 그러나 1990년에서 2000년 사이
의 증가율을 보면, 예술분야 교수를 제외한 전 분야에서 문화예술
종사자의 수가 늘었음을 알 수 있으며, 특히 무용가와 작가, 건축가
의 순으로 증가율이 크게 나타난다(<표 Ⅲ-13>).

공연예술단체는 1977-1992년 기간 동안에 54.6%가 증가했는데, 주
로 1980년대 후반과 1990년대 초반에 크게 증가했다(<표 Ⅲ-14>).
그리고 이러한 증가는 영리단체보다는 비영리단체의 증가에 힘입은

것으로 공연예술의 경제적 취약성을 나타내는 증거가 되기도 한다.

<표 Ⅲ-14> 미국 공연예술단체 증가율

(단위: %)

공연예술분야	1977-1982			1982-1987			1987-1992			1977-1992		
	비영리	영리	계	비영리	영리	계	비영리	영리	계	비영리	영리	계
공연극장	40.7	16.4	26.2	28.1	-5.6	9.6	32.9	11.0	22.5	139.6	22.0	69.5
무용단	62.2	-66.6	-42.4	18.2	-31.7	-0.05	46.3	37.1	43.2	180.6	-68.7	-22.0
고전음악조직	27.8	-29.9	15.8	30.5	-11.5	25.2	24.8	-0.06	22.1	108.2	-41.4	77.0
기타음악집단	40.0	-8.6	-0.07	24.8	-7.8	-0.06	77.1	16.8	21.4	209.5	-1.6	6.4
기타 연예극장제작	-8.2	12.7	11.4	20.0	23.2	23.1	125.0	38.5	42.7	148.0	92.3	95.7
총계	31.1	-0.13	4.6	26.6	7.7	11.4	45.3	28.9	32.5	141.1	38.7	54.6

출처: 양종회 외, *ibid.*, p.109.

공연단체의 종류별로 영리-비영리 구성비율을 보면 공연극장, 무용단, 고전음악단체는 모두 비영리단체의 비율이 높은데 비해 기타 음악단체나 기타 연예, 공연단체는 영리부문이 비영리부문보다 압도적으로 높다. 고전음악의 경우는 비영리부문의 비중이 계속 압도적이었으나, 공연극장의 경우는 1987년을 기점으로, 그리고 무용단의 경우는 1982년을 기점으로 비영리부문의 비중이 높아지고 있음을 알 수 있다. 이와는 대조적으로 재즈 같은 대중음악이나 연예 활동 등은 영리단체가 압도적으로 많아서 90%를 상회하는데, 이 부문에서도 비영리단체의 비중은 조금씩 증가함으로써 전체 공연단체 가운데 비영리단체의 비중이 1992년에는 거의 1/4에 달하고 있다. (<표 Ⅲ-15>).

<표 Ⅲ-15> 미국 공연예술단체 수의 변화

(단위: 개)

공연예술분야		1977			1982			1987			1992		
		비영리	영리	계	비영리	영리	계	비영리	영리	계	비영리	영리	계
공연극장	residential theatre	44	3	47	74	4	78	95	5	100	131	8	139
	stock theatre	29	32	61	37	33	70	52	15	67	66	20	86
	broadway&road show	9	45	54	10	86	96	10	64	74	16	79	95
	off-broadway	8	9	17	21	13	34	39	19	58	54	17	71
	off-off-broadway	18	1	19	37	8	45	31	11	42	68	13	81
	children's theatre	41	22	63	71	20	91	69	15	84	139	31	170
	dinner theatre	2	38	40	2	56	58	4	25	29	8	29	37
	community theatre	159	15	174	184	14	198	195	13	208	328	14	342
	others	28	26	54	47	143	190	67	142	209	102	128	230
	not self-designated	170	559	729	232	496	728	354	515	869	305	576	881
	계	508	750	1258	715	873	1,588	916	824	1,740	1,217	915	2,132
무용단	ballet group	39	5	44	58	4	62	78	2	80	108	11	119
	modern dance co.	22	1	23	34	2	36	33	2	35	58	6	64
	folkðnic dance co.	4	9	13	10	4	14	6	3	9	22	7	29
	other dance co.	4	15	19	5	23	28	5	23	28	17	29	46
	not self-designated	29	395	424	52	109	161	66	67	133	70	80	150
	계	98	425	523	159	142	301	188	97	285	275	133	408
고전음악조직	symphony orchestra	167	7	174	212	11	223	261	12	273	349	10	359
	opera co.	46	6	52	65	13	78	75	5	80	94	9	103
	chamber music group	20	10	30	47	9	56	69	6	75	130	8	138
	not self-designated	98	64	162	99	28	127	147	31	208	116	24	140
	계	331	87	418	423	61	484	552	54	606	689	51	740
기타음악집단	jazz music group	–	–	–	3	142	145	2	114	116	11	94	105
	choral music group	–	–	–	38	13	51	40	10	50	121	14	135
	dance for stage music	–	–	–	8	632	640	4	346	350	11	274	285
	other	–	–	–	22	699	721	24	604	628	39	739	778
	not self-designated	–	–	–	62	726	788	96	965	1,061	112	1,261	1,373
	계		95	2,420	2,515	133	2,212	2,345	166	2,039	2,205	294	2,382	2,676
기타연예, 극장제작		196	3,039	3,235	180	3,424	3,604	216	4,219	4,435	486	5,844	6,330
총계		1,228	6,721	7,949	1,610	6,712	8,322	2,038	7,233	9,271	2,961	9,325	12,286

자료: National Endowment for the Arts, Research Division Notes, #43, 45, 46, 47, 62.
출처: 양종회 외, *ibid.*, pp.107-108.

1970년대 이래 미국사회에서 문화예술관련 직종 종사자의 수와 공연예술단체의 수가 지속적으로 증가하고 있다. 특히 연극, 고전음악, 무용 등과 같은 공연예술단체의 증가는 비영리부문의 증가에 힘입고 있는데, 이는 역으로 이들 단체에 대한 공공의 후원이나 재정적 지원이 이루어지고 있음을 암시하기도 한다.

(2) 문화예술 공급변화: 한국

다음 <표 Ⅲ-16>과 <표 Ⅲ-17>에서 나타나듯, 우리나라는 문화예술부문에 대한 공공부문의 투자가 지속적으로 증가하고 있다.

<표 Ⅲ-16> 한국의 문화관광부 예산 추이

단위: 백만 원, %

	문화관광부예산 (A)	정부 예산에서 A가 차지하는 비율	문화예술부문 예산 (B)	B/A
1981	31,363	0.39	14,284	45.5
1985	58,603	0.47	40,914	69.8
1990	85,355	0.32	85,355	100.0
1991	123,845	0.40	123,845	100.0
1992	233,701	0.50	165,691	70.9
1993	237,668	0.62	168,014	70.7
1994	301,172	0.70	236,105	78.4
1995	383,867	0.70	299,266	78.0
1996	459,091	0.73	350,804	76.4
1997	653,086	0.91	442,307	67.7
1998	757,359	0.94	484,746	64.0
1999	856,328	1.00	664,760	77.6
2000	1,170,708	1.23	963,865	82.3
2001	1,234,115	1.17	1,045,793	84.7
2002	1,398,516	1.20	1,215,417	86.9
2003	1,486,410	1.33	1,318,191	88.7

자료: 통계청, 한국의 사회지표(http://www.nso.go.kr/).

<표 Ⅲ-17> 한국의 공연시설 현황

연도	전체문화시설 총계 (A)	공연시설 (개소)					B/A (%)
		소계 (B)	종합공연장	일반공연장	소공연장	영화관	
1993	2,325	889	48	54	94	693	38.2
1994	2,666	978	50	66	114	748	36.7
1995	2,880	1,015	44	89	133	749	35.2
1996	3,235	1,012	47	106	147	712	31.3
1997	3,529	843	47	112	157	527	23.9
1998	3,620	883	50	116	155	562	24.4
1999	–	1,036	59	193	185	599	–
2000	–	–	–	–	–	720	–
2001	–	1,332	66	223	214	829	–
2002	4,118	1,480	66	223	214	977	35.9

주) 전체문화시설총계(A)는 공연, 전시, 지역문화복지, 문화보급전수시설의 총합.
자료: 통계청, 한국의 사회지표(http://www.nso.go.kr/).

우리나라 문화예술 산업이 정부예산에 대한 의존도가 높음을 고려했을 때, 문화예술부문에 대한 예산이 얼마나 되는가는 문화예술공급의 중요한 지표가 된다. 우선 정부에서 문화관광부 예산이 차지하는 비중이 거의 예외 없이 증가하고 있다. 그리고 문화관광부 예산 내에서 문화예술부문에 대한 예산 역시 1981년 45.5%에서 1990년대에 70%대 안팎을 유지하다가 다시 2000년 이후 꾸준히 증가하여 2003년 현재 88.7%를 차지하고 있다. 이는 문화예술부문에 집중적인 투자가 이루어지고 있음을 보여준다.

공연시설의 현황을 보면, 종합공연장의 증가는 두드러지지 않으나 일반 공연장이 크게 증가하였음을 볼 수 있어서, 1993년 54개소에서 2002년 223개소로 300% 이상 증가하였다. 그리고 전체 문화시설에서 공연시설이 차지하는 비중도 1993년 이래 줄어드는 추세를 보이다 1998년을 기점으로 다시 증가추세로 돌아서서, 2002년 현재 35.9%를 차지하고 있다. 이처럼 우리나라는 정부차원에서 문화예술에 대한 투자가 지속적으로 증가하고 공연시설 역시 증가하여 공급의 증가를 보이고 있다.

지금까지의 자료들을 통해서 문화예술에 대한 소비와 공급이 증가하는 경향을 보이고 있음을 알 수 있었다. 다만 문화예술에 대한 소비와 중요성이 증가하는 세계적인 추세에도 불구하고, 우리나라의 경우는 1997년 경기침체 이후 문화예술 소비의 감소 경향을 보이고 있다. 그러나 문화예술에 대한 공급은 지속적으로 증가하고 있으며, 소비 역시 경기회복과 함께 다시 증가할 것이 기대된다. 특히 문화예술에 대한 주요 소비층으로 볼 수 있는 창조적 계층이 두드러지게 증가하고 있다는 점은 문화예술을 상품화하였을 때 그만큼 경쟁력을 가질 수 있다는 것을 의미하며, 따라서 문화예술은 장소마케팅에 적합한 수단이 된다.

3) 문화예술축제와 장소마케팅

(1) 문화예술축제와 지역발전

문화예술축제는 관광객과 지역민이 문화예술을 소비하는 관광형태, 즉 문화예술관광의 한 형태이다. 문화예술관광은 문화관광에 속하는 것으로, Ashworth (1995)는 문화의 정의 수준에 따라 문화관광의 유형을 세 가지로 구분하고 있다. 즉 예술 활동 등과 같이 좁은 범위를 문화요소로 상정하는 관광을 예술관광, 예술 활동 이상의 넓은 범위를 문화요소로 상정하는 문화유산관광, 그리고 문화의 수준을 지역의 수준까지 확대시킨 장소특화(place-specific)관광 등이 그것이다. 각각의 의미를 좀 더 자세히 살펴보면 다음과 같다.

먼저 예술관광은 앞에서 밝혔듯이 좁은 범위의 문화에 속하는 것으로, 극장, 콘서트, 발레, 오페라 등이 여기에 속한다. 예술은 관광 상품화하기에 비교적 간단한 문화요소이다. 예술 축제는 제한된 시기에라도 예술적 요소를 극대화하는 효과를 가진다. 예술관광은 단순히 방문객의 유흥에만 도움을 주는 것이 아니라, 주민의 장소정체성에도 기여한다. Edinburgh는 예술축제가 관광객을 끌어들이는 일차적 매력물로 성장한 대표적인 경우이다.

문화유산관광은 넓은 범위의 문화 개념에 기초한다. 관광의 관점에서 문화유산관광은 건물보전, 도시규모와 형태상의 패턴 보호지역이나 역사적 사건과 관련 있는 지역을 포함하며, 과거와 심지어 현대의 문화적 산물과 행위를 포함하는 개념으로까지 확대될 수 있다. 따라서 예술은 문화유산에 들어가지만 문화유산은 예술 이상의 것을 포함한다.

장소특화(place-specific) 관광에서 문화의 의미가 가장 광범위하게 해석될 수 있다. 문화는 광의로 해석하면 가치와 태도를 포함하는 한 사회집단의 행동양식으로 정의될 수 있으며, 이러한 광범위한 개념이 장소특화관광의 핵심이 되기 때문이다. 이 때 매력적인 관광자원은 지역 전체가 된다. 비록 모든 관광이 어디에선가 이루어지고, 모든 장소가 다소 독특성을 지니고 있기는 하지만, 장소특화관광은 판매되는 관광 상품의 보편적인 질보다는 장소의 독특성에 기반을 두고 있다. 이는 지역의 독특한 정체성을 형성하고 있는 문화가 대상이 된다(Ashworth, 1995).

문화관광의 세 유형 중에서도 장소자산의 인위적 도입과 관련하여 가장 용이한 형태가 문화예술관광이다. 예술관광과 문화예술관광은 사실상 같은 것을 의미한다. 이 책에서는 용어를 문화예술관광으로 통일하고자 하는데, 이는 예술관광이 문화관광의 한 부문임을 명시하기 위해서이다. 문화유산관광이나 장소특화관광과 같은 경우는 이미 장소에 형성되어 있는 자산이 관광의 대상인 반면, 문화예술관광은 예술을 상품으로 하는 것이고, 이는 문화유적 등과는 달리 장소고정적인 자산이 아니다.

우리나라에서 문화자원을 장소마케팅에 활용하는 방식으로는 문화예술지구 및 문화의 거리 조성, 역사·문화 탐방코스 조성, 문화시설물 건축, 이벤트, 그리고 축제가 있다(헤이만, 1997: 32-36). 특히 축제는, 거의 모든 시군구 단위에서 지역단위의 축제를 벌이고 있을 만큼 가장 많이 행해지는 장소마케팅의 형태이다. 문화예술관광의 경우에도, 예술적 효과를 극대화하는 방법이 축제의 개최이다.

우리나라 문화예술축제의 현황을 보면 "부천국제판타스틱영화제", "부산국제영화제" 등의 영화제를 비롯하여 "과천마당극제", "안동국제탈춤축제", "춘천인형극제" 등의 공연예술축제와 "만화페스티벌", "애니메이션엑스포" 등의 이름으로 개최된 애니메이션 축제가 있다. "광주비엔날레" 등의 종합적인 예술전시도 문화예술축제의 한 종류로 살펴볼 수 있다. 이러한 문화예술축제의 양적 확대는 우리나라뿐만 아니라 전 세계적 양상인 것으로 보인다(신혜영, 2002: 9). 문화축제의 양적 확대는 문화예술축제가 특정한 예술적 장르를 기반으로 개최되기 때문에 다른 축제에 비해 전문적인 인력과 예산이 많이 소요되지만, 지역의 이미지를 높이고 지역의 경제와 사회문화 전반에 긍정적인 영향을 미치기 때문이다(신혜영, *ibid. : 14*).

문화예술축제로 대표되는 문화예술이벤트 산업은 21세기형 산업이라고 말한다. 그것은 문화이벤트 산업이 문화향수제고를 통해 삶의 질을 높이려는 현대인들의 욕구에 부응하는 것일 뿐만 아니라 특별한 생산시설과 고정자본이 없이도 막대한 부가가치를 창출할 수 있는 잠재력을 갖추고 있기 때문이다. 또한 문화이벤트 산업은 관광을 유발시키는 효과를 낳음으로써 대체적으로 자연환경에 부정적 영향을 미치지 않으면서 지역경제에 보탬이 되는 산업연관효과를 가져다주기도 한다.

그런데 지역의 문화와 관련하여 중요한 사실은, 문화예술축제로 대변되는 문화예술 이벤트가 성공적으로 개최되었을 때 그것은 해당 지역의 이미지 제고에 커다란 효과를 가지며, 그 효과는 양적인 측면만으로는 측정하기 어려운 간접적·복합적·비가시적 효과라는 점이다(이연정, 1998: 111).

문화예술축제가 문화예술 향유의 차원을 넘어 지역발전의 주요한 자원으로 부각되고 있는 데에는 다음 세 가지의 배경이 작용하고 있다.

첫째, 문화수요와 문화시장이 확대되고 있다는 점이다. 생활수준이 향상되고 여가생활에 대한 관심이 커지면서 문화적 삶을 추구하려는 사람들이 늘어나고 있다. 이러한 문화소비자(cultural consumer)들은 앞서 살펴본 창조적 계층과도 깊은 관련을 맺고 있으며, 문화예술 활동에 참여하기를 바랄 뿐만 아니라 문화적인 환경에서 살고 싶어 한다. 최근 들어 문화예술축제에 참여하는 사람들이 늘어나고 문화이벤트 관광객이 확대되고 있는 것도 기본적으로는 문화를 찾는 사람들이 증가하고 있기 때문이라고 할 수 있다.

둘째, 지방화시대를 맞이하여 지방자치단체들은 지역의 경쟁력을 높이기 위해서 한층 더 노력하고 있다는 점이다. 그러기 위해서는 지역의 개성을 창출하고 지역의 이미지를 부각시킬 필요가 있다. 지방자치단체는 지역의 문화적 특성을 살린 문화예술축제를 개최함으로써 지역에 대한 긍정적인 이미지를 선명하게 나타낼 수 있을 것이다. 또한 지역문화예술축제는 지방자치단체의 바탕이 되는 지역의 정체성과 지역주민들의 공감대를 형성하는 데도 유용한 자원으로 활용될 수 있다.

셋째, 세계화와 정보화가 진전되면서 국가 간의 문화교류가 점차 확대되고 있으며 문화시장 개방에 대한 압력도 점차 높아지고 있다는 점이다. 이러한 여건에서 우리 문화를 세계화하기 위해서는 무엇보다도 우리 문화의 독특한 맛이 살아있는 지역문화를 활성화시켜야 한다. 세계적인 규모의 문화예술축제는 지역문화를 활성화시킬 수 있을 뿐만 아니라 국제 간의 문화교류를 활성화시키는데 있어서 중요한 촉매 역할을 할 수 있을 것이다(한국문화정책개발원·강원개발연구원, 1995: 29-30).

이처럼 문화예술축제는 문화예술이벤트 산업을 대표하는 것으로, 문화예술관광객을 끌어들여 지역발전에 기여하게 된다. 다음 절에서는 문화예술축제의 운영방식을 운영주체와 재원의 측면에서 살펴보도록 하겠다.

(2) 문화예술축제의 운영

① 운영주체

장소마케팅 과정에서 가장 중요한 것은 주체의 구조와 역할이라 할 수 있다. 헤이만(1999)은 서구의 장소마케팅 전략을 검토하고 이의 주요 주체집단으로 지방정부와 민간자본가가 결합된 '지역성장연합'과, 문화적 소비를 추동시키고 상품화시키는 매개적·결절적 역할을 수행하는 '문화생산(매개)집단'으로 공급주체를 설정하였다. 그리고 '지역사회'는 이들의 이데올로기에 저항하는 집단으로 바라보았다(헤이만, 1999: 108). 특히 문화예술축제는 공급주체에 대한 분석이 중요하다. 축제의 안정적 운영을 위해서는 예술적 식견과 행정적 업무처리능력을 동시에 갖춘 주체가 운영을 맡아야 하기 때문이다.

문화예술축제의 운영주체를 보기 위해 축제의 운영형태를 살펴보면, 전문성을 개발하고 축제를 정기적인 행사로 정착시키기 위해 법인형태를 갖춘 축제가 점점 증가하고 있다. 문화예술축제를 주최하는 법인 형태는 정부나 지방자치단체 등으로 구성된 '행정주도형'과 주식회사나 비영리단체, 공익법인 등으로 구성된 '민간주도형', 그리고 그 중간형태인 '민관협력형'이 있다. 이들 법인 형태는 행정당국의 문화정책이나 예술지원의 형태와 밀접한 관계가 있다.

한편 축제의 운영조직 형태는 유럽과 미국이 큰 차이를 보이고 있어서, 북미에서는 정부기관의 지원이 거의 없는 반면, 유럽의 문화예술축제는 공공기금 등에 상당부분 의존하고 있다. 우리나라는 유럽의 경우와 상당히 유사한 조직형태를 보인다. 유럽에서는 행정조직이 중심이 되어 예술 활동을 지원하는 것이 일반적이어서 프랑스에서는 중앙정부의 주도에 의해 발단이 되는 경우가 많고, 독일에서는 지방정부가 문화정책의 중심이 되고 있다. 또한 영국에서는 행정조직의 직접적인 관여는 적지만 민간주도의 예술계 비영리단체에 대하여 공적지원을 하는 경우가 일반적이다.

유럽과 달리 미국의 경우, 정부의 문화개입은 거의 이루어지지 않으며 대부분 민간기업이나 재단, 개인이 예술을 지원한다. 따라서 예술단체나 문화시설의 운영주체도 비영리민간단체이며 축제의 주최기관도 마찬가지이다. 이와 달리, 아시아 지역의 축제는 행정, 특히 정부기관이 직접 실시하는 것이 주류이고 민간이 주체적으로 실시하는 것은 자원 동원의 문제점으로 인해 제한적이다.

문화예술자원을 활용하는 장소마케팅 논의에서 주체와 관련하여 주의 깊게 보아야 할 것은, 특히 문화공급을 담당하는 '문화생산(매개)집단'의 역할을 매우 중요하게 다루고 있다는 점이다. 이는 판촉되는 문화를 만들어내는 문화산업 관련분야에 종사하는 집단을 일컫는 것으로, 기존 논의에서는 이들 집단이 지역경제와 지역문화가 긴밀한 관계를 지닐 수밖에 없는 장소마케팅의 속성상 문화의 소비를 추동시키고 상품화시키는 매개적·결절적 역할을 한다고 보고 있다. 이러한 문화생산(매개)집단은 Zukin의 Critical Infrastructure나

Bourdieu의 New Cultural Intermediary 등과 맥락을 같이 하는 것이다. 또한 Featherstone은 신문화 매개자들의 중요성을 강조하면서 경제구조조정과 문화변동 사이에 중요한 매개적 연결을 제공한다고 하였다. 이들은 문화자본이 풍부한 특정 도시들에 공간적으로 집중하는 경우가 많으며, 전통적인 문화적 계층을 전복시키고 고급예술과 대중문화의 구분을 해체하는데 중요한 역할을 한다.

이러한 계급의 가장 중요한 특성은 '그들이 일상생활의 심미화를 촉진한다'는 것이다. 문화계층의 조직 변화, 생활양식의 성찰적 구성, 교육수준의 향상과 발맞추어 문화상품(cultural goods)에 대한 지식 확장, 예술가들의 문화적 실험 증가 등과 같은 현상들은 예술과 문화를 소비재의 디자인 속에 그리고 광고와 마케팅의 기술 속에 통합시키게 되었다(K. Basset, 1993: 1777).

그러나 문화예술축제의 운영주체는 단순히 문화생산(매개)집단의 매개적·결절적 역할에 그치지 않는다. 앞서 언급한 바와 같이, 문화예술축제의 운영에는 전문적인 예술적, 행정적 능력이 필요하기 때문이다.

문화예술축제 전문성 강화의 한 예로 예술 감독 제도를 들 수 있다. 유럽과 미국의 경우는 문화예술축제에서 예술 감독이 차지하는 권한이 크고 작품선정도 예술 감독에 의해 결정되기 때문에 축제의 성격이 누가 예술 감독을 맡느냐에 따라 달라질 수 있다. 그러나 아시아의 경우는 복수의 전문가로 구성된 위원회가 축제운영의 주요 사항을 결정하고 작품선정도 별도로 조직된 위원회에 일임한다(신혜영, 2002: 10-11).

이처럼 서구에서는 문화예술집단과 문화생산집단이 결합된 문화 NPO (Non-profit organization, 비영리단체)가 증가하는 경향을 보이고 있다. 즉, 미국이나 유럽의 동향을 보면 근대(특히 20세기) 이후 공연단체가 자체만으로 존속하는 일은 적어지고 전속 오케스트라와 같이 제도화된 문화시설(institution)과 결합하여 존재하거나 단기적으로 프로덕션들에 소속하는 형태로 나아가고 있다. 1990년대 이후에는 일본에서도 마찬가지의 현상이 나타나고 있다(이흥재 역, 2002: 30). 이들은 비영리경영의 특성을 보인다. 예술 활동은 적어도 그것이 비즈니스(오락산업)가 아니라 예술로서 활동하고 있는 한, (활동을 위한 자금 확보에는 관심이 있더라도) 영리(이윤획득)를 목적으로 하지는 않기 때문이다. 작품을 창조할 때의 기본적 동기는 자신의 내면적 가치관에 근거하고 있어서, 금전적인 욕구나 관객에 대한 아부가 인정되지 않는 것이다(이흥재 역, *ibid.*: 24).

② 재　원

문화예술축제는 주최기관에 따라 크게 행정주도와 민간주도, 그리고 민관협력으로 구분할 수 있었는데, 이는 다시 재원을 정부에서 얻느냐, 민간기업의 지원을 받느냐, 사업수입에 의존하느냐 등에 따라서 다음과 같은 5가지 유형으로 구분된다. 우리나라 문화예술축제는 대부분의 다른 지역축제와 마찬가지로 행정주도의 성격이 강하지만, 자치단체와 정부의 기업가주의적 성격이 강해지면서 점점 민간기업과의 파트너쉽 형성을 꾀하는 경우가 늘어나고 있다. <표 Ⅲ-18>은 문화예술축제의 주최기관을 재원에 따라 구분하고, 각 유형별 사례를 나타낸 것이다.

(3) 문화예술축제의 유형

한국문화예술진흥원(1996)에 따르면 문화예술축제는 설립시기에 따라 제2차세계대전 이전, 제2차세계대전 이후부터 1960년대까지, 그리고 1970년대 이후의 세 시기로 구분된다.

<표 Ⅲ-18> 문화예술축제의 주최기관과 운영재원

주최기관		재원	형태	사례
행정주도		정부기관	정부기관이 주체적으로 조직을 설립하고 운영재원도 부담 (북미에서는 보기 어려움)	베니스 비엔날레 베를린 페스티벌 싱가폴 예술제 등
		지방자치단체	지방자치단체가 주체적으로 조직을 설립하고 운영재원도 부담	츠야마국제종합음악제 도큐멘타 등
	민관협력	지방자치단체 / 민간기업	지방자치단체가 조직설립과 운영재원을 대개 부담하지만, 민간기업을 적극적으로 결합시킴.	한국 대부분의 축제
민간주도		공적지원	예술 활동을 주도하는 개인·단체 등을 중심으로 창설. 기금 등과 같은 공적지원 의존도가 매우 높음	에딘버러 페스티벌 아비뇽 페스티벌 런던 국제연극제
		민간지원 / 자체재원	민간의 주도로 문화예술축제가 창설되고 운영재원도 민간기업의 협찬금, 민간예술단체의 지원금, 주최자의 자체재원에 의존	뉴욕 국제예술제 도가 페스티벌 하쿠슈 여름 페스티벌
		사업수입	민간조직이 주최하고 운영재원은 입장료 등의 사업수입으로 확보. 회원제 또는 교육프로그램 등을 통해 안정적 관객확보를 위한 노력	북미지역의 페스티벌

자료: 한국문화예술진흥원, 1995, p.18-20을 참조로 재구성.

먼저, 제2차세계대전 이전에 시작된 페스티벌의 역사는 근대도시 형성의 역사, 극장, 무대예술, 혹은 미술과 영화의 역사와 밀접한 연관을 갖고 있다. 유럽에서 개최되는 페스티벌의 역사가 타지역과 비교하여 현저히 길다.

두 번째로 제2차세계대전 직후부터 1960년대 사이에 시작된 예술 페스티벌들을 보면, 유럽에서는 전쟁의 반성을 배경으로 국제교류와 세계평화를 추구하는 국제적 규모의 페스티벌이 많이 창설되었다. 또, 종전 후 몇 개의 새로운 국가가 독립되어 자국의 아이덴티티를 모색하는 의미에서 시작된 국제페스티벌도 있다. 실제로 유럽의 페스티벌에서 대표적인 것으로 손꼽히는 아비뇽 페스티벌, 에딘버러 국제페스티벌, 베를린 페스티벌, 도큐멘타 등의 창설이 종전

후 10년 사이에 집중되어 있다. 반면, 북미에서 창설된 페스티벌들은 지역경제의 부흥을 목적으로 시작된 것이 많다.

마지막으로, 1970년대 이후는 1960년대에 세계적으로 활발하였던 예술운동의 활기가 줄어들었으나, 특히 도시의 예술 활동을 활성화하기 위해 몇 개의 페스티벌이 창설되었다. 이들은 예술 활동이 일상적으로 행해지는 대도시에 있어 예술의 새로운 방향성을 추구하는 의미가 있다. 아시아에서는 1973년 창설된 홍콩예술제를 필두로, 한국과 홍콩, 싱가폴 등에서 특히 1970년대 후반부터 1980년대 초반에 걸쳐 집중적으로 페스티벌이 창설되었다(한국문화예술진흥원, 1996: 5-6).

이처럼 세계 각지에서 개최되고 있는 페스티벌은 각각 다른 배경으로 창설되었고, 독특한 성격을 가지고 있다. 또한 페스티벌 개최의 목적과 형태는 그 긴 역사 속에서 서서히 변해오고 있고, 시작 당시의 목적에서 파생된 새로운 특성을 가지게 된 페스티벌도 있다.

따라서 각각의 페스티벌의 특성을 하나로 한정하는 것은 어려운데, 대체로 작품소개, 예술창조, 도시(예술)활성화, 지역 활성화, 예술가의 육성과 보급 등 다섯 가지 특성 중 하나 또는 복수의 특성을 가진다고 할 수 있다(<표 Ⅲ-19>). 또한 프로그램의 내용에 따라 단일축제 중심으로 진행되면 단일형, 복수축제로 구성되면 복합형, 종합예술장르를 망라할 경우에는 종합형으로 나누기도 한다(<표 Ⅲ-20>).

<표 Ⅲ-19> 문화예술축제의 개최목적

목적	특징	사례
예술작품의 소개	널리 예술을 진흥한다거나 국제적인 평가를 받은 예술의 감상기회 제공과 흥행성이 높은 작품의 상연을 목적으로 함.	에딘버러 국제페스티벌 베를린 페스티벌 잘츠부르크 페스티벌 뉴욕국제예술제 스트라트포드 페스티벌 대부분의 아시아 지역 예술페스티벌
예술창조	기존의 예술장르에 속하지 않는 새로운 예술표현의 추구나, 특히 현대예술의 새로운 경향의 선정, 소개를 목적으로 개최. 페스티벌 창설의 배경에는 예술적으로 강한 개성을 가진 리더가 존재하는 경우가 많다. 예술의 소비의 장이 아닌 생산의 장.	아비뇽 페스티벌 페스티벌 드돈누 런던국제연극제 넥스트웨이브 페스티벌 도가 페스티벌 하쿠슈 여름 페스티벌
도시(예술) 활성화	도시에 있어 기존 예술 활동에 안티테제나 새로운 조류를 제시한다든지 해당도시에 있어 예술 활동(혹은 도시 활동 전반)의 활성화가 목적. 즉, 개최도시의 이미지나 문화를 상징하는 예술 이벤트로서의 페스티벌. 대도시 위주.	페스티벌 드돈누 런던 국제연극제 로스앤젤레스 페스티벌 뉴욕국제예술제
지역 활성화	지역경제의 재건이나 경제적 파급효과를 중시. 페스티벌의 존재에 따른 2차적 효과로서 경제적 파급효과를 갖는 경우가 많음. 지방 도시나 휴양도시 중심.	사라토가 퍼포밍 아트센터 스트라트포드 페스티벌 도가 페스티벌 하쿠슈 여름 페스티벌
예술가의 육성과 예술의 보급	교육기관의 병설과 콩쿨의 개최 등을 통한 예술가 및 감상자 육성. 교육보급적 요소가 강함.	사브리나 오페라 페스티벌 탱글우드 페스티벌 스트라트포드 페스티벌 삿보로 퍼시픽 뮤직페스티벌

자료: 한국문화예술진흥원, 1996, p.6-9에서 재구성.

<표 Ⅲ-20> 프로그램의 구성에 따른 문화예술축제의 분류

목적	특징	사례
종합형	종합적인 예술장르로 구성됨. 음악, 연극, 무용 등의 무대예술 외에 미술, 영화, 건축 등 여러 가지 예술장르를 프로그램에 포함. 대규모.	뉴욕국제예술제 로스앤젤레스 페스티벌 홍콩예술제, 싱가폴 예술제 등
복합형	같은 주최기관이 시기를 늘려 복수장르의 페스티벌을 개최하는 형태이다. 사무국의 상설화와 운영기반의 정비가 불가결.	베니스 비엔날레 등
단일형	중심이 되는 단일한 예술분야가 있고 예외적으로 다른 분야를 프로그램에 포함하는 것.	잘츠부르크 페스티벌 탱글우드 페스티벌, 런던국제연극제 스트라트포드페스티벌 대한민국연극제, 도가페스티벌 국제누벨댄스 페스티벌 등

자료: 한국문화예술진흥원, *ibid.*, p.6-9에서 재구성.

2. 문화예술축제를 통한 장소성의 인위적 형성 및 강화

1) 문화예술축제와 장소성

　현대 사회에서 지역이 경쟁력을 갖추기 위해서는 무엇보다도 지역에 대한 긍정적인 이미지와 매력을 창출할 필요가 있다. 이에 효과적으로 이용할 수 있는 수단 중 하나가 문화예술축제이다. 문화예술축제는 문화관광의 중요한 영역으로서 지역경제 활성화의 한 수단이 되고 있다. 최근 20년 동안 문화관광은 중요한 관광산업으로 꾸준히 성장하여 왔으며 앞으로도 문화관광시장이 커질 것으로 전망되고 있다. 문화이벤트와 축제는 동적인 특성을 지닌 전략적인 문화관광 상품으로서, 관광산업 가운데 큰 비중을 차지하고 있다(한국문화정책개발원·강원개발연구원, 1995: 33).

우리나라 여러 시군에서 열리고 있는 문화예술축제들 중 다수가 지역의 특정 이미지를 더욱 선명하게 부각시키거나 적극적으로 지역의 이미지를 창출하는 수단으로 활용되고 있다. 예컨대 이천 도자기축제는 원래 도자기 마을인 이천군의 이미지를 더욱 부각시킴으로써 이천군을 홍보함과 동시에 관광매력을 한층 더 높였다고 볼 수 있다. 그 외에 진도 영등제, 강릉 단오제, 백제문화제, 신라문화제, 한산대첩축제 등 우리나라에서 개최되고 있는 대부분의 향토축제들은 지역의 특성에 바탕을 둔 것으로 지역의 특정 이미지를 더욱 부각시키고 있다.

한편 영국의 글래스고우시는 문화예술축제를 활용하여 도시의 이미지를 긍정적으로 개선하여 도시발전을 추구한 대표적인 도시이다. 산업도시로서 도시 이미지가 좋지 않던 글래스고우시는 1980년대부터 도시 활성화 계획을 수립하고 예술박물관 건립, 예술축제의 정기적 개최(Mayfest), 전시관과 컨벤션센터 개관, 여름철 각종 문화행사 개최, Garden Festival 개최, 대규모 교통박물관 건설 등 문화예술에 대한 투자를 통하여 문화도시로서의 이미지를 개선함으로써 도시의 관광매력을 높였다. 그 결과 글래스고우시는 '깨끗한 건물', '멋있는 야경' 등의 이미지를 갖게 되었으며, 1990년에는 유럽의 문화도시로 선정되기도 하였다.

축제의 개최는 지역주민과 방문객(관광객)이 지역에 대해 갖는 이미지를 개선하고 장소성을 강화하는 기능을 한다. 지역주민들은 지역의 문화에 바탕을 둔 지역 이미지 혹은 장소성을 통하여 지역에 대한 애정과 자부심을 한층 더 가지게 된다. 그리고 이러한 지역 이미지와 장소성은 그 지역의 상징으로 개발될 수 있으며 지역 및 지역 상품에 대한 광고효과를 나타낼 수 있다. 관광선진국에서 축제이벤트를 지역의 홍보에 활용하는 것은 이러한 이유 때문일 것이다. 축제이벤트는 매우 화려하고 생동감이 넘치기 때문에 특히 시각광고매체로 적합한 측면이 있는 것이다(정강환, 1995).

또한 현대 문화사회에서는 문화적인 도시에서 살고 싶어 하는 사람이나 이러한 지역을 찾는 관광객이 늘어나고 있다. 문화이벤트와 축제는 지역의 이미지와 가시성을 높임으로써 관광객들에게 관광매력을 한층 더해준다.

관광객은 관광지와 대상을 선택할 때 그 지역에 대한 이미지를 고려하게 마련이다. 축제는 그 지역에 새로운 볼거리를 제공함으로써 지역에 대한 강렬한 이미지를 형성하고 관광에 활력을 불어 넣을 수 있다(한국문화정책개발원·강원개발연구원, *ibid.* : 30-31).

즉, 축제는 장소성을 응축적으로 보여주어 지역의 문화를 경험하고 싶어 하는 축제참가자들을 만족시킨다. 또한 축제의 개최를 통해 지역의 이미지를 개선하거나 변경하여 장소성을 형성하기도 한다. 이러한 이중성이 가능한 이유는 유우익(2004)이 밝힌 것과 같은 축제의 본질적 속성에서 찾아볼 수 있다.

첫째, 축제는 문화적이다. 초자연적 존재에 대해 제물을 바치고 순종과 감사, 기원을 나타내는 종교적 의식이다. 따라서 축제를 위해서 사람들은 심신의 지극 정성을 다하게 된다. 좋은 음식을 만들고 아름다운 옷을 차려입고 집과 거리를 장식한다. 시를 읊고 노래를 부르며 음악에 맞추어 춤추고 행진한다. 기념물을 만들고 특별한 행사를 만들어낸다. 축제가 문화의 정수요, 예술의 종합이 되는 까닭은 여기에 있다.

둘째, 축제는 공동체적이다. 공동체가 다 같이 기릴만한 시기와 날을 잡아 함께 모여 의례를 치른다. 이러한 행사를 같이 준비하고 치르는 과정을 통해 공동체는 정체성을 확인하고 연대의식을 강화하여 구성원간 결속을 다지게 되는 것이다. 사람들이 이러한 잠재된 기능을 의식했건 아니했건 축제는 공동체를 지키고 이어가는 상징이자 실질적 기능이었다.

셋째, 축제는 지역적이다. 그것은 일상의 삶을 반영한다. 농촌은 추수에 감사하고 어촌은 풍어를 기원하며, 전후에는 개선을 경축하고 평시에는 태평성대를 구가하며, 옛 전설과 풍속을 이어가는 것이 축제다. 따라서 축제는 지역의 일상을 농축한 생활의 단면이자 삶의 다른 모습이다. 자연과 삶의 방식이 곳에 따라 다르므로 축제도 당연히 지역의 특성을 반영한다. 지방자치 실시 이후에 축제의 수가 폭발적으로 늘어난 것은 축제가 기본적으로 지역적 성격을 가진다는 사실을 입증한다(유우익, 2004: 10).

축제는 지역문화의 정수를 보여주는 것이며, 그 지역의 장소성에 뿌리를 내리고 있다. 따라서 대부분의 축제들이 장소성에 기반을 두어 개최되는 것이다. 그러나 이는 역으로 축제를 개최하기 위해서는 공동체적인 노력이 경주되어야 하고, 또한 지역의 개성 및 문화적 특성을 응집한 형태이어야 함을 의미하기도 한다. 따라서 장소자산을 외부에서 도입하였을 때, 축제의 형식을 빌면 도입된 장소자산이 지역에 뿌리내릴 수 있는 가능성을 열 수 있게 되는 것이다.

문화예술축제가 지역발전에 미치는 영향은 크게 지역경제 효과, 사회적 효과, 문화적 효과, 그리고 교육적 효과로 나누어 살펴볼 수 있다.

첫째는 지역경제 효과로, 그 동안의 연구에 따르면 문화예술축제는 지역의 경제를 활성화하는 자원으로서의 가치를 지니고 있는 것으로 나타나고 있다. Getz(1991)에 따르면 문화이벤트는 관광객 지출효과와 소득효과 및 고용효과 등으로 구분된다. 관광객 지출은 문화이벤트 지출과 숙박, 교통, 쇼핑, 인근지역 관광에 대한 지출로 구분된다. 문화예술축제를 개최하기 위한 각종 투자는 고용창출효과를 갖게 된다. 그리고 이러한 관광객 지출과 문화이벤트 투자는 지역주민에 대한 소득효과, 고용효과, 연관 산업 파급효과 등을 유발하여 지역경제를 활성화하는데 기여할 수 있다.

둘째는 사회적 효과로, 문화예술축제는 지역주민들에게 자긍심을 고취하고, 지역적 공감대화 정체성을 형성하는데 기여함으로써 지역공동체의 발전에 긍정적인 기능을 한다. 지역주민들은 특정 문화예술축제가 자기 고장에서 열리는 것에 대하여 자부심을 갖게 되고 그 결과 지역사회 및 문화에 대하여 한층 더 애정을 갖게 된다. 이러한 지역주민들의 자긍심은 지역주민들로 하여금 지역에 대한 귀속감과 정체성을 갖도록 해 준다. 또한 지역주민들은 공동으로 이러한 지역문화축제를 준비하고 참여함으로써 서로 간의 유대를 더 강화할 수 있고 지역적 공감대를 형성할 수 있다.

지역문화축제는 지역의 정체성을 확립하는데도 기여한다. 각 지역은 그 나름대로 개성과 독특한 문화를 가지고 있다. 특히 지역문화축제가 그 지역의 문화와 역사를 바탕으로 한 것이라면 그 지역의 전통적인 뿌리를 찾아내는데 기여할 수 있을 것이다. 이것은 지역문화축제를 통하여 지역의 참모습을 확인할 수 있다는 것을 의미한다.

셋째는 문화적 효과로, 지역문화예술축제는 지역의 문화예술 창작수준을 높임으로써 문화예술을 진흥시키는데 기여할 수 있다. 일반적으로 지역문화축제는 다양한 문화예술 장르를 포함하는 종합적 성격을 지니고 있기 때문에, 많은 문화예술인들이 참여하게 된다. 또한 문화예술축제는 지역주민들에게 문화예술에 대한 관심을 갖게 할 뿐만 아니라 문화활동에 참여할 수 있는 기회를 제공함으로써 지역주민들의 문화생활을 증진하는데 기여할 수 있다. 지역주민들이 문화활동에 참여하기 위해서는 무엇보다도 문화예술에 대해 관심을 갖고 있어야 하며, 그러기 위해서는 문화예술에 대한 경험이 중요하게 작용한다. 지역주민들은 자기 지역에서 열리는 문화예술축제에 참여함으로써 지역의 문화와 역사에 대하여 다시 한 번 생각할 수 있는 기회를 갖게 된다. 그리고 지역문화축제가 지역의 이미지를 개선하고 관광객을 끌어들여 지역의 경제에 도움이 되는 경우에는 더욱 적극적으로 지역문화에 대한 애정을 갖게 될 것이다.

넷째는 교육적 효과로, 문화예술축제는 그 개최 목적에 따라 다르지만, 일반적으로 교육적인 효과를 가지고 있다. 문화예술축제는 다음 세 가지 차원에서 교육적인 효과를 가지고 있다고 볼 수 있다. 첫째, 문화예술축제의 프로그램 자체가 교육적인 내용을 담고 있는 경우이다. 둘째, 관객의 문화예술 감상수준을 높일 수 있는 기회를 제공한다는 문화예술축제의 특성에서 교육적 요소를 포함하고 있다. 셋째, 문화예술축제는 미래의 잠재적인 문화관객을 육성한다는 차원에서 교육적인 효과가 있다(한국문화정책개발원·강원개발연구원, 1995: 31-37).

2) 문화예술축제의 운영사례와 장소성 형성

실제로 성공하여 널리 알려진 세계의 문화축제들을 살펴보면, 대부분이 지역의 고유한 장소자산, 즉 역사와 특산물, 문화적 전통 등을 발굴하여 발전한 것을 알 수 있다. 또한 주목할 만한 것이, 이러한 유명 축제들의 운영조직은 공공기관이거나(방리외블뢰, 니스카니발 등), 민관합작 또는 민간주도라 하더라도 비영리조직인 경우가 많아서(아비뇽 페스티벌, 에딘버러 국제페스티벌, 몬트리올 국제 재즈 페스티벌 등) 공공성을 가지고 있다는 점이다.

<표 Ⅲ-21> 해외 축제의 운영조직과 장소성

특성	페스티벌 명칭	개최지	시작 년도	특징	운영조직	도입 배경	초기 기획의도
예술	아비뇽 페스티벌	프랑스	1947	세계 최고의 연극축제, 뮤지컬, 무용, 현대음악 등 다른 예술분야 포함	아비뇽 페스티벌 협회 (비영리조직)	리더에 의한 도입	파리에서 공연되던 연극들과는 다른 형식의 연극을 통해 젊고 정열적이며 신선한 관객들을 끌어 모음.
예술	에딘버러 프린지 축제	영국 스코틀랜드	1947	연극, 영화, 무용, 음악 등 공연문화 전반을 아우르는 지구상에서 가장 큰 축제. 자율적 참여, 공연예술을 선보이고 사가는 견본시장의 역할	프린지 축제 위원회: 순수민간단체 (유한회사)	리더에 의한 도입	8개 극단이 예술과 문화를 통한 전후 '유럽의 평화와 통합'을 기치로 변두리 작은 극장에서 자발적으로 공연을 시작함.
예술	에딘버러 국제 축제	영국 스코틀랜드	1947	세계 최고수준의 음악, 연극, 오페라, 무용 등 초청공연	에딘버러 국제축제위원회 -비영리조직	리더에 의한 도입	전후 침체에 빠진 유럽예술의 부흥과 에딘버러 및 스코틀랜드 지역의 관광 부흥을 위해.
예술	잘츠부르크 페스티벌	오스트리아	1920	세계적으로 가장 수준 높고 유명한 음악축제. 오페라, 연극, 콘서트로 프로그램의 폭이 넓어짐.	잘츠부르크 축제재단	모차르트의 고향, 모차르트 음악원	처음에는 주로 모차르트 곡을 다루던 축제였으나 이제 프로그램의 폭이 오페라, 연극, 콘서트 등으로 넓어짐.
예술	몬트리올 국제 재즈 페스티벌	캐나다	1980	세계 최고의 재즈 축제(재즈계의 거장들이 거의 모두 참여)	몬트리올 국제 재즈 페스티벌-비영리조직	리더에 의한 도입	전체공연의 70%에 해당하는 350회 이상의 콘서트가 야외무료콘서트-도시 전체에 걸쳐 흥겨운 축제분위기를 연출(다른 재즈 페스티벌과의 차이점)
예술	방리외 블뢰 재즈 페스티벌	프랑스	1984	프랑스문화의 중심지 파리에 대항하는 주변부의 축제로 자리매김	데 파르트 망 의회 산하 방리외 블뢰 축제 협회	리더에 의한 도입	현대 유럽의 재즈를 더 많은 대중들에게 소개하기 위해 라 센 생 드니 데파르트망의 12개 코뮌이 모여 만듬. 파리의 문화적 흐름과 반대로 가기 위해 방리외 특유의 독특한 장르를 선택
전통	니스 카니발	프랑스	1873	퍼레이드(꽃마차 퍼레이드, 빛의 행렬, 가장 행렬)	니스 관광컨벤션뷰로	역사적 자산	1294년 이전부터 시작되었던 카니발에 활력을 불어넣고 니스의 옛 영광을 되살림
전통	에딘버러 군악대 축제	영국 스코틀랜드	1950	스코틀랜드 사단 보병부대의 군악대 연주와 퍼레이드 및 세계 각국의 군악대, 경찰, 민간 공연자 등.	비영리조직	전통문화 (스코틀랜드 군악대)	에딘버러 국제축제의 파생
전통	베네치아 카니발	이탈리아	1039 이전	가면 퍼레이드, 가면무도회	베네치아 카니발 위원회 비영리조직	역사적 전통	신분갈등을 해소하는 카니발의 정치적 의도

특성	페스티벌 명칭	개최지	시작 년도	특징	운영조직	도입 배경	초기 기획의도
전통	하카다 기온 야마카사	일본 후쿠오카	1241	가마를 메고 달리는 경주	하카다 기온 야마카사 진흥회	전통 제례의식의 하나	전통적 마쯔리의 특성을 지키고 마쯔리 본연의 모습에 충실함(신성, 일상으로부터 의 탈출, 주기성, 집단참여). 지역민들이 주체적이고 직접적으로 참여하는 초대형 경연
전통 + 특산물	캘거리 스탬피드	캐나다	1923	세계 최대의 카우보이 축제. 로데오, 마차경주 등.	캘거리 전시 및 스탬피드 위원회	특산물 (우수한 쇠고기 생산지)	목축업에 대한 자부심. 카우보이와 카우보이적 생활에 대한 찬사와 존경심을 남기고자 하는 비전으로 시작. 기본 목적은 앨버타주의 농업적 유산을 보존하고 증진.
특산물	망똥 레몬 축제	프랑스	1934	레몬과 오렌지를 이용한 조형물 전시	망똥 관광청	특산물	레몬 의 도시 로 유명. (1896년부터 카니발이 열렸으나, 니스 카니발과 유사하게 진행되어 차별성 없었음. 니스 카니발과 같은 시기에 개최)
전통 + 특산물	뮌헨 맥주축제	독일	1810	맥주텐트(가장 큰 것은 최대 1만 명 수용)에서 맥주 마시기. 고유의상 퍼레이드, 야외콘서트 등이 결합.	뮌헨시 산하 관광사무소	특산물 (16세기 궁정 공식 양조장)	각종 퍼레이드와 공연행사를 통한 독일의 여러 지방과 세계 여러 나라의 고유 민속 문화의 경연장

자료: 김승현, 2000, 축제만들기: 방리외블뢰 재즈 페스티벌에서 배우는 문화전략, 도서출판 열린책들; 김춘식·남치호, 세계 축제경영, 김영사; 정근식 편저, 1999, 축제, 민주주의, 지역 활성화, 새길; 망똥레몬축제 홈페이지(www.feteducitron.com); 에딘버러프린지축제 홈페이지(www.edfringe.com); 에딘버러국제축제 홈페이지(www.eif.co.uk); 몬트리올 국제 재즈페스티벌(www.montrealjazzfest.com) 등을 참조하여 재구성.

<표 Ⅲ-21>은 해외 유명 축제의 특징과 운영조직 등을 보여주고 있다. 특히 도입배경과 초기 기획의도를 보면, 장소성을 바탕으로 역사적으로 서서히 발달해온 축제(잘즈부르크 페스티벌, 하카다 기온 야마카사, 캘거리 스탬피드 등)가 있는 반면, 의도적으로 장소자산이 도입되고 그것이 현재의 장소성을 대표하는 예도 찾아볼 수 있다. 특히 예술을 자산으로 하는 축제들의 경우, 리더가 특정한 목적을 가지고 의도적으로 지역에 들여온 자산인 경우도 실재하고 있다. 예를 들어, 아비뇽 페스티벌은 프랑스 남쪽변방의 작은 도시 아비뇽이 당시 파리로 집중하고 있던 문화적 흐름에 대한 반항으로

134

서, 파리와는 다른 형식의 연극을 도입하면서 시작된 것이었다. 에
딘버러 국제페스티벌은 전후 침체에 빠진 유럽 예술을 부흥하고 이
를 통해 에딘버러와 스코틀랜드의 관광산업을 육성하고자 하는 의
도에서, 몇몇 국가의 예술단체를 초청하면서 시작된 것이었다. 프랑
스의 방리외블뢰 재즈 페스티벌 역시 모든 문화가 파리로 몰리던
경향에 반대하여 파리 외의 지역에서도 문화가 꽃필 수 있다는 것
을 보여주기 위해 만들어진 축제이다. 축제를 시작할 때 고려하였
던 것은 파리에서는 볼 수 없는 젊고 도전적인 예술을 도입해야 한
다는 것이었으며, 그것이 성공을 거둔 경우이다.

이처럼 고유한 장소성이 아니라 의도적으로 도입된 장소자산, 즉
문화예술축제에 의해 장소성이 형성되는 사례가 있다는 사실은 장
소마케팅 전략에 중요한 시사점을 제공하고 있다. 즉, 문화예술에
대한 수요가 지속적으로 늘어나고 있으며, 특히 문화예술의 향유층
으로 볼 수 있는 창조적 계층의 비중이 계속 증가하고 있는 시점에
서, 문화예술을 의도적으로 도입하여 장소마케팅을 시도하였을 때
성공가능성이 높다는 것이다.

한편 우리나라의 경우, 2004년 1월 현재 전국 각 시·도에서 총
568개의 축제를 연중 개최하고 있다. 강원도가 83개로 가장 많은
수를 차지하고 있으며, 그 뒤를 경남 (69개), 경북 (56개), 부산 (44
개) 등이 따르고 있다(<그림 Ⅲ-2>). 축제의 종류는 전통민속축제로
부터 산업축제, 문화예술축제에 이르기까지 매우 다양하다.

이들 축제 가운데 문화예술축제에 해당하는 것이 38개이다(<표 Ⅲ
-22>). 예술축제라고 이름이 붙었더라도 백일장, 시조대회 등 주민화
합축제의 성격이 강한 축제들은 제외하였다. 주체는 문화 NPO(non-
profit organization)로 볼 수 있는 축제조직위원회가 별도로 조직되
어 있는 경우와 지자체가 직접 담당하는 경우로 나누어볼 수 있는데,
주로 지자체가 주최하고 축제조직위원회가 주관하는 민관협력의 예
가 많다.

<그림 Ⅲ-2> 2004년 시·도별 축제 개최비율

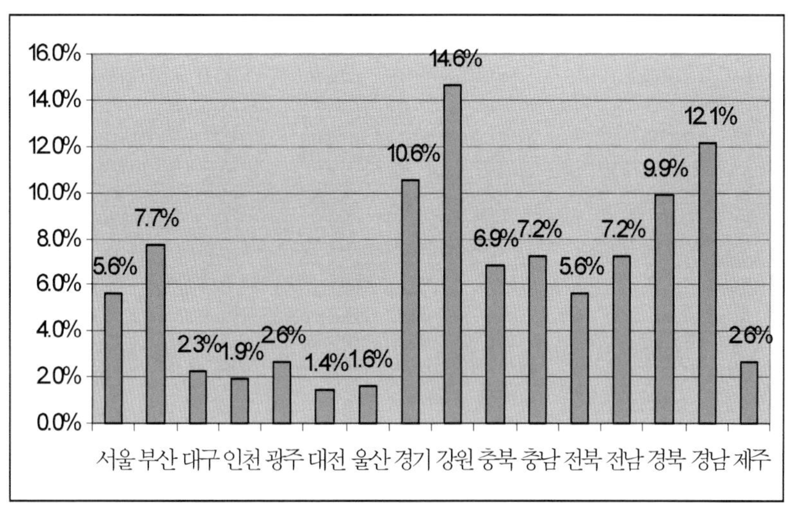

자료: 문화관광부, 2004년 시·도별 축제개최현황에서 재구성.
(http://www.mct.go.kr/festival/a_main_h_000_m02.html)

전통문화예술축제(난계국악축제)를 제외하고, 문화예술축제 개최
의 역사가 가장 오래된 것은 춘천마임축제와 춘천인형극제, 그리고
거창국제연극제로 모두 1989년에 처음 창설되었다. 그러나 이들 축
제가 명목상의 축제가 아닌 실제 축제로 기능한 것은 대략 1995년
이후이다[24]. 그 외 다른 문화예술축제들도 대개 1995년을 기점으로
생겼으며, 2000년 이후에 생긴 축제도 14개에 이른다. 소도시에서
개최하는 순수예술축제로는 통영시의 통영국제음악제가 가장 큰 예
산규모를 가지고 있다. 그리고 통영국제음악제를 제외한 대부분의
문화예술축제들의 개최 시기는 여름 휴가철로, 문화예술축제 자체
가 목적이라기보다는 휴양객들에게 여흥을 제공하는 의미가 강하여
장소성 형성의 사례가 되기 어렵다.

---

24) 춘천 축제들의 경우 헤이만(1999: 49-51) 참조, 거창국제연극제는 해당 웹사
    이트를 참조하였음(www.kift.or.kr).

<표 Ⅲ-22> 한국 문화예술축제 현황 (2004년)

지역명	축제명	개최 시기	축제 주요내용	주최/주관	최초 개최 연도	축제 예산 (백만원)	참가 인원 (천명)
서울특별시							
종로구	국악로문화축제	10월	판소리, 민요, 창극	(사) 국악로 문화보존회	1994	30	10
마포구	서울 프린지페스티벌	8월 /9월	영화, 연극, 음악, 무용 등	서울프린지네트워크	1998	40	200
마포구	한국실험예술제	8월 /9월	퍼포먼스	한국실험예술정신운영위 /KoPAS	2001	-	5
마포구	홍대거리미술전	10월	미술전시, 공연, 참여미술	홍대거리미술전기획단 /홍익대 미대	1992	20	50
부산광역시	부산국제 락페스티발	8월	국내외 락그룹 라이브공연	부산 광역시/ 부산문화관광축제조직위	2000	400	160
	부산국제영화제	10월	영화상영	부산광역시/부산문화관광 축제조직위	1996	3,700	200
	부산비엔날레	5월 -10월	미술전, 조각프로젝트	부산광역시/부산문화관광 축제조직위	1998	4,172	1,700
대구광역시	대구국제 오페라축제	10월 -11월	오페라공연	대구오페라하우스/대구국 제오페라축제조직위	2004	900	
인천광역시 중구	월미관광특구 문화대축제	10월	국제 댄스페스티벌	중구	2003	120	100
광주광역시	광주비엔날레	9월 -11월	미술전, 각종공연	(재)광주비엔날레, 광주 광역시/(재)광주비엔날레	1997	9,600	450
	국제영화제	9월	영화상영	(사)광주국제영화제조직위	2001	1,300	47
	임방울국악제	9월	명인명창 초청공연	광주광역시/임방울진흥문 화재단	1993	270	10
경 기 도							
안산시	단원미술제	10월	미술 대전	안산시/단원미술제운영위	1999	350	200
의정부	의정부 국제음악극축제	5월	해외단체초청공연	의정부 예술의전당	2002	450	450
남양주	남양주 야외공연축제	8월	국내외 유명 공연단체초청공연	남양주시/남양주시	2001	600	50
안성시	안성 죽산국제예술제	6월초	무용, 음악 창작공연	사단법인 웃는돌	1995	150	15

지역명	축제명	개최 시기	축제 주요내용	주최/주관	최초 개최 연도	축제 예산 (백만원)	참가 인원 (천명)
양주시	양주전통 문화예술축제	5월	전통민속예술공연	양주시/축제 추진위	2003	40	5
양주시	양주문화축제	10월	전통민속예술공연	양주시/축제 추진위	1995	100	5
과천시	과천한마당축제	9월	국내외 야외공연예술	(재)과천한마당축제	1997	950	5
동두천시	동두천락페스티벌	8월	락그룹공연, 경연	동두천 락페스티벌 조직위	2000	140	12
강 원 도							
춘천시	춘천마임축제	5월	국내외 마임공연	춘천마임축제 운영위	1989	200	65
춘천시	춘천인형극제	8월	인형극	춘천인형극제 집행위	1989	190	120
춘천시	춘천국제연극제	8월	공식초청공연	춘천 국제연극제 조직위	1993	80	20
태백시	태백산쿨시네마 페스티벌	8월	영화상영	쿨시네마축제위 /태백시	1997	120	18
충청북도							
청주시	청주국제공예비엔 날레	10월	국내외 공예작품 전시	청주시/청주국제공예비엔 날레조직위	1999	3,700	323
영동군	난계국악축제	10월	국악공연	영동군/(사)난계기념사업회	1965	410	350
충청남도 태안군	안면도 현대예술축제	7월	현대무용, 행위예 술, 전통문화공연	소리짓발전소	1998	55	5
전라북도							
전주시	전주 세계소리축제	10월	판소리중심 소리와 음악축제	전라북도/전주세계소리 축제조직위	2000	1,000	344
전주시	전주국제영화제	4월	영화상영	전주시/전주국제영화제조 직위	2000	1,650	300
전라남도 보성군	보성소리축제	10월	국악마당, 판소리경연 등	보성군/보성다향제추진위	1998	230	200
경상북도							
포항시	포항 바다국제연극제	7월 -8월	국내외 연극공연	포항시, 포항연극협회/ 포항바다연극제집행위	2001	20	20
안동시	안동국제탈춤 페스티벌	10월	탈춤마당, 탈공모전 등	안동시/안동국제탈춤추진 위	1997	1,200	700
경상남도							
통영시	통영국제음악제	3월	국내외 클래식공연	통영시,마산MBC,월간객석 /(재)통영국제음악제	2000	2,000	50
밀양시	밀양여름 공연예술 축제	7월	연극공연	밀양연극촌/연희단거리패	2001	130	25

지역명	축제명	개최 시기	축제 주요내용	주최/주관	최초 개최 연도	축제 예산 (백만 원)	참가 인원 (천명)
거창군	거창국제연극제	7월 -8월	국내외 연극공연	(사)거창국제연극제육성진흥회, 거창군/(사)거창국제연극제집행위	1989	582	64
제 주 도							
제주시	제주국제관악제	8월	아태지역 최대의 관악축제	제주시, 제주국제 관악제조직위	1995	450	–
서귀포시	서귀포 여름음악축제	7월 -8월	클래식, 무용, 국악연주	한국음악협회 서귀포지부	1999	50	40
서귀포시	이중섭예술제	9월	지역화가초대전등	서귀포시	1998	15	20

자료: 문화관광부, 2004년 시·도별 축제개최현황에서 재구성.
(http://www.mct.go.kr/festival/a_main_h_000_m02.html)

3) 소 결

지금까지 문화예술에 대한 수요와 공급 증가, 계층구조의 변화 등으로 문화예술축제가 장소마케팅의 효과적인 수단이 될 수 있음을 살펴보았다. 또한 문화예술축제가 장소성을 강화하거나 새롭게 형성할 수도 있음을 밝히고, 그 가능성을 국내외 여러 축제의 사례를 들어 뒷받침하였다.

결론적으로, 장소평가와 시장평가를 통해 장소자산을 지역에 인위적으로 도입할 때, 문화예술축제가 중요한 방법이 될 수 있다. 우선 세계적으로 문화예술에 대한 수요와 공급이 꾸준히 증가하고, 창조적 계층의 지속적인 성장이 문화예술에 대한 수요를 더욱 뒷받침하고 있으므로, 문화예술이 장소자산의 가치를 가질 수 있다. 한편 문화예술 도입의 틀로 축제를 고려할 수 있다. 축제는 문화적, 공동체적, 지역적 성격을 가지고 있어서, 적은 비용으로도 가시성과 경험을 확보하기에 용이한 방식이기 때문이다.

문화예술축제의 주체는 문화NPO로, 전문 문화경영능력과 공공성을 갖춘 조직형태이다. 도입된 축제는 가시성 창출의 외적 프로세스와 경험의 내적 프로세스를 거치면서 지역경제적 효과, 사회적 효과, 문화적 효과, 교육적 효과 등을 낳는다. 이로부터 기존의 장소성을 변화시키거나 새로운 장소성을 형성할 수 있는 가능성이 도출되는 것이다. 이를 모형화한 것이 <그림 Ⅲ-3>이다.

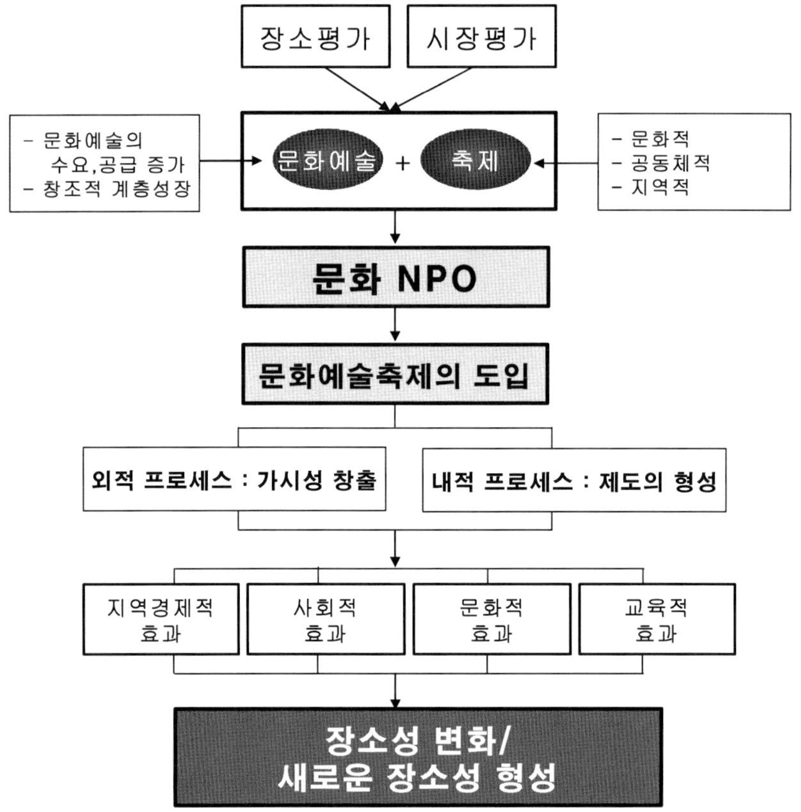

<그림 Ⅲ-3> 문화예술축제를 통한 장소성의 형성과 변화

지금까지 문화예술축제의 일반적 경향과 문화예술축제를 이용한

장소성 형성의 가능성을 살펴보았다. 이를 바탕으로 제4장과 제5장에서는 문화예술축제를 인위적으로 도입한 소도시들을 사례로 장소마케팅의 과정과 장소성의 인위적 형성 프로세스를 검증하겠다.

제4장 문화예술축제의 도입과 소도시 장소마케팅

1. 미국 소도시 장소마케팅과 장소자산

1) 애쉴랜드시와 잭슨빌시 개관

인구 2만 규모의 애쉴랜드 시는 건조한 기후를 보인다. 그러나 도시 남쪽에 있는 애쉴랜드 마운틴에 쌓인 눈 덕분에, 도심을 관통하여 흐르는 애쉴랜드 크리크(Ashland Creek)는 연중 물이 마르지 않는다고 한다. 북서쪽으로부터 동쪽으로 이어지는 간선도로(North Main St. - East Main St. - Siskiyou Bl.)를 따라 숙박업소, 상점 및 레스토랑, 다운타운, 서던 오레곤 대학(Southern Oregon University, SOU) 등이 분포해 있고, 그 주변을 주거지가 둘러싸고 있다. 현재 애쉴랜드의 장소마케팅 전략은 아름다운 자연환경과 대도시에서 제공할 수 있는 질 높은 교육 및 문화생활을 동시에 영위할 수 있는 곳임을 선전하는 것인데, 그 근거가 되는 것이 학생수 5,500여 명의 서던 오레곤 대학과 오레곤 셰익스피어 페스티벌(Oregon Shakespeare Festival, OSF)이다.

오레곤 셰익스피어 페스티벌은 1935년부터 개최한 연극축제인 Oregon Shakespeare Festival을 의미하는 동시에 이 축제를 담당하고 있는 비영리단체인 Oregon Shakespeare Festival Association을 가리키기도 하는데, 이는 현재 미국 내에서 가장 큰 비영리 레파토리 극단이다. 오레곤 셰익스피어 페스티벌은 현재 매년 약 9개월에 걸쳐 진행되고 있으며, 지역사회와 긴밀한 관계를 맺으며 애쉴랜드 지역경제에 큰 영향을 미치고 있다.

　한편 인구 2천여 명의 작은 도시 잭슨빌은 남부 오레곤 최초의 도시로, 그 역사는 1852년에 현재의 잭슨빌 위치에서 금이 발견되면서 시작되었다. 이후 지속적 성장을 거듭한 잭슨빌은 잭슨 카운티(Jackson County) 청사의 입지와 함께 로우그 밸리(Rogue Valley) 내에서 가장 큰 도시로 발전하여, 1800년대 후반까지 지역의 상업적, 문화적, 행정적 중심지로 기능하였다. 그러나 1890년대 말 종단철도가 잭슨빌을 우회하면서 도시는 운을 다하기 시작하였으며, 카운티 청사까지도 인근의 메드포드로 이전한 1920년대 이후에는 급속한 쇠락을 거듭할 뿐이었다.

　도시의 번성을 상징하던 여러 건물들은 잭슨빌의 경기 침체와 함께 그대로 버려졌으나, 1950년대 이후 역사자원에 대한 인식이 높아지면서 몇몇 사람이 이 건물들이 가진 가치에 눈을 돌리게 되었다. 1960년대에 이르러 잭슨빌은 National Historic Landmark로 지정되고 도시 내 100여 채의 건축물들이 National Register of Historic Places에 오르게 된다. 이와 함께 Southern Oregon Historic Museum 과 브릿 뮤직 페스티벌(Britt Music Festival, BMF)이 입지하면서 잭슨빌은 역사자원과 문화자원을 결합한 문화관광지로 새롭게 출발하게 되었다. 브릿 뮤직 페스티벌은 1963년에 시작되었으며, 현재 6월부터 9월 사이 3개월간 열려 잭슨빌에 방문객을 불러 모으는 대표적 축제로 자리 잡았다.

(1) 잭슨 카운티 (Jackson County) 개관[1]

　애쉴랜드와 잭슨빌이 속해 있는 잭슨 카운티는 남부 오레곤[2] 로

---

1) The Ashland Chamber of Commerce, 2003, p.38.

우그 밸리 지역에서 가장 큰 카운티이다. 2001년 12월 현재 잭슨 카운티의 인구는 184,700명으로 카운티 청사가 있는 메드포드를 중심으로 애쉴랜드, 잭슨빌, 센트럴포인트 등의 도시가 Interstate 5번을 따라 발달해 있다.

US Census of Agriculture에 따르면 1997년 현재 로우그 밸리는 총 281,000 에이커의 농지(farm land)를 보유하고 있는데, 이들 대부분은 목장이나 목초지, 삼림 등이다. 총면적의 15%(43,500 에이커)만이 수확이 이루어지는 농경지로, 대부분 건초 재배지이거나 포도원을 포함한 과수원으로 이루어져 있다.

1989년부터 1999년까지 10년간 잭슨 카운티에서는 총 비농업 임금고용에 18,850개의 직업이 창출되어 35% 증가하였다. 이 기간 동안 제조업 직업수는 약 300개 정도 감소하였는데, 이는 제재업 및 목재상품 산업의 감소에 기인한 것이었다. 지난 10여 년 동안 목재 상품 관련 직업은 1,960개가 감소하여 34% 감소율을 나타내고 있다. 그러나 그 외 제조업에서는 약 1,700여 개의 직업이 창출되어, 약 50%의 성장률을 보이고 있다.

---

2) 오레곤주(Oregon State)는 면적 251,418㎢, 2000년 현재 인구 약 339만 7천명으로, 북쪽은 워싱턴주(州), 동쪽은 아이다호주, 남쪽은 캘리포니아주·네바다주와 접하고, 서쪽은 태평양과 마주한다. 1792년 미국인 그레이가 이곳에 당도한 이래, 미국인과 영국인에 의한 탐험과 식민이 시작되었다. 1818년 미국·영국의 공유영토가 되었다가 46년의 국경협정으로 미국 땅이 되었다. 1859년에 합중국의 33번째 주가 되었다. 산이 많아서 태평양 연안 근처에 해안산맥이 남북으로 뻗고, 그 내륙 쪽에도 캐스케이드 산맥(Cascade Ranges)이 역시 남북으로 뻗어 있다. 내륙에는 대지·고원이 많고 불모의 스텝이 펼쳐져 있다. 서반부는 전형적인 서안(西岸) 해양성기후로 생활하기에 적합하다. 주 최대의 산업은 벌목·제재·펄프·제지 등과 같이 풍부한 임산자원에 의존한다. 주의 서반부에는 왜전나무·침엽수 등의 숲이 이어지고, 주의 최대 도시인 포틀랜드를 비롯하여 각지에 제재소·제지·펄프 공장이 산재한다. 그 밖에 밀·콩·배·홉 등의 재배와 소·칠면조의 사육도 성하다. 연어·다랑어·대구·조개류 등도 많이 잡힌다. 크레이터호(湖) 국립공원을 비롯한 관광·휴양지가 많으며 관광은 오레곤주의 주요 수입원이다. 컬럼비아강의 국영 보너빌(52만kW), 그랜드 쿨리(197만kW, 워싱턴주)의 2개 댐에서 발전되는 전력은 석탄·석유가 나지 않는 오레곤주에서는 중요한 에너지원이다(출처: 두산 Encyclopedia).

<표 Ⅳ-1> Jackson County와 Oregon주의 인구변화

연도	Jackson County	Oregon 전체
1860년	3,736	52,465
1900년	13,698	413,536
1950년	58,510	1,521,341
1960년	73,962	1,768,687
1970년	94,533	2,091,385
1980년	131,738	2,632,663
1990년	146,400	2,847,000
2000년	181,269	3,421,399

자료: Southern Oregon Regional Services Institute, 2002, *Oregon: A Statistical Overview*; 애쉴랜드 시청 (The City of Ashland) 내부자료.

목재산업을 제외한 제조업 중에서는 인쇄 및 출판, 전자 및 기타 하이테크 장비, 조립금속제품과 기계장비, 그리고 식품상품 등이 가장 크게 성장하였다. 향후 10년간 목재상품 산업에서의 고용은 수백 개 이상 감소할 것으로 전망되고 있는 반면, 비목재 제조업의 경우는 25%가량 성장할 것으로 예상된다.

동 기간 동안 비제조업 고용은 19,000개 이상이 증가(+43%)하였다. 이 증가의 약 75%가 두 부문에서 기인한 것으로, 도매업 및 소매업이 5,700개 이상의 직업을, 그리고 서비스산업이 8,600개 이상의 직업을 창출했다. 비제조업에서 직업수의 증가는 목재산업의 쇠퇴에 의한 소득의 감소에도 불구하고, 기본적으로 인구증가에 기인한 것이다. 또한 로우그 밸리, 그리고 그 중에서도 특히 메드포드-애쉴랜드 지역은 적어도 지난 30여 년간 교역과 서비스의 지역중심지(regional center)로 기능하면서, 남부 오레곤과 북부 캘리포니아에 속하는 광범한 지역 소비자들의 소비지가 되고 있다.

도매업 및 소매업의 직업수는 1988년 19,500개에서 1998년 26,000

여 개 이상으로 증가(+34%)하였다. 이러한 성장은 도매업 유통, 음식점, 식료품점, 건축자재공급, 하드웨어, 조경/원예업, 자동차 판매, 가정용 가구점, 사무용품점, 무점포 소매업 등에서 찾아볼 수 있다.

서비스 부문의 고용은 1988년에서 1998년 사이 14,700개에서 26,200개로 크게 증가하여, 10,000개 이상의 직업을 창출하였다. 서비스산업은 거의 70%가량 확대되어, 비제조업 부문에서 두 번째로 빠른 성장률을 보이고 있다. 보건의료(health care)가 서비스업 성장의 주요한 요인이었다. 병원시설 확장, 새로운 클리닉 건설, 외래환자 서비스 추가, 개업의 사무실 개업 등을 통해 보건의료 부문은 약 2,600여 개의 직업을 창출(+43%)하였기 때문이다.

서비스산업에서 크게 고용증가를 보이고 있는 다른 부분들로는 숙박업, 오락 및 레크리에이션, 사업자서비스 및 개인서비스, 사회서비스 및 전문서비스 등을 들 수 있다. 사업자서비스의 성장은 대부분 근로자파견업에서 발생하였다. 기타 사업자서비스부문 확장은 컴퓨터 소프트웨어 및 데이터 서비스 부문에서 발생하였다. 사회서비스 내에서는 데이케어, 성인 교육, 거주지원 시설 등에서 강하게 나타났다.

정부기관의 고용은 1998년까지 10년 동안 약 18% 증가하여, 2,200여 개의 직업을 창출하였다. 성장의 대부분은 27%가 증가한 공공교육의 성장에 기인한다. 동 기간 동안, Rogue Community College가 잭슨 카운티까지 확대되어, 화이트시티(White City) 및 메드포드 다운타운 지역에 교육시설을 설립하였다. 서던 오레곤 대학 또한 메드포드 다운타운 지역에 분교를 설립하였다.

건설업은 1988년에서 1998년 사이 비제조업부문에서 가장 빠른 성장을 보인 산업으로, 약 2,000여 개의 직업을 창출(+87%)하였다. 교통 및 공공유틸리티업 또한 600여 개의 직업을 창출하였다.

<표 IV-2>는 로우그 밸리 내 주요 도시들의 관광관련 서비스업 현황을 비교한 것이다. 카운티 청사가 위치해 있는 메드포드에 숙

146

박·식사관련 서비스업체의 절대수가 많다. 그러나 인구규모와 비교하였을 때 애쉴랜드와 잭슨빌에 레스토랑이 많이 분포하고 있음을 알 수 있다. 또한 애쉴랜드는 인구대비 호텔·모텔수가 탁월하게 높으며, 거의 모든 B&B도 집중해 있어서, 애쉴랜드에서 체류형 관광이 이루어지고 있음을 미루어 짐작할 수 있다.

<표 Ⅳ-2> Rogue Valley 주요 도시의 관광관련 서비스업 현황 (2000년)

(단위: 명, 개소)

	인구	호텔&모텔	B&B	레스토랑	소계
Medford	63,154	29	−	155	184
Central Point	12,493	−	−	18	18
White City	5,466	−	−	12	12
Ashland	19,522	21	17	79	117
Butte Falls	439	−	−	1	1
Cave Junction	1,363	1	−	11	12
Eagle Point	4,797	−	−	8	8
Gold Hill	1,073	−	−	8	8
Grants Pass	23,003	14	1	88	103
Jacksonville	2,235	2	1	14	17
Phoenix	4,060	1	−	7	8
Rogue River	1,847	1	−	13	14
Shady Cove	2,307	1	−	6	7
Talent	5,589	−	−	6	6

자료: US Census Bureau, *Census 2000* (http://factfinder.census.gov).

(2) 정 착

이 지역의 주요 교통로는 로우그 리버와 베어 크리크 밸리를 통과하는 루트이다. 최초에는 인디언들이 이용하였으며, 이후 백인 이

주민을 위한 역마차와 왜건, 그리고 철도 역시 이 루트를 이용하게
된다. 초기 탐험가인 Peter Skene Ogden은 1827년 2월 로우그 밸리
를 통과하였다는 여행기록을 남겼다. 1833년에 이르러 오레곤－캘
리포니아 간 육로가 안정되면서, 탐험가와 사냥꾼들이 이를 이용하
였다. 오레곤 지역의 최초의 정착은 감리교 전도사인 Jason Lee가
1834년 윌러매트 밸리(Willamette Valley)에 정착촌을 세우면서부터
이다. 그리고 1843년, 미주리 주의 인디펜던스(Independence)로부터
"대이주(Great Migration)"가 시작되었다. 당시 이용된 이동로가
Oregon Trail3)이다. 1859년에 오레곤은 33번째로 미합중국(the
Union)에 편입되었다4). 1846년에 South Emigrant Road(또는
Applegate Trail)가 처음 개통된 이래, 거의 매년 가을이면 이주민
들의 마차대가 베어 크리크 밸리를 통과하였다.

다른 지역에서 오레곤 트레일을 따라 이주해온 이주민들은 본래
윌러매트 밸리의 비옥한 농장지를 목표로 온 사람들이었다. 그러한
그들이 남부 오레곤 지역에 정착하기 시작한 데에는 두 가지 이유
가 있었으니, 금과 땅이 그것이다5).

우선, 1848년 캘리포니아에서 금이 발견되자 이 지역을 통과하는
여행자들의 숫자가 늘어났다. 수천 명의 오레곤 사람들이 캘리포니
아의 새로운 금광을 찾아 남하하였기 때문이다. 그로부터 채 2년이
못되어, 캘리포니아의 금광지는 북쪽으로 이레카(Yreka)까지 연장되

---

3) 미주리 주로부터 오레곤주 북부까지 연결되는 Oregon Trail을 따라, 오레곤
   으로의 대이주가 1843년에 시작되었다. 이로부터 25년간, 2,000마일의 오레
   곤 트레일을 이용하여 50만 명 이상의 이주민이 이주를 하였다. 이중 일부는
   Willamette Valley의 농지를 찾아, 그리고 일부는 캘리포니아의 금을 찾아
   떠나는 사람들이었다. 오레곤 트레일의 빛나는 역사는 1869년 대륙횡단열차
   가 완성되면서 마침내 끝나게 되었다(http://www.isu.edu/%7Etrinmich/
   Oregontrail.html).

4) Triple A, 2003, *Tour Book: Oregon & Washington*, p.30.

5) Janelle Davidson, 1995, *Ashland, an Oregon Oasis: An Oregon Docu-
   mentary*, Webb Research Group Publishers, Oregon, p.67과 p.137.

었는데, 이 도시는 베어 크리크 밸리에서 남쪽으로 시스키요우 산맥을 넘으면 바로 나오는 곳이다6).

그리고 미국 정부가 땅을 무료로 공급한 것이 정착민의 숫자를 증가시킨 또 다른 이유였다. 미국 의회는 1850년 9월, 서부 정착을 독려하기 위해 Donation Land Claim Act를 통과시켰다. 이로써 정착민이 1850년 12월 1일까지 오레곤령(Oregon Territory)에 도착하게 되면, 결혼한 커플의 경우 640 에이커 규모의 무상 토지를, 그리고 독신남의 경우는 320 에이커 규모의 무상 토지를 각각 지급받았다. 그리고 12월 1일 이후부터는 각각 320 에이커와 160 에이커 규모의 토지를 무상으로 지급받게 되었다7).

1851년 말경, 잭슨 크리크(Jackson Creek)에서 아주 조용하게 금이 약간 채취되었던 것으로 보인다. 1852년 초, 짐수레를 이용해 북부 캘리포니아 광산에 상품을 공급하던 James Cluggage와 James Poole가 잭슨 크리크의 지류인 리치걸치(Rich Gulch)에서 금을 발견한다. 이들이 최초로 금을 발견한 것은 아닐지 모르지만, 남부 오레곤에 금광이 있다는 사실을 최초로 퍼뜨린 사람들이었음에 틀림없다. 샌프란시스코의 'Alta California'지 1852년 5월 18일자에 따르면, Cluggage는 자신의 채굴장에서 10주 동안 매일 평균 17온스씩의 금을 채취했다고 주장하고 있다. 그 주장은 과장된 것이었겠지만, 분명 수백 명 또는 그 이상의 광부들이 그해 봄에 잭슨 크리크에서 일하게 된 요인으로는 충분했다. 그해 여름, 크리크 변에 새로이 캠프가 생겼으며, 인근에 우뚝 솟아있는 메사(봉우리가 평평한 산)의 이름을 따 Table Rock City라 불리게 되었다. 이것이 잭슨빌의 시작이다.

황금사냥꾼들 이외에, 황금이 가지는 매력에 무심하거나 아니면

---

6) Richard H. Engeman, *ibid.*, p.2.

7) Janelle Davidson, *ibid.*, p.137.

이미 금을 찾는데 실망을 한 일부 정착민들도 베어 크리크 밸리에 donation land claim을 획득하였다. 이 분지는 다른 정착지들로부터 멀리 떨어져 있었지만, 농산물을 광부들에게 팔 수 있는 곳이었기 때문이다. 1850년의 Donation Land Act로 오레곤령 내에 최고 320 에이커까지의 무상 claim(불하청구지)을 지급받은 정착민들 중 많은 사람들이, 금을 찾아 골짜기를 헤매는 것보다는 농업이 부를 창출할 수 있는 보다 확실한 방법이라는 사실을 깨달았던 것이다.

이 타운이 안정화한 또 다른 요인으로는 1852년 1월 12일에 Andrew Jackson의 이름을 따 세워진 잭슨 카운티 덕분이다. 이것은 오레곤령의 남서부 거의 전 지역을 포괄하여 최초로 세워졌던 카운티로, 카운티가 만들어질 당시 이곳에는 정착민들도 거의 없었고 타운도 하나 없었으며, 카운티 청사 자리로 지정된 곳도 없었다. 그러나 1853년에 이르러 현재 잭슨빌이라 개칭된 당시 Table Rock City는 충분히 안정되게 되어 정부청사 소재지로 지정되기에 손색이 없었다8).

애쉴랜드 최초의 주민은 1852년 1월 6일에 이곳에 도착하여 캠프를 했던 Robert B. Hargadine과 Sylvester Pease이다. 이들이 도착한 5일 후 Abel D. Helman, Eber Emery, Jacob B. Emery, James A. Cardwell, Dowd Farley, A. M. Rogers 등 6인이 더 도착하였다. 이들 중, 초기 애쉴랜드에 매우 큰 영향을 끼쳤던 사람이 Abel D. Helman 이다. Helman 등은 잭슨빌의 광산에 대한 소문을 듣고 있었으나, 이들이 도착했을 때는 이미 가장 좋은 광산지는 소유주가 정해진 상태였다. 그들은 수많은 목재 때문에 봐두었던 산맥의 기슭으로 돌아왔다. 이들 목재를 베어 정착민들에게 팔 수 있을 것이라는 기대 때문이었다.

이곳에서 최초로 donation land claims를 불하받은 Helman과

---

8) Richard H. Engeman, *ibid.*, pp.2-5.

150

Hargadine은 현재의 플라자(Plaza) 자리의 샛강 근처 땅을 선택하였다.

<그림 Ⅳ-1> Plaza (현재)

1852년 7월경, Helman과 Eber Emery는 그 샛강에서 동력을 얻는 제재소(sawmill)를 건설하였다. 이것은 남부오레곤 지역 최초의 mill 로 정착민들에게 재목을 공급하였다. 이에 따라 동력을 공급하던 개 울은 밀 크리크(Mill Creek, 현재의 애쉴랜드 크리크)라고 불려지기 시작했다. 또, 다른 이주민들은 주 도로변에 Mountain House라고 하 는 건물을 짓고 여행자들에게 숙식을 제공하였다.

1854년 초, 이 초기 커뮤니티는 두 번째 mill인 애쉴랜드 방앗간 (Ashland Flouring Mills)을 갖게 되었는데, 이 역시 밀 크리크변에 위치하고 있었다. 이곳은 현재 리씨아 공원 입구에 해당한다. 이 방 앗간은 125마일 북쪽에 있는 Roseburg를 제외하고는 이외에는 최초로 밀가루를 만든 장소였으며, 이 새로운 커뮤니티는 이내 애쉴랜드 밀즈(Ashland Mills)로 불리게 되었다. 1855년, Helman은 정착을 독려하고, 또 그 결과 타운의 중심지를 형성하게 되기를 희망하면서, 방앗간 근처에 12개의 상업용지를 만들었다. 이곳이 현재의 플라자이다. 1867년, Ashland Woolen Mills가 개업하면서 양모 산업이 애쉴랜드 밀즈의 주요 산업으로 성장하게 되었다.

초기의 거주지는 현재 Granite Street, Church Street, Bush Street, Laurel Street 등을 따라 발달하였는데, 이는 플라자를 중심으로 뻗어나온 것이다. 주민들은 플라자와 가능한 한 가장 가까운 곳에서 살기를 원했기 때문이며, 현재도 다운타운이 플라자와 맞닿아 발달해 있다.

애쉴랜드가 공식적인 타운으로 인정받은 것은, 1855년 체신부가 이곳 주민을 위해 서비스를 시작하면서부터였다. 1871년부터 타운 이름에서 밀즈가 삭제되고 애쉴랜드로 알려지게 되었으며, 1874년에 애쉴랜드는 시가 되었다9).

(3) 철 도

1854년 말에 잭슨빌과 이레카(Yreka) 사이의 주도로를 왕래하는 정기승합마차가 생겼으며, 1859년 2월 14일, 오레곤이 주로 승격한 바로 직후, 시스키요우 산맥을 넘을 수 있는 더 좋은 길에 대한 수요로, Siskiyou Mountain Wagon Road가 개통되었다. 이것은 가파르고 좁고 구불구불한 길이었지만, 이로써 캘리포니아-오레곤 승합마차회사(California-Oregon Stage Company)는 새크라멘토와 포틀랜드 간 700마일의 노선을 운영할 수 있게 되었다. 이 노선 상에서 애쉴랜드 밀즈는 중요한 정거장이었다.

1855년, 미국 정부는 서부까지 기차를 연결하려는 계획을 세우고, 두 명의 군 장교를 포함한 탐사대를 보내 오레곤령에서 가능한 루

---

9) Janelle Davidson, *ibid.*, p.138-141.

트를 조사하게 하였다. 이 탐사대는 시스키요우 산맥이 철도에 만만치 않은 장애가 될 것임을 알아차렸다. 두 장교 중 한 사람은 시스키요우 산맥을 돌아가는 루트를 알아보기 위해 클러매쓰강(Klamath River) 쪽으로 돌아 나갔고, 다른 한 사람은 산맥을 관통하는 루트를 탐사하였다(Janelle Davidson, 1995: 67-68).

그러나 철도 건설에 민간이 관심을 가지게 된 것은 이로부터 몇십 년이 지난 이후의 일로, 1868년에 이르러서야 포틀랜드와 새크라멘토 간의 Oregon & California Railroad(O&C) 건설이 시작되었다. Roseburg 이남의 선로 부설이 1873년에 중단되었으나, 마침내 1884년 포틀랜드에서 출발한 O&C선이 애쉴랜드에까지 이어졌다.

당시 Roseburg 이남의 노선을 놓고, 카운티 청사가 있던 잭슨빌 시민들은 철도가 잭슨빌을 통과할 것이라는 점을 의심하지 않았었다. 그러나 O&C 회사의 조사 결과, 잭슨빌이 철도노선에서 제외될 것이라는 소문이 돌았다. 당시 철도는 매우 약해서, 가능하면 분지를 넘어가는 것을 피해 분지의 평탄면을 따라 선로를 놓아야 했던 것이다.

그러나 잭슨빌의 많은 거주민과 상인들은 그 사실을 받아들일 수 없어했다. 그들로서는 오레곤 남부에서 가장 주요한 타운이 철도노선에서 제외된다는 것을 납득하기 어려운 듯 하였다. 그 결과, 많은 주민들이 새로운 집과 상업시설을 세우는데 큰 투자를 하였는데, 이는 결국 철도가 잭슨빌을 우회하게 됨으로써 소득 없이 끝나게 되고 만다. 그 대표적인 예가 벽돌로 지어진 United States Hotel로 1879년에 건설이 시작되어 1881년에 완공되었다[10].

1883년 철도건설이 재개되고 철로가 베어 크리크 밸리 쪽으로 다가오게 되자, 잭슨빌은 그동안 안심하고 있던 상태에서 벗어나 도시민을 각성시키고자 노력하였다. 신생 타운인 애쉴랜드와 피닉스(Phoenix) 주민들은 자신들의 지역으로 카운티 청사가 옮겨와야 한

---

10) Richard H. Engeman, *ibid.*, p.19.

다고 주장하였다. 이 도시들이 새로운 철도변에 위치하게 될 것이며, 따라서 카운티의 보다 많은 주민들이 접근하기에 보다 편하게 될 것이라는 점이 그 이유였다. 잭슨빌은 이러한 주장을 거북하게 생각했고, 이에 대항하여 1883년-1884년에 기존의 목재건물 대신 이탈리아식의 멋지고 넓은 벽돌 청사를 다시 지었다. 이러한 투자 이후, 카운티 관리들은 사무실을 옮기고 청사를 새로 짓는 것에 대해 재고하게 되었음이 분명하다.

철도 우회가 지역의 상업에 미친 영향은 매우 컸다. 잭슨빌의 상인들은 이를 필사적으로 극복하기 위해 건물과 상품, 고객 등에 많은 투자를 하였다. 'Democratic Times'는 1883년 12월, 철도가 인근 피닉스에 완공되기 직전, 다음과 같은 기사를 실었다: "잭슨빌에 있는 모든 사람들은 확실히 안심하고 있으며, 이 도시의 쇠퇴를 바라는 사람들이 있음에도 불구하고, 잭슨빌은 번영할 것이다."

Oregon & California Railroad가 잭슨빌에 심지어 지선조차 놓을 생각도 하지 않았기 때문에, 지역주민들은 스스로 철도를 깔기록 하였다. 그러나 1891년 잭슨빌-메드포드 간 Rogue River Valley Railway가 완성될 무렵에는 이미 잭슨빌에 드리워진 경제쇠퇴를 되돌릴만한 어떠한 기회도 남아있질 않았다. 결국 이 철도의 주요 기능은 결혼 증명서를 받고자 하는 커플들을 카운티 청사에 실어가고, 점차 줄어가는 타운 상인들에게 상품을 공급하는 것에 그치게 되었다[11].

남쪽 캘리포니아로 계속 가야 하는 승객과 화물은 승합마차나 말이 끄는 왜건 등으로 갈아타고 Siskiyou Mountain Wagon Road를 넘어야 했다. 마침내 1887년, 포틀랜드로부터 남으로 341마일 지점, 샌프란시스코로부터 북으로 431마일 지점인 애쉴랜드에서, 북쪽으로부터의 Oregon & California Railroad와 남쪽으로부터의 Southern Pacific Railroad가 만나게 되었다. 이 구간은 해안 및 미국 전역을 연

---

11) Richard H. Engeman, *ibid.*, pp.22-23.

결하였던 철도노선 중 마지막으로 남은 비연결 구간이었으므로, 이 구간의 연결을 끝으로 서부해안이 연결되면서 전 미국 순회노선이 완성되었다. 이는 잭슨 카운티의 모든 경제활동이 전국 경제활동에 연결되었으며, 그리하여 이 지역은 많은 농산물을 다른 지역에 판매할 수 있게 된 것을 뜻하는 것이다(Janelle Davidson, 1995: 69-70). 철도가 비껴간 잭슨빌은 계속 침체의 늪으로 빠졌음에 비해, 기차역이 생긴 애쉴랜드는 커다란 성장의 시기를 맞게 된다.

1880년 애쉴랜드의 인구가 842명이었던 것이 1890년대에는 1,784명으로, 1990년에는 2,634명, 그리고 1906년에는 4,500명으로 증가하였다. 포틀랜드−샌프란시스코 간에는 양방향으로 각각 매일 4회씩 열차가 운행되었으며, 그 외에 수많은 지역 열차들도 운행되었다. 그러나 애쉴랜드의 철도 부흥기는 1923년을 정점으로 시들게 된다. 1926년에 로우그 밸리를 동쪽으로 우회하는 새로운 철도노선이 생기게 된 것이다. 오레곤주의 유진(Eugene)과 캘리포니아의 블랙뷰트(Black Butte) 간을 잇는 캐스케이드선(Cascade Line)이 애쉴랜드를 우회하여 클러매쓰폴(Klamath Falls)을 통과하는 노선을 채택했기 때문이었다. 캐스케이드선은 현재까지도 오레곤을 통과하는 간선노선으로, 암트랙을 이용하는 승객들이 로스엔젤레스와 시애틀 사이를 여행할 때 이용하는 노선이다.

간선 철도교통의 이동과 함께 대부분의 철도 관련자들도 애쉴랜드를 떠났다. 철도를 대상으로 서비스를 제공하던 사업체들이 그 뒤를 따랐다. 애쉴랜드는 경제적 타격을 입었으며, Railroad District에 있던 수많은 상점들은 문을 닫았다. 이후 RailTex가 Southern Pacific Company로부터 이 오레곤 남서부 노선을 사들여 화물서비스를 재개한 1995년까지 철도는 그대로 방치되어 있었다. 1930년대 대공황이 닥치면서 애쉴랜드의 어려운 시기는 계속된다(Janelle Davidson, *ibid.* : 71-75).

2) 애쉴랜드시의 장소자산

(1) 입지 및 자연환경

애쉴랜드는 캘리포니아 북부 경계선 위 15마일 지점의 5번 고속도로(Interstate 5) 상에 위치해 있다. 또한 로우그 밸리의 남쪽 끝 지점으로, 해발고도 2,000피트 상에 자리 잡고 있다. 7,500피트 높이의 애쉴랜드 마운틴이 남쪽에, 그리고 동쪽으로 30마일 떨어진 곳에는 캐스케이드 산맥이 놓여 있다. 날씨는 매우 온화한 편이지만, 4계절의 구분이 뚜렷하다. 오레곤이 비로 유명함에도 불구하고, 애쉴랜드는 연평균 강수량 29인치(강우량 19인치, 강설량 10인치)를 보일 뿐이다.

<그림 IV-2> 애쉴랜드 전경

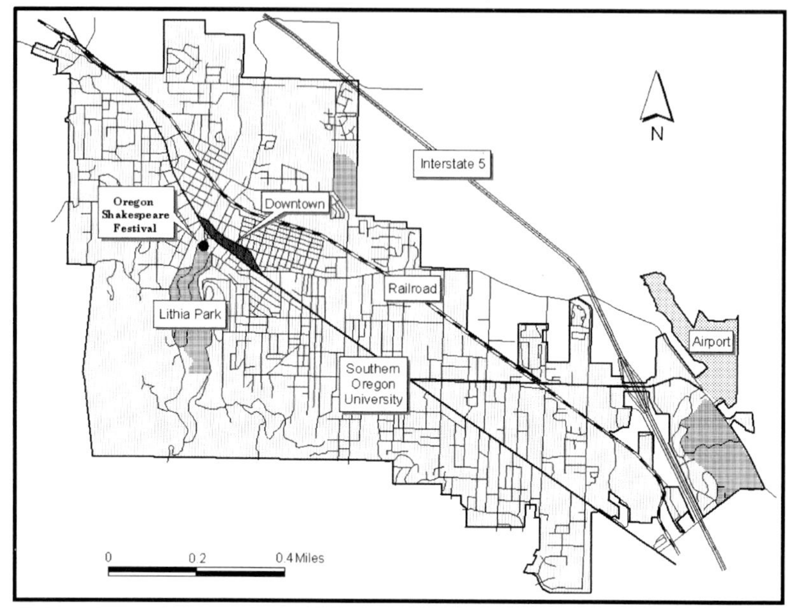

<그림 Ⅳ-3> 애쉴랜드시

(2) 인구 구조

애쉴랜드의 인구수는 오레곤의 다른 지역과 마찬가지로 지속적으로 증가하고 있다. 1980년에 14,943명이던 것이 1990년 16,234명, 2000년 19,522명으로 20년간 약 32%의 성장을 보였으며, 특히 1990년-2000년 사이의 증가율은 20.3%에 이른다. 연령별 인구구성을 보면 이 기간 동안 50대 인구가 특히 많이 증가하였음에 비해, 30대 인구는 줄고 있다.

<표 Ⅳ-3> 애쉴랜드시 인구구성과 변화

(단위: 명, %)

애쉴랜드	1990년		2000년		1990년-2000년
총인구수	16,234	100.0	19,522	100.0	20.3
남자	7,715	47.5	9,003	46.1	16.7
여자	8,519	52.5	10,519	53.9	23.5
10세 미만	1,802	11.1	1,725	8.8	-4.3
10-19세	2,588	15.9	3,050	15.6	17.9
20-29세	2,744	16.9	3,553	18.2	29.5
30-39세	2,654	16.3	1,883	9.6	-29.1
40-49세	2,490	15.3	3,109	15.9	24.9
50-59세	1,128	6.9	2,612	13.4	131.6
60-69세	1,293	8.0	1,319	6.8	2.0
70세 이상	1,535	9.5	2,271	11.6	47.9

자료: US Census Bureau, *2000 Census*; US Census Bureau, *1990 Census*.

한편, 1980년 이래, 총인구수 대비 5-17세 인구비, 25-54세 인구비, 그리고 65세 이상 인구비가 증가한 반면, 5세 이하 인구비, 18-24세 인구비, 55-64세 인구비는 줄어들었다. 인구의 고령화 현상은 베이비붐 세대의 연령이 높아지는 전국적 현상과 일치하는 것이다. 지역적으로 보았을 때 인구의 고령화 현상은 또한 은퇴자들의 재입주 및 이와 동시에 일어나는 18-24세 인구의 이주 현상에 기인한다. 'Time Magazine'은 애쉴랜드시를 미 전역에서 은퇴자들이 재입주하기 가장 좋은 10개 도시 중 하나로 선정한 바 있고[12], 'Where to Retire Magazine' 또한 애쉴랜드가 은퇴해서 살기에 아주 좋은 도시라고 소개하고 있다. 5-17세 인구비의 증가는 '베이비 버스터 (baby buster)' 세대로 설명할 수 있다. 로우그 밸리로 이주해 오는 가장 중요한 세 가지 이유로는, 첫째, 가족 및 친구와 함께 살기 위

---

12) *Time Magazine*, 1999, March 8, vol.153, no.9.

해, 둘째, 삶의 질, 셋째, 은퇴이다. 이주의 이유로 은퇴를 꼽은 사람의 비중이 전체 오레곤주 차원에서는 12%인 것에 비해, 남부 오레곤에서는 그 두 배 이상인 26%에 이르고 있어(Oregon Employment Department: REP:11/99), 특히 남부 오레곤에 은퇴 후 이주해온 사람들이 많음을 알 수 있다.

인구규모가 계속 증가하는 경향에 반해, 가구당 인구수는 계속 감소하고 있어서, 1970년의 가구당 인구수가 2.84명이던 것이 2000년에 이르면 2.14명이 되었다. 2000년 현재 총 가구수는 8,637호, 가구당 평균소득은 49,647 달러이다(<표 IV-4>). 2002년 9월 현재, 애쉴랜드 시내 단일가구용 주거지(침실 3개, 화장실 2개)의 평균 판매가는 285,048 달러이다.

<표 IV-4> 애쉴랜드의 인구, 주택, 소득 경향 (1970년-현재)

항목	1970년	1980년	1990년	2000년
인구	12,342명	14,943명	16,234명	19,522명
가구당 인구수	2.84명	2.36명	2.22명	2.14명
가구수	4,124호	6,330호	7,204호	8,637호
가구소득평균	$35,038	$39,479	$40,364	$49,647
전미 가구소득평균	$34,560	$36,226	$38,598	N/A
평균임대료	$321	$384	$502	$597
평균주택가격	$61,670	$123,915	$139,194	N/A

출처: The Ashland Chamber of Commerce, 2003, *Living and Doing Business Guide: Come Home to Ashland*, p.40.

(3) 시의 운영

애쉴랜드 시정부는 시장/시의회(Mayor/City Council)의 형태로 구성되어 있다. 4년 임기의 시장은 시민에 의해 선출되며 시의회의

회의를 주재한다. 시장은 시의회와 매달 두 번씩 회의를 갖는데 이는 일반시민 누구에게나 개방되어 있다. 회의에 참석하기 싫어하는 사람들을 위해, Ashland's cable access channel(RVTV)을 통해 회의를 방송하고 있다. 이는 Planning Commission meetings 역시 마찬가지이다. Affordable Housing Committee에서부터 Conservation Commission까지, 자원봉사 시민들로 구성된 15개 이상의 서로 다른 자문회의 및 자문위원회가 부분적으로 시의회를 자문한다. 한편, Ashland Parks and Recreation Department는 선거를 통해 뽑힌 5명으로 구성된 위원회가 담당한다.

또한 애쉴랜드 시는 시 전역에 최첨단 광케이블을 설치하여 운영하고 있다. The Ashland Fiber Network(이하 AFN)는 애쉴랜드의 거주민과 사업자들에게 초고속인터넷, 데이터, 케이블TV 서비스 등을 제공해오고 있다. AFN은 지역민의 선호와 가계 경제수준에 맞춘 다양한 수준의 케이블TV 서비스를 제공하고 있는데, Citizen's Programming Selection Committee가 방송 프로그램 편성을 담당한다. 애쉴랜드는 다양한 커뮤니티를 가지고 있으므로, 이 위원회는 지역의 이해에 부합하는 새로운 네트워크를 형성하기 위해 정규적으로 모임도 가지고 있다. 한편 버스는 주중에만 운영되는데, 애쉴랜드 지역 내에서는 무료이다.

(4) 주요산업

애쉴랜드의 경제는 목재, 좋은 날씨, 매력적인 경관, 문화적 매력물, 잘 교육받은 노동력과 교육에 기반하고 있다. 또한 지리적 입지가 탁월하여 5번 고속도로와 Southern Pacific Railroad가 바로 인접해 있고, Rogue Valley International-Medford Airport에의 접근성도 좋다. 이 때문에 일반적인 지방 소도시들에 비해 훨씬 유리한 시장접근성을 가지고 있다. 단일경제부문 의존성이 가져오는 위험성을 줄이기 위해, 애쉴랜드 시와 상공회의소(Chamber of Commerce)는 시장의 다양화를 장려한다. 부가가치 요소를 가지고 있는 경공업 기업의 설립, 지리적으로 분산되어 있는 고객들을 대상으로 하는 다양한 서비스산업, 그리고 지역주민을 대상으로 하는 소매업 등이 특히 장려된다.

<그림 Ⅳ-4> 애쉴랜드 진입로와 페스티벌 배너

Oregon Shakespeare Festival은 연간 100,000명 이상의 관광객을 끌어들이고 있다. 이에 더하여, 애쉴랜드는 '목적지(destination)' 도시로 인식되고 있기 때문에, 258,000명 이상이 애쉴랜드가 제공하는 다른 매력물들, 즉 애쉴랜드 마운틴의 스키 등과 같은 레크리에이션, 쇼핑, 관광 등을 목적으로 이곳을 방문하고 있다. 이 도시는 셰익스피어 페스티벌로 널리 알려져 있지만, 또한 국내에서 유일하게 연방정부가 지원하는 wildlife forensics lab과 연구시설들이 위치해 있는 곳이기

도 하다. 서던 오레곤 대학(SOU)은 애쉴랜드 경제의 건강성을 지키는데 큰 몫을 담당하고 있으며, 약 5,300명의 학생과 686명의 패컬티 및 스태프들을 보유하고 있다. SOU는 Small Business Development Center를 설치하여 남부 오레곤 지역에서 연간 450개 이상의 사업체에 사업자문과 원조를 제공한다. 또한 지역의 삶의 질을 높이는 교육 및 훈련을 제공하기 위해, 대학당국은 200개 이상의 민간, 공공, 또는 정부 조직과 파트너쉽을 맺고 있다.

관광은 애쉴랜드의 경제 건강성에 안정적인 영향을 끼쳐왔으며, 이 도시를 오레곤의 다른 timber town들과 차별시키는 요인이다.

<표 Ⅳ-5>는 1994년부터 2001년까지 애쉴랜드시 관광관련 서비스업 변화경향을 보여준다. 총사업체수와 고용인수가 증가하는 가운데, 숙박업소는 소폭의 증감을 거듭하고 있으며, 레스토랑과 카페 등을 포함하는 식음료업소의 수는 지속적으로 증가하고 있다.

<표 Ⅳ-5> 애쉴랜드시 관광관련 서비스업체수 변화

(단위: 개, 명, %)

	1994년	1996년	1998년	2000년	2001년	1994년-2001년
총사업체수	769	801	866	932	955	24.2
총고용인수	6,435	6,531	7,225	7,730	8,206	27.5
연예오락관련사업체수	22	16	23	16	19	-13.6
숙박업소	39	32	36	40	41	5.1
식음료업소	78	83	93	98	96	23.1

자료: US Census Bureau, 각 년도, Censtats Database.

애쉴랜드시는 관광과 관련하여 두 가지 세금을 징수하고 있다. 식당에서 음식과 음료를 소비할 때 부과되는 meal tax와 호텔, 모텔 등 숙박업소에 숙박할 때 부과되는 room tax가 그것으로, 세금 징수율은 7%이다. 따라서 이들 업종의 사업체 증가율은 곧 시 관광 수입의 증가와 관련된다.

<표 Ⅳ-6>에 따르면 1994년 이래 meal tax와 room tax가 거의 지속적으로 증가하고 있음을 알 수 있다. 두드러진 증가율을 살펴 보면, meal tax의 경우 1994년-1995년 사이 33.6%, 2001년-2002년 사이 19% 증가하였으며, room tax의 경우 2000년-2001년 사이 16.2%, 2002년-2003년 사이 19% 증가율을 보인다. 두 종류 모두 1994년부터 2003년까지 10년 사이에 약 100% 내외의 증가율이다. 수입의 대부분은 시의 서비스를 지원하는데 사용되고 있다.

<표 Ⅳ-6> 애쉴랜드시 관광관련세 추이

	Meal tax		Room tax	
	총액($)	증가율(%)	총액($)	증가율(%)
1994	792,363	−	685,103	−
1995	1,058,428	33.6	704,288	2.8
1996	1,183,546	11.8	753,83	7.0
1997	1,173,148	−0.9	727,434	−3.5
1998	1,252,666	6.8	778,996	7.1
1999	1,309,011	4.5	811,799	4.2
2000	1,373,616	4.9	894,090	10.1
2001	1,329,519	−3.2	1,039,122	16.2
2002	1,582,211	19.0	1,105,760	6.4
2003	1,593,013	0.7	1,315,793	19.0

자료: 애쉴랜드 시청 내부자료.

3) 애쉴랜드시의 장소마케팅: 오레곤 셰익스피어 페스티벌 (Oregon Shakespeare Festival)

(1) 개 관

수준 높은 공연으로 국제적인 명성을 가지고 있는 Oregon Sha-kespeare Festival(OSF)은 미국에서 가장 오래되고 가장 큰 레퍼토리 극장극단(repertory theatre[13] company)으로 알려져 있다. 페스티벌이 처음 열린 것은 1935년으로, 독립기념일 기념행사의 일환으로 3일간 셰익스피어 공연을 하면서부터였다. 그 이후 지속적으로 내적, 외적 팽창을 거듭하여, 현재는 매년 약 9개월에 걸쳐 11개의 공연을 레퍼토리 방식으로 진행하는 페스티벌로 성장하였다. 관객의 다양한 요구에 맞추고자 현대극을 포함하게 되었으나, 페스티벌의 중심은 여전히 셰익스피어 작품에 있다.

시즌의 성수기인 6월에서 9월 사이에는, 공연이 없는 월요일을 제외한 매일 세 개의 공연장에서 번갈아가며 연극공연이 열린다. 공연의 진행이 레퍼토리 방식이기 때문에 각 공연장은 매일 다른 작품들을 공연한다. 따라서 매일 아침이면 전날 밤 공연에서 사용한 무대장치를 뜯고 당일 공연작품을 위한 새로운 무대장치를 설치하고 있다.

오레곤 셰익스피어 페스티벌은 현재 세 개의 공연장을 가지고 있다. 야외극장인 Elizabethan Theatre에서는 거의 셰익스피어 공연만을 하며, 나머지 두 실내극장인 Angus Bowmer Theatre와 New Theatre에서는 셰익스피어와 다른 전통/현대 극작가의 작품을 번갈아 상연한다.

<표 IV-7>에서 알 수 있듯, 2004년 공연일정은 2월 20일에 시작하여 10월 31일까지 계속된다. Elizabethan Theatre는 야외무대가 갖는

---

13) repertory theatre: 전속 극단을 가지고 프로그램을 바꾸어 상연하는 극장 (동아프라임 영한사전)

164

특성 때문에 관람에 적합한 기후를 보이는 6월-10월 중에만 공연이
가능하다.

<표 Ⅳ-7> 오레곤 셰익스피어 페스티벌 2004년 시즌 일정표

공연명	원작자	공연시기	공연극장
The Comedy of Errors	William Shakespeare	2월 20일 - 10월 31일	Angus Bowmer Theatre
The Royal Family	Kaufman & Ferber	2월 22일 - 10월 30일	
The Visit	Friedrich Dürrenmatt	2월 21일 - 7월 11일	
A Raisin in the Sun	Lorraine Hansberry	4월 20일 - 10월 31일	
Oedipus Complex	Sophocles	7월 28일 - 10월 30일	
Topdog/Underdog	Suzn-Lori Parks	2월 26일 - 6월 25일	New Theatre
Henry VI, Part One	William Shakespeare	3월 31일 - 10월 31일	
Humble Boy	Charlotte Jones	7월 6일 - 10월 31일	
King Lear	William Shakespeare	6월 8일 - 10월 8일	Elizabethan Theatre
Henry VI, Parts Two & Three	William Shakespeare	6월 9일 - 10월 9일	
Much Ado about Nothing	William Shakespeare	6월 10일 - 10월 10일	

자료: Oregon Shakespeare Festival 공식홈페이지 (www.osfashland.org).

매일 저녁 공연이 시작되기 전, 페스티벌 광장에서는 페스티벌의
주최로 그린쇼(Green Show)라는 무료 콘서트가 열린다. 방문객이든
지역주민이든, 담요와 도시락을 들고 삼삼오오 모여 앉아 공연을
즐기는 가운데 페스티벌의 분위기가 무르익는다. 이것은 전통악기
와 무용, 노래 등으로 이루어진 콘서트로, 당일 Elizabethan Theatre
공연에 어울리도록 주제를 선정하고 있다. 과거에는 셰익스피어 시
대의 복장을 한 단원들이 춤과 노래를 선보여 페스티벌의 분위기를
고취했으나 새로운 Artistic Director는 이 공연을 현대적 감각에 맞
추어 변화시키기를 원했고, 그에 따라 2000년경부터는 공연자들이
현대의상을 입고 공연을 하고 있다.

<그림 Ⅳ-5> Elizabethan Theatre(내부)

<그림 Ⅳ-6> Elizabethan Theatre(외부)

<그림 Ⅳ-7> Angus Bowmer Theatre

<그림 Ⅳ-8> New Theatre

또한 페스티벌에는 Backstage tours나 Noon Lecture, Park Talk 등과 같은 다양한 유/무료의 참여 프로그램들이 있어, 관객과 직접 소통하는 공간을 만들고 있다. 그리고 School Program을 통해 미래의 잠재적 고객들을 대상으로 페스티벌을 선전하고 셰익스피어를 이해할 수 있는 기회를 제공한다.

최근 New York Times의 연극부문 비평가인 Ben Brantley는 "애쉴랜드는 맨해튼이 오랫동안 결여했던 가치—연기자를 훈련시키고 양성하는 성숙한 레퍼토리 극단—를 상기시킨다"고 하였다. 오레곤 셰익스피어 페스티벌은 1997년 시즌에서 상연하였던 Lillian Garret-Groag의 연극 *The Magic Fire*를 1998년에 Washington D. C.의 Kennedy Center 무대에 올렸는데, Time Magazine의 Richard Zoglin은 이를 '올해의 최고 연극 10선' 중 하나로 꼽았다. Lincoln Center의 Theatre on Film and Tape Archives는 미국의 중요하고 의미 있는 연극공연 모음에 지난 4개의 OSF 연극공연을 포함시켰는데, 이는 각각 *The Trojan Women* (2002), *Pericles* (1999), *Rosmersholm* (1999), *Les Blancs* (1998)이다[14].

(2) 역 사

① 도입기 - 1950년대까지

애쉴랜드 사람들은 하나같이 오레곤 셰익스피어 페스티벌의 기원을 쉬타쿠아(Chautauqua)[15] 운동에서 찾는다. 쉬타쿠아 운동은 19세기 말 미국의 농촌지역에 문화와 여흥을 보급하고자 했던 운동으로, 남부 오레곤 지역에서는 애쉴랜드가 그 개최지로 선정되었다. 1893년 7월 5일의 첫 공연을 위해 애쉴랜드의 주민들은 돔형의 쉬타쿠아 태버내클(Chautauqua Tabernacle[16])을 세웠으며, 여기에서

---

14) Oregon Shakespeare Festival Association, *Oregon Shakespeare Festival History*, p.1.
   (http://www.orshakes.org/about/archives.html)

15) 쉬타쿠아는 뉴욕주 남서부에 있는 쉬타쿠아 호수의 이름을 딴 것이다. 그곳에서부터 텐트 안에서나 야외에서 강연, 콘서트, 연극 등과 같은 여흥을 제공하는 활동이 시작되었으며, 이는 곧 지방 농촌지역에 사는 사람들이 쉽게 접하기 어려운 문화적, 교육적 활동들을 제공하는 전국적 순회 프로그램으로 발전하였다. 그러나 1920년대에 들어 라디오와 영화, 자동차 등의 출현과 함께 사람들이 새로운 오락거리에 대한 관심과 접근방법을 찾게 됨에 따라 쉬타쿠아 운동은 사라지게 되었다(Janelle Davidson, 1995: 28-31).

16) 임시로 지은 집 또는 예배당(엣센스 한영사전).

매년 한여름이 되면 10일에서 14일 정도에 걸쳐 공연과 강연 등이 열렸다. 1905년에는 건물을 확장하여 1,500명의 청중을 수용할 수 있게 되었다. 애쉴랜드 쉬타쿠아가 열린 10일간, John Phillip Sousa 나 William Jennings Bryan같은 명사들을 보기 위해 남부 오레곤 지역과 북부 캘리포니아 전역에 걸쳐 가족단위의 여행객들이 몰렸다. 사람들은 가족과 함께 왜건을 타고 왔으며, 인근 애쉴랜드 크리크 기슭을 따라 나무그늘 밑에 캠핑을 하였다.

해마다 더 많은 사람들이 이곳을 찾아, 쉬타쿠아 태버내클은 몇 차례의 증축을 거듭해야 했다. 또한 애쉴랜드 시민들은 쉬타쿠아와 그들의 도시, 그리고 자연환경의 아름다움에 대해 매우 자랑스러워 하면서, 애쉴랜드 크리크의 캠프장을 청소하고 가꾸었다. 이 노력은 결국은 플라자에서 애쉴랜드 크리크를 따라 애쉴랜드 마운틴까지 이어지는 리씨아 공원(Lithia Park)을 낳았다.

전국적으로 쉬타쿠아의 인기가 사라지면서, 1925년을 끝으로 애쉴랜드에서도 쉬타쿠아가 사라졌다. 태버내클의 목조돔은 한때 록키산맥 서쪽에서는 가장 큰 것이라 일컬어졌었지만, 이제 기울어지기 시작했고 완전히 무너지기 전에 철거되어야만 했다. 남은 것은 원형의 시멘트로 된 뼈대뿐이었다(Janelle Davidson, *ibid.* : 29-33). 이 시멘트벽이 오늘날까지 그대로 남아서, 담쟁이로 뒤덮인 채 Elizabethan Theatre를 둘러싸고 있다.

애쉴랜드에서 셰익스피어 페스티벌을 창설한 앵거스 보우머(Angus Bowmer)는 1931년에 애쉴랜드로 이주하였다. Southern Oregon Normal School(현재의 서던 오레곤 대학)이 영어작문과 대중연설 교사로 그를 채용하였기 때문이다. 교사인 동시에 연극배우이자 연출자였던 보우머는 Elizabethan stage 방식의 셰익스피어 공연이 필요하고 또 관객에게 어필할 수 있을 것이라는 신념을 가지고 있었다. 그러나 애쉴랜드와 서던오레곤 노멀스쿨은 그의 열망을 이루기에는 적합하지 않아 보였다.

> 애쉴랜드에서 나는 내 젊은 시절의 가장 큰 실망을 맛보았다. 서던오레건
> 노멀스쿨은 연극관련 학과가 없었으며, 더 심각한 것은 그것을 설립할 수
> 있는 정책도, 시설도 없었다는 것이다(Angus Bowmer, 1975: 39).

그러나 보우머는 대학에 연극관련 학과를 만들고 연극공연을 개최하기 위한 노력을 거듭하였고, 마침내 1935년 봄, 대학의 패컬티 멤버와 학생들, 메드포드, 피닉스, 애쉴랜드 주민들과 함께 『베니스의 상인』을 공연하게 되었다. 그리고 이 공연의 성공으로 셰익스피어 공연에 대한 수요가 있음을 확인하고 셰익스피어 페스티벌을 추진하였다. 보우머는 특히 그가 보아왔던 Elizabethan theatre들의 스케치와 쉬타쿠아 태버내클의 남아있는 벽의 모양이 닮았다는 점에 주목하게 되었다.

> 보우머는 애쉴랜드의 많은 리더 및 상인들과 중단위기에 놓여 있는 애쉴랜
> 드의 전통, 즉 독립기념일 기념행사를 부흥시키는 방안에 대해 토론을 하
> 였다. 그는 옛 쉬타쿠아 자리에 무대를 세울 것을 건의하였고, 애쉴랜드 시
> 의 협조를 얻어 건설을 추진할 수 있었다. 『베니스의 상인』을 다시 공연
> 하였으며 여기에 『십이야』가 추가되었다. 이것이 현재 오레곤 셰익스피
> 어 페스티벌의 시작이었다…… 기념행사를 책임졌던 사람들은 연극공연이
> 적자를 낼 것이라고 확신하였기 때문에, 재정손실을 메울 의도로 중간에
> 복싱경기들을 배치하였다. 그러나 결과는 복싱경기가 적자를 내고, 오히려
> 연극공연의 수익으로 복싱경기의 적자를 메웠다(Arthur Kreisman, 2002:
> 66).

보우머가 스케치한 Elizabethan 무대의 디자인을 바탕으로 태버내클의 원형의 기초 내에 건설된 무대는 현대적인 실내 정면액자무대가 아니라 16세기에 건설된 무대들의 형식을 본뜬 야외무대였다(Janelle Davidson, *ibid. :* 32).

무대건설을 협조할 당시 시 당국은 신중한 태도를 취하면서, 총액이 '400달러가 넘지 않는 선에서' 보우머의 프로젝트를 지원하기

로 결정한다. SERA(State Economic Recovery Act)의 기금으로 건설 인부들을 고용해 무대를 세우고 땅을 고르는 작업을 하게 되었다. 오레곤 셰익스피어 페스티벌은 『십이야(Twelfth Night)』를 공연한 1935년 7월 2일에 공식적으로 탄생하였다. 페스티벌이 진행된 3일에는 『베니스의 상인(The Merchant of Venice)』을, 그리고 4일에는 다시 『십이야』를 공연하였다. 일반석 요금은 성인 50센트, 어린이 25센트였으며, 예약석은 1달러였는데, 이처럼 싼 가격에도 페스티벌은 비용을 모두 회수할 수 있었다[17].

 1937년 Oregon Shakespearean Festival Association을 결성하고 페스티벌의 재정적 독립을 책임지도록 하였다. 이후 제2차세계대전의 발발로 페스티벌은 1940년부터 중단되었다가 1947년 재개된다. 당시 페스티벌은 완전히 자원봉사자들로 구성되었으며, 그들 대부분은 지역의 학생과 선생님들이었다. 이 때문에 모든 리허설과 공연들은 6월 1일부터 9월 1일까지의 기간 동안에만 가능하였다(Edward & Mary Brubaker, 1985: 36).

 제2차세계대전 이후 페스티벌은 공연의 질이 계속 높아지면서 눈부신 발전을 하게 되는데, 이는 보우머가 대학원을 다녔던 스탠포드 대학으로부터 그의 인맥을 통해 배우와 인력을 충원할 수 있었기 때문이다. 그 중 대표적인 사람이 Dr. Bailey로, 그녀는 자원봉사조직인 Tudor Guild의 결성(1952년)을 도왔다. 또한 Institute of Renaissance Studies(현 OSF Institute 교육분과의 전신)라는 야심 찬 프로그램을 맡아, 연극들에 기초한 코스들을 개발하고 시즌 레퍼토리와 관련된 여러 저작들을 모아 편찬했으며, 공공강연 시리즈를 계획하고 르네상스 시대의 책과 자료들을 모아 전시하였다(Edward & Mary Brubaker, ibid. : 55). 페스티벌은 1953년에 처음으로 풀타임 직원을 고용하였으며, 1958년 공연을 끝으로 셰익스피어 전 작품을 모두 무

---

17) Oregon Shakespeare Festival Association, *Oregon Shakespeare Festival History*, p.1. (http://www.orshakes.org/about/archives.html)

대에 올리는 기록을 세우게 되었는데, 이는 미국 연극계에서는 드문 일이었다. 낡고 불안했던 무대를 헐고 1959년 다시 문을 연 Elizabethan Theatre는 1600년대 영국의 Fortune Theatre를 본뜬 것이었다. 또한 NBC(National Broadcasting Company)가 Elizabethan Theatre의 공연을 라디오 생중계로 매년 방송하는 프로그램을 시작하면서, 페스티벌이 전국에 알려지게 되었고, 이를 통해 전후 페스티벌은 부흥기를 맞이한다.

② 위기 - 1960년대

셰익스피어 페스티벌은 성장을 거듭했지만 Elizabethan Theatre라는 야외공연장만으로는 수지균형을 맞추기 어려웠다. 페스티벌 측은 저녁 공연을 최대한 많이 계획하였지만, 한여름이면 40℃를 넘나드는 날씨 속에서 Matinee(낮공연)를 하는 것은 불가능한 일이었다. 10%를 육박하는 인플레이션으로, 수익을 맞추기 위해서는 공연수를 줄이든가 공연을 더 할 수 있는 다른 방안이 필요하게 된 것이다. 페스티벌 측은 끊임없이 시즌을 연장할 방법을 모색하였으며 (예를 들어 애쉴랜드에 있는 다른 극장들을 빌려 공연을 하는 것) 이로부터 페스티벌에 실내 극장이 절실하다는 것이 밝혀졌고, 1966년 자원봉사조직은 기금모금활동을 시작하였다. 그 이듬해, University of Oregon은 페스티벌의 경제적 위기와 그것이 남부 오레곤의 경제에 미칠 파급효과에 대한 연구조사 결과를 제출하였다. 이를 근거로 애쉴랜드 시는 주정부에 지원금을 신청하였는데, 그 제안서에는 다운타운의 개선과 복구를 위한 프로젝트의 핵심적 사안으로서 페스티벌의 새 극장 건설이 포함되어 있었다. 그리하여 1970년 개관한 새 극장은 보우머에게 헌정되어, Angus Bowmer Theatre로 불리게 되었다(Edward & Mary Brubaker, *ibid.* : 56).

③ **외연적 팽창기 - 1970년대**

Angus Bowmer Theatre 건설 이후 페스티벌은 꾸준히 성장한다. 특히 어린 시절의 연극 경험이 이후 문화적 취향에 큰 영향을 미친다는 인식하에, 1970년부터 School Visit 프로그램을 시작하였다. 교재를 개발하고 배우들이 학교를 방문하며, 학생과 교사 대상 워크샵들이 조직되었다. 그리고 학교 단체들이 공연을 보고 페스티벌 관계자들과 토론을 하기 위해 애쉴랜드를 방문하기 시작하였다. 이 프로그램은 1980년대 동안 지속적으로 확장된다(Edward & Mary Brubaker, *ibid.* : 102).

이 시기에는 Tudor Fair로 페스티벌의 분위기를 돋우기도 하였다. 이것은 공연 시작 전 열리는 여흥과 같은 것이었다. 여름밤, 관객들은 공연 시작 1시간쯤 전부터 페스티벌 마당 앞에 모여 Tudor Fair에 참여하였다. 페스티벌에 고용된 뮤지션과 무용수들이 벌이는 춤과 노래, 아코디언과 기타 옛날 악기들의 연주를 들을 수 있었으며, 그 옆에서는 간단한 음료와 다과 등을 살 수 있었다(Edward & Mary Brubaker, *ibid.* : 108).

페스티벌 사무국은 시즌이 연장되고 좌석이 추가됨에 따라, 그리고 셰익스피어 전 작품의 수가 37편뿐이라는 사실을 고려하여, 공연의 레파토리를 확장할 것을 검토하기 시작하였다. 당시 제작감독(producing director)이었던 Jerry Turner는 상업적 무대는 차치하고라도, 아마추어 극장(academic theatres)에서조차 잘 상연되지 않던 현대극과 전통극에 눈을 돌렸다. 그는 셰익스피어에 열성적인 관객들이 이러한 공연을 볼 수 있는 기회를 환영할 것이라고 생각했고, 더 나아가 셰익스피어를 한 번도 보려고 하지 않았던 관객들도 현대극은 매력적이라고 생각할 수 있을 것이라고 판단했던 것이다. 그의 판단은 옳았으며, 다른 극작가들의 연극도 페스티벌에서 인기리에 상연되고 있다. 그러나 셰익스피어극은 여전히 관람객 숫자나 공연숫자에서 중심적 지위를 차지하고 있다(Janelle Davidson, *ibid.*, 21).

1977년에는 소극장을 인수하여 Black Swan이라 이름 짓고, 소규모 공연들을 상연하였다. Black Swan Theatre는 관객과의 친밀한 분위기를 유지할 수 있다는 매력을 가지고 있었다.

④ 성숙기 — 1980년대 이후

페스티벌이 완전한 틀을 갖추고 정착하는 시기이다. 페스티벌 사무국은 1980년대에 들어서면서 페스티벌의 미래를 조직적으로 설계하기 위한 Long Range Plan을 수립하기 시작했으며, 페스티벌 참가자들에 대한 설문조사도 매 3년마다 실시하여 관람객의 평가를 페스티벌 운영에 반영하는 피드백 체제를 구축하게 되었다.

또한 배우의 전문성과 작품의 질을 높이고자 감독들과 연기 코치를 고용하고 있다. 여러 스튜디오와 작업실을 운영하여 작품에 대한 이해와 공연의 완성도를 높이고자 하는 노력 또한 병행된다.

1985년에는 배우협회(Actors' Equity Association)와 특별계약을 맺고, Equity 소속 배우들의 고용 숫자를 늘리는데 합의하였다. 이는 페스티벌이 과거의 아마추어적 성격에서 벗어나 전문화를 추구하게 되었음을 보여주는 증거이다.

이처럼 전문배우들을 많이 고용하게 되면서 초기에 오레곤 셰익스피어 페스티벌이 대학과 맺었던 연계가 약해지게 되어, 이제 대학과의 공식적 연계는 없다고 한다. 다만, 서던 오레곤 대학, 오레곤 대학(University of Oregon), 오레곤 주립대학(Oregon State University), 워싱턴 대학(University of Washington) 등에 매 시즌 3-5개의 인턴쉽을 제공하고 있다. 또 페스티벌에 고용된 연극배우나 스탭들이 서던 오레곤 대학 연극학과나 셰익스피어 스터디즈와 같은 코스에 객원교수로 채용되는 경우도 있다.

<표 Ⅳ-8> 오레곤 셰익스피어 페스티벌에서 상연된 셰익스피어 작품과 그 외 극작가의 작품수 비교

상연연도	상연작 수 (셰익스피어작품/기타)	상연연도	상연작 수 (셰익스피어작품/기타)	상연연도	상연작 수 (셰익스피어작품/기타)
1935	2 (2/0)	1961	5 (4/1)	1982	12 (5/7)
1936	3 (3/0)	1962	5 (4/1)	1983	12 (4/8)
1937	3 (3/0)	1963	4 (4/0)	1984	11 (4/7)
1938	4 (4/0)	1964	5 (4/1)	1985	11 (4/7)
1939	4 (4/0)	1965	5 (4/1)	1986	12 (4/8)
1940	4 (4/0)	1966	5 (4/1)	1987	11 (3/8)
1941-6	없음	1967	5 (4/1)	1988	11 (4/7)
1947	4 (4/0)	1968	5 (4/1)	1989	11 (4/7)
1948	4 (4/0)	1969	5 (4/1)	1990	11 (4/7)
1949	5 (5/0)	1970	10 (4/6)	1991	10 (4/6)
1950	4 (4/0)	1971	9 (4/5)	1992	11 (4/7)
1951	4 (4/0)	1972	9 (4/5)	1993	12 (4/8)
1952	4 (4/0)	1973	9 (4/5)	1994	11 (4/7)
1953	4 (4/0)	1974	8 (5/3)	1995	11 (4/7)
1954	4 (4/0)	1975	8 (4/4)	1996	12 (4/8)
1955	5 (5/0)	1976	8 (4/4)	1997	11 (4/7)
1956	5 (5/0)	1977	9 (4/5)	1998	11 (5/6)
1957	5 (5/0)	1978	10 (4/6)	1999	11 (4/7)
1958	4 (4/0)	1979	11 (3/8)	2000	11 (4/7)
1959	5 (4/1)	1980	13 (5/8)	2001	10 (3/7)
1960	5 (4/1)	1981	10 (4/6)	2002	11 (5/6)

자료: The Oregon Shakespeare Festival 홈페이지
(http://www.orshakes.org/about/archives.html).

　1986년 페스티벌의 자원봉사단이 그 활동을 인정받아 백악관에서 President's Volunteer Action Award를 수상하였다. 그리고 1988년 Portland에 자매극장을 열면서 OSF는 전국 최대의 비영리 극장이 되었다.

Tudor Fair는 그린쇼로 정착되었다. 앞서 설명하였듯이, 그린쇼는 야외무대의 공연컨셉에 맞는 음악과 무용 공연으로, 페스티벌 마당에서 열린다.

Executive Director인 Paul Nicholson은 2003년 현재로서는 더 이상의 외연적 확장 계획은 없다고 밝혔다. 이는 페스티벌이 애쉴랜드의 수용량에 비추어 이미 성장할 만큼 성장했다는 판단 때문이다. 대신, 전문적 연기자와 감독 등을 고용하여 페스티벌의 질을 지속적으로 높이고, 2001년 Ashland School Projects의 도입과 같이, 지역사회에의 뿌리내림을 공고히 하는 노력에 보다 중점을 두고 있다.

(3) 조직과 운영

① 기본 정신과 예술적 특징

오레곤 셰익스피어 페스티벌의 미션과 비전 아래, 페스티벌은 도전적이고 지적이며 다양한 예술적 경험을 제공할 것을 목표로 삼고 있다. 이는 페스티벌의 초기 형성 당시 대학생과 교사들로 이루어졌던 아마추어적 성격과 매우 대조되는 것으로, 현재는 Equity 멤버인 전문 연기자의 고용비율이 70%를 넘고 있다.

<표 IV-9> 오레곤 셰익스피어 페스티벌의 사명과 비전

> 오레곤 셰익스피어 페스티벌의 사명은 고전연극과 현대연극에 대한 신선하고도 대범한 해석을 만들어내는 것으로, 이는 우리 미국 문화의 다양성에 의해 형성되는 것이다. 셰익스피어 작품을 우리의 기준과 영감(standard and inspiration)으로 삼는다.
>
> 오레곤 셰익스피어 페스티벌은 페스티벌을 창조적 환경(creative environment)으로 만들어 나갈 것을 비전으로 삼는다. 창조적 환경이란 전세계의 예술가와 관객들이 연극의 힘을 통해 변환적 경험의 기회를 찾을 수 있다는 것을 알게 되는 환경이다.

연구자와의 인터뷰에서, 오레곤 셰익스피어 페스티벌의 관객들은 한결같이 페스티벌의 특징으로 공연 수준이 매우 높고 아주 독특하다는 점을 들었다. 초기부터 지금까지 이어지고 있는 오레곤 셰익스피어 페스티벌의 독특성은 다음 세 가지로 나타난다.

첫째, 레퍼토리 방식의 운영이다. 일반적으로 연극을 공연할 때에는 한 무대에서 하나의 연극을 일정기간 상연한 후 다른 연극을 올린다. 그러나 레퍼토리 방식은 한 무대에서 여러 연극을 번갈아 상연하는 방식이다. 레퍼토리 운영방식은 배우들을 장기간 고용해야 하고, 최소 1년 전에는 다음 시즌의 작품들이 결정되어야 하며, 매일 무대를 새로이 설치해야 하는 번거로움이 감수해야 하는 등 가장 비용이 많이 드는 방식이지만, 그에 상응하는 효과가 있다. 우선 관객의 입장에서는, 오래 전부터 오레곤 셰익스피어 페스티벌에서 전해지는 구호처럼 "사흘간 머물면서 다섯 편의 공연을" 볼 수 있다. 또한 한 배우가 여러 배역을 맡게 되기 때문에 한 배우의 '다양한 얼굴'을 관찰할 수 있는 기회도 된다. 오레곤 셰익스피어 페스티벌에서는 배우들을 10개월 단위로 고용하고 있다. 작품별로 배우를 고용하는 일반적인 다른 연극계와 비교하면 매우 장기간인 것이다. 이는 곧 배우들의 생활이 비교적 안정됨을 의미하고, 따라서 그들이 작품에 보다 더 몰두할 수 있는 가능성이 높아져서 작품의 완성도를 높이는데 기여한다.

둘째, 무대의 형태가 일반적인 정면액자무대(proscenium arch stage)가 아니라, 개방형 덧마루(open platform)에 기둥이 지붕을 받치고 있는 Elizabethan 스타일을 취하고 있다는 점이다. 앵거스 보우머는 셰익스피어가 작품을 집필하고 연출할 당시 염두에 둔 무대 설정, 즉 Elizabethan 스타일로 셰익스피어 연극을 공연하는 것이 가장 좋다고 믿었다. 이는 화려한 무대장치나 스펙터클한 배경 등이 사라진, 사실상 텅 빈 무대로, 보우머가 페스티벌을 주창할 당시로서는 매우 이례적인 발상이었다. 당시에는 일반적으로 기교 넘치

176

는 무대장치에 대한 의존도가 점점 더 커지고 있었으며, 무대장치
에 따라 원작과 다르게 장면을 삭제하거나 변경하는 일은 당연한
것으로 받아들여졌었기 때문이다. 결국 보우머는 인공적인 장치를
거의 사용하지 않으며, 각 장면과 장면의 흐름은 끊김 없이 흐르듯
연결되는 셰익스피어의 방식을 부활시켰다(Janelle Davidson, *ibid.*,
14). 야외극장은 1600년대 셰익스피어 공연이 행해졌다는 Fortune
Theatre의 모습을 본떠 지어졌으며, 무대장치와 연출은 수많은 개축
과 증축을 한 지금도 여전히 보우머의 원칙을 따르고 있다.

셋째, 소도시성과 연극 페스티벌의 조화이다. 관람객들은 단지 애
쉴랜드에 페스티벌만을 보러 오는 것이 아니라, 휴가를 즐기기 위
해서 온다. 인터뷰 과정에서 많은 방문객들이 번잡하지 않지만 다
양하고 훌륭한 레스토랑들이 있고 아름다운 산에 둘러싸여 있으며
깨끗하고 잘 정돈된 애쉴랜드를 "charming town", "wonderful
place" 등으로 언급하며 매우 큰 만족감을 표시하였다. 또한 프로페
셔널한 연극공연을 관람하지만 정장을 할 필요가 없다는 점도 소도
시 페스티벌의 매력으로 생각하고 있었다.

Wayne Curtis는 규모는 작지만 문화예술 환경이 잘 갖추어진 애쉴
랜드와 같은 도시를 마이크로폴리탄 타운이라고 명명하였다. 그에 따
르면, 애쉴랜드와 같이 작고 원격하며 세련되고 고급스런 도시들은
한 세대를 규정짓는 완전히 새로운 종류의 장소이다. 이들 도시는 교
외나 준교외도 아니고 흙먼지 투성이도 아니다. 오히려 콜로라도의
아스펜과 같은 계절적 휴양리조트에 가깝다. "The New Rating
Guide to Life in America's Small Cities"의 저자 Kevin Heubusch에
따르면, "이들 도시는 '마이크로폴리탄 타운(micropolitan town)'으로
불리워진다. 가장 좋은 마이크로폴리탄 타운은 관리 가능한 규모에서
'도시'의 이점—즉, 붐빔 없는 커뮤니티, 스트레스를 주지 않는 서비
스 등—을 제공하는 것이다. 이들 도시는 직업과 레스토랑, 오락거리,
커뮤니티 조직 등을 끌어들일 수 있을 만큼 충분히 크지만, 극도로

도시화된 지역들과 관련되어 있는 교통정체와 높은 범죄율, 높은 토지세 등을 피할 수 있을 만큼 충분히 작은 도시들이다."18) 애쉴랜드의 마이크로폴리탄적 성격이 관광객과 이주민에게 매력으로 작용하고 있는 것이다.

② 운영과 시설

현재 오레곤 셰익스피어 페스티벌은 매년 2월 중순부터 10월 말까지 8개월 반 동안 시즌을 운영한다. <표 Ⅳ-10>의 페스티벌 관람객 통계를 보면, 1970년대 관람객 증가율이 평균 8.4%를 기록하여 최고수준을 보이던 것이, 1980년대 2.7%, 1990년대 1.1%로 낮아졌다. 1998-2002년 사이의 평균 관람객 증가율은 2.0%이다. 이처럼 관람객수의 증가가 현저히 낮아진 것은 현 37주 시즌 체제가 정착되었기 때문이다(OSFA, 2003: 5). 즉, 1977년 이후 2002년까지 시설의 증가가 없었으며, 각 시즌마다 모든 시설을 한계치까지 완전히 가동하고 있었음을 의미한다고 할 수 있겠다. 2002년에 New Theatre를 개관하면서, 관객 수용량은 450,000명을 넘게 되었다.

<표 Ⅳ-11>에서 보는 바와 같이 오레곤 셰익스피어 페스티벌은 현재 1개의 야외극장과 2개의 실내극장이 있다. 그리고 강연 등의 용도로 사용하는 건물 2개와 기타 기념품샵, Welcome Center, 리허설룸, 의상작업실, 페스티벌 사무실 건물 등이 모여 페스티벌 컴플렉스를 이룬다. 페스티벌 콤플렉스의 중앙에는 소광장이 있어서 주민과 관객의 쉼터로, 그리고 그린쇼나 Park Talk 등과 같은 행사의 무대로 이용된다.

---

18) Wayne Curtis, 2002, Too Good to Last, *Preservation*, May/June, p.44.

<표 Ⅳ-10> 오레곤 셰익스피어 페스티벌 관객 통계

(단위: 편, 명)

	시즌 공연 편수	총 공연수	총 관객 수용량 (A)	총 관객수 (B)	B/A(%)
1970	10	212	172,600	130,348	75.5
1971	9	240	193,432	155,134	80.2
1972	9	224	183,816	155,849	84.8
1973	9	226	185,018	173,457	93.8
1974	8	231	192,027	179,258	93.4
1975	8	266	217,066	211,518	97.4
1976	8	277	223,677	221,317	98.9
1977	9	371	235,614	232,368	98.6
1978	10	434	255,965	244,601	95.6
1979	11	574	293,260	265,054	90.4
1980	12	579	300,895	264,496	87.9
1981	10	571	310,086	273,191	88.1
1982	12	543	313,848	288,872	92.0
1983	12	611	325,247	302,093	92.9
1984	11	559	329,837	298,553	90.5
1985	11	643	350,798	322,742	92.0
1986	12	676	356,278	318,948	89.5
1987	11	681	363,450	331,272	91.1
1988	11	696	367,372	344,870	93.9
1989	11	698	371,352	345,094	92.9
1990	11	706	373,845	344,389	92.1
1991	11	716	377,540	361,955	95.9
1992	11	723	382,351	354,708	92.8
1993	11	733	384,053	349,579	91.0
1994	11	743	393,495	346,285	88.0
1995	11	752	396,820	359,429	90.6
1996	11	763	398,338	351,879	88.3
1997	11	756	397,372	364,602	91.8
1998	11	762	401,441	354,147	88.2
1999	11	762	401,441	374,246	93.2
2000	11	764	402,180	380,102	94.5
2001	11	781	404,989	368,776	91.1
2002	11	795	456,461	399,609	87.5

출처: Oregon Shakespeare Festival, 2003, *Oregon Shakespeare Festival Long Range Plan 2003-2007*, p.61.

페스티벌이 사용하고 있는 모든 건물들은 애쉴랜드 시 소유지 위에 서 있다. Angus Bowmer Theater가 완공되었을 때, 페스티벌측은 모든 시설물 즉, Elizabethan Theatre, Angus Bowmer Theater, Black Swan, 그리고 사무용 건물까지 모두 애쉴랜드 시에 증여하였으며, 그 대신 25년 임차권을 받았다. 이는 다시 25년간 자동 갱신되어 2019년에 종료된다. 1992년 Elizabethan Stage를 둘러싼 Allen Pavilion을 지었을 때 역시 이를 시에 증여하고 임차권을 받았다.

<표 Ⅳ-11> 오레곤 셰익스피어 페스티벌 컴플렉스

페스티벌 무대	개관일	규모
Elizabethan Stage /Allen Pavilion	1959년 / 1992년	1,200석
Angus Bowmer Theatre	1970년	601석
Black Swan Theatre*	1977년	138석
New Theatre	2002년	274-360석
Carpenter Hall*	-	175석

* Black Swan Theatre와 Carpenter Hall은 페스티벌의 본 무대가 아니고, 강연, 콘서트, 세미나 등의 용도로 사용된다.

한편, New Theatre는 시 소유 주차장에 세워졌다. 새 극장을 짓기 위해 페스티벌측은 5년에 걸쳐 2천3백만 달러를 모금하였으며, 이 중 1천3백만 달러를 New Theatre 건축에 쓰고, 나머지 1천만 달러는 페스티벌의 기부펀드(endowment fund)에 더하였다. 이렇게 건설된 건물 및 시설들을 시에 증여함으로써, 시는 돈을 들이지 않고 문화시설을 얻게 된 셈이고, 페스티벌 측에서는 시 소유 부지를 무료로 사용할 수 있는 권한을 얻게 된 것이다. New Theatre 건설 당시 페스티벌 측은 다른 주차시설을 건설하였으며, 이 주차시설 역시 애쉴랜드 시에 증여되었다. New Theatre 및 기타 과거에 시로부터 임차한 모든 시설들은 75년 임차권을 다시 받았다.

③ 조 직

1937년 조직된 Oregon Shakespeare Festival Association은 민간 주도의 비영리단체이다. 페스티벌의 장기계획과 재정적 안정성을 검토하는 이사회(Board of directors)는 총 32명으로 구성되어 있으며 이 중 약 절반 정도가 로우그 밸리에 살고, 나머지는 Bay Area (샌프란시스코 인근), 포틀랜드, 시애틀 등 서부해안 전역에 걸쳐 살고 있다. 페스티벌의 모든 행정업무와 예술 관련 업무는 각각 Executive Director와 Artistic Director가 맡아 관장한다. 2002년 현재 약 294명의 풀타임 노동에 해당하는 고용이 이루어지고 있으며, 이 중 70명 이상이 오레곤 셰익스피어 페스티벌을 위해 15년 이상 근무했을 정도로 근속년수가 길다. 배우 79명과 음악가 및 무용수 17명 등 96명이 예술집단이고, 나머지 200여 명은 행정과 관리 및 페스티벌의 운영을 위해 고용된 사람들이다.

고용된 배우 79명 중 Equity 소속 배우가 56명, 그 외가 23명이다. Executive Director인 Paul Nicholson에 따르면, 오레곤 셰익스피어 페스티벌은 1970년대부터 Equity 소속 배우들을 고용하기 시작했으며, 1980년대 이후 그 수가 늘어나면서 1984년에 이르면 이전의 4명에서 12명으로 증가하였다고 한다. OSF가 1985년에 Equity와 처음으로 계약을 맺으면서 그 수는 다시 20명 수준으로 증가하였다. Equity 소속 배우들의 고용은 1980년대와 1990년대를 걸쳐 지속적으로 증가해서, 지금은 매 시즌 55명 수준에 달하고 있다. Equity에 속하지 않은 배우들은 전국에서 오는데, 대개가 대학을 갓 졸업한 사람들이라고 한다.

한편, 오레곤 셰익스피어 페스티벌 운영에 큰 몫을 하고 있는 또 하나의 조직은 자원봉사자 그룹으로, 이사회를 비롯하여 안내, 의상, 우편, Tudor Guild 등 다양한 활동에 참가하여, 페스티벌의 운영에 매우 중요한 역할을 하고 있다. Tudor Guild는 기념품 제작과 판매 등의 수익사업으로 오레곤 셰익스피어 페스티벌을 재정적으로 지원한다. 매년 600-700명가량의 자원봉사자들이 페스티벌의 업무를 돕고 있는데, 이들의 거주지 분포를 살펴보면, 애쉴랜드 거주민이 약 82%, 그리고 메드포드 거주민이 10% 정도를 차지하고 있어 애쉴랜드 주민의 큰 호응을 얻고 있음을 알 수 있다(<표 IV-12>).

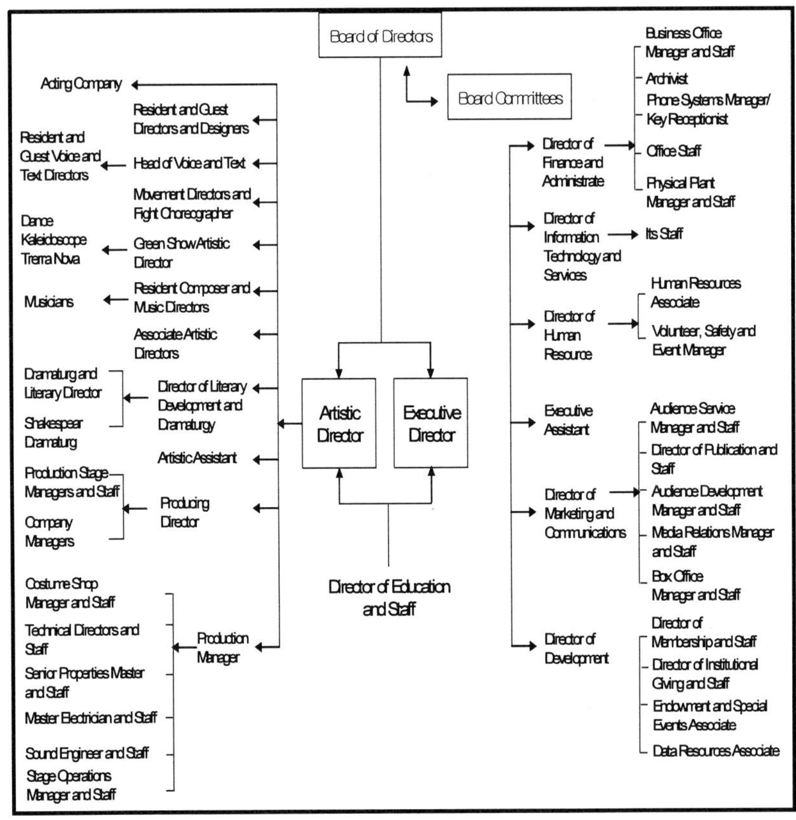

<그림 IV-9> 오레곤 셰익스피어 페스티벌 조직도

<표 Ⅳ-12> OSF 자원봉사자 거주지분포

거주지	명	%
메드포드 (Medford)	60	9.2
애쉴랜드 (Ashland)	533	81.9
잭슨빌 (Jacksonville)	4	0.6
피닉스 (Phoenix)	6	0.9
탤런트 (Talent)	38	5.8
센트럴포인트 (Central Point)	4	0.6
기타 (Others)	6	0.9
합계	651	100.0

자료: 오레곤 셰익스피어 페스티벌 사무국.

한 자원봉사자는 연구자와의 인터뷰에서 오레곤 셰익스피어 페스티벌 자원봉사를 하게 된 이유에 대해 "내가 속한 커뮤니티에서 무슨 일이 돌아가고 있는지 알기 위해서"라고 밝혔다. 또 다른 자원봉사자들은 "직업이 교사이기 때문에 여름방학 기간에만 자원봉사를 하고 있다. 자원봉사자들을 위해 한 번의 모임이 있고 공짜 티켓이 몇 장 주어지기는 하지만 그것 때문에 자원봉사를 하는 것은 아니다. 애쉴랜드에서 일어나고 있는 일 중 가장 큰 일이고, 또 그것을 좋아하기 때문에 자원봉사를 한다", "셰익스피어 페스티벌이 좋다"고 한다. 자원봉사활동을 통해 개인의 자아실현을 달성할 뿐만 아니라, 주민참여를 통한 커뮤니티의 정체감 증진 역할도 하고 있는 것이다.

또한 페스티벌의 서포트 그룹으로 1,200명 이상의 회원을 가지고 있는 Bowmer Society Associates가 있다. 회원의 거주지가 지리적으로 넓게 분포하며 다양한 이해와 관심을 가지고 있어, 페스티벌의 안정성 확보에 기여한다. 현재 이 단체는 페스티벌의 교육프로그램을 지원하고 있다.

④ 홍 보

Executive Director Paul Nicholson은 연구자와의 인터뷰에서, 직접우편이 오레곤 셰익스피어 페스티벌의 가장 중요한 홍보 수단이라고 밝혔다. 현재 OSF에는 후원자 및 관람객 등 270,000명 이상에 대한 데이터베이스가 구축되어 있어서, 이들에게 잘 인쇄한 시즌 브로셔를 발송하고 있다. 페스티벌 측에서 데이터베이스를 구축하는 방법은 우선 멤버쉽 가입회원을 통해서이다. 또한 박스오피스에서 표를 팔 때, 메일링 리스트에 주소를 올리기를 희망하는가 물어 주소록을 구축하거나, 희망자가 웹사이트상에서 주소를 직접 기입하도록 하고 있다.

두 번째 중요한 수단은 정교하게 구축된 웹사이트이다. 티켓을 주문하고자 박스오피스에 전화를 하는 관람객 중 매우 많은 수가 이미 웹사이트상의 시즌 일정표를 보면서 전화를 한다고 한다. 또 웹사이트에는 연극 프로그램에 대한 안내뿐만 아니라 페스티벌의 역사와 스태프 소개, 미션과 비전, 활동, 교육 프로그램 등을 자세히 소개하고 있다. 또한 애쉴랜드와 인근 도시의 숙박시설 및 레스토랑 등의 홈페이지와 링크하여 서로를 홍보하기도 한다.

그 외 인쇄매체, 라디오, TV 등의 수단 역시 사용한다. 애쉴랜드 지역신문인 "The Daily Tidings"는 페스티벌 관련 소식과 리뷰 등을 매주 자세히 싣고, 관련 책자를 출판하는 등 홍보에 많은 도움을 주고 있다. 그러나 Nicholson에 따르면, TV나 신문 광고는 실효가 없어 그다지 많이 의존하지는 않는다고 한다.

또한 친절한 페스티벌 직원들 역시 홍보수단으로 인식하고 있다. 박스오피스 직원의 친절이 페스티벌 마케팅의 매우 중요한 부분이라고 하는데, 왜냐하면 대부분의 관객들이 첫 번째로 마주하게 되는 페스티벌의 얼굴로, 직접적 홍보가 가능하기 때문이다.

⑤ 교육 프로그램

오레곤 셰익스피어 페스티벌의 Festival Institute에서 실시하는 교육 프로그램은 미국 전체 모든 극장들이 실시하는 교육 프로그램 중 가장 광범위한 것으로, 페스티벌 시즌 이후에 신청학교들을 방문하는 School Visit 프로그램이 큰 부분을 차지하고 있다. 1996년부터는 종전의 11월-12월 기간뿐만 아니라 1월-3월 기간 중에도 연기자 팀들을 내보내고 있다(OSFA, 2003: 7). 그러나 최근 학교 기금이 축소되면서 이 프로그램에 대한 수요도 줄어들고 있어, 2000년 이후 상당히 감소하는 추세를 보이고 있다. 다만 특이하게도 오레곤 지역으로의 방문수는 늘고 있음이 주목된다(<표 Ⅳ-13>).

또한 학교 단체들을 특별 마티네에 초청하기도 하고, 할인가로 공연 관람의 기회를 제공하기도 한다. 2001년부터는 애쉴랜드지역 학교 내 모든 학생들이 졸업하기 전에 제작과 교육활동에 참여할 수 있는 기회를 갖도록 하는 것을 목표로 Ashland Schools Project라는 새로운 프로그램을 도입하였다. 이 프로젝트를 시작하게 된 동기에 대해 "애쉴랜드 고등학교를 졸업한 많은 학생들 중 많은 수가 한번도 셰익스피어의 연극공연을 보지 않았다는 것을 알았다. 그것은 어리석은 일이었다"라고 셰익스피어 페스티벌의 교육담당 디렉터인 Joan Langley는 말한다[19]. 이러한 교육 프로그램은 잠재관객에게 페스티벌을 소개하고 지리적 기반을 넓힌다는 의미가 있으며, 동시에 학교들로서는 매력적인 자금지원(funding)의 기회도 제공받는 것이다.

2002년에는 65명의 학생들이 Summer Seminar for High School Juniors에 참여하였으며, 이 중 21명은 교육 프로그램을 지원하고 있는 Bowmer Society Associates로부터 장학금을 지원받았다[20].

---

19) The Ashland Daily Tidings, 2003, *Shakespeare 2003*, p.10.

20) Oregon Shakespeare Festival, *2003 Season Playbill*, p.84.

<표 Ⅳ-13> 오레곤 셰익스피어 페스티벌 School Visit 프로그램

	1998	1999	2000	2001	2002
참가자수	165,288	174,568	124,870	94,960	102,333
방문한 학교					
초등학교	52	56	34	9	13
중학교	54	57	40	34	32
고등학교	137	142	125	96	105
대학교	19	22	17	15	15
특별이벤트	9	5	6	8	9
합계	271	282	222	162	174
방문한 학교의 위치					
네바다	53	53	48	5	0
뉴멕시코	1	1	0	0	0
아리조나	0	0	0	0	0
아이다호	0	0	0	0	0
알라스카	7	8	0	0	0
오레곤	32	34	30	32	38
워싱턴	37	43	30	18	23
유타	0	0	0	0	0
캔자스	7	9	10	11	8
캘리포니아	133	134	103	95	105
하와이	0	1	0	0	0
캐나다	0	1	0	1	0
합계	270	284	221	162	174
방문한 총 지역수	7	9	5	6	4
방문 배우수	21	19	17	11	14

출처: OSFA, 2003, *ibid.*, p.62.

<표 Ⅳ-14> 오레곤 셰익스피어 페스티벌의 교육 프로그램

학생 대상 프로그램	교사 대상 프로그램	모든 연극관객 대상 프로그램
·Special Matinees, Post-Show Discussions ·Workshops, Prologues, Discussions and Exploring Design ·Summer Seminar for High School Juniors ·School Visit Program ·The Bowmer Project for Student Playgoers ·Ashland High School Partnership ·Ashland Schools Project	·Study Guides ·Inside Shakespeare ·Shakespeare in the Classroom ·Shakespeare on Stage ·Preview Weekend for Educators	·Backstage Tours ·Festival Noons Lecture Series ·Park Talk (무료) ·OSF Round Table ·Wake Up with Shakespeare ·Prefaces ·Play Readings ·Post-Matinee Discussion (멤버에 한하여)

자료: OSFA, 2003, *ibid.*, p.60; 오레곤 셰익스피어 페스티벌 홈페이지(www.osfashland.org).

교육프로그램의 또 다른 축은 페스티벌 참가자를 대상으로 하는 다양한 강연과 토론 프로그램이다. 'Prefaces'는 공연 중인 연극의 줄거리와 주제, 특징 등에 대한 소개이며, Post-Matinee Discussions 는 페스티벌 멤버쉽에 가입한 사람들이 참여할 수 있는 토론의 공간으로 Elizabethan Theatre에서 열린다. 인터뷰 과정에서 페스티벌의 한 관람객은 "나는 셰익스피어 광이다. 셰익스피어를 완벽하게 즐기기 위해서는 공부를 해야 한다. 가능하면 많은 토론회에 참여하고자 한다. 토론을 하면 할수록 셰익스피어에 대해 더 깊이 알수 있고, 그럴수록 셰익스피어 연극을 더 많이 즐길 수 있다"고 하여 이러한 토론 프로그램의 의의를 설명하고 있다.

'Festival Noons Lecture Series'는 관객이 오레곤 셰익스피어 페스티벌의 배우, 감독, 연구자 등과 함께 페스티벌과 연극에 대한 토론을 하는 장으로 Carpenter Hall에서 주 2회 1시간씩 열리고, 'Park Talk'은 페스티벌 콤플렉스 중앙 소광장에서 열리는 비공식적 질의－응답 시간으로 주 4회, 정오에 1시간씩 열린다.

<그림 Ⅳ－10> Backstage Tour 중

⑥ 재 정

오레곤 셰익스피어 페스티벌은 상당히 탄탄한 재정기반을 가지고 있는데, 이는 수입구조가 안정되어 있기 때문이다. 우선 연극공연 티켓판매수입이 전체 총수입액의 67%를 차지하고 있으며, 그 다음으로 멤버쉽을 통한 수입이 15.1%에 이르고 있어, 전체 수입의 약 83%를 페스티벌의 관람객들로부터 직접 얻고 있음을 알 수 있다.

<표 Ⅳ-15> 오레곤 셰익스피어 페스티벌의 수입과 지출

(단위: $1,000)

	1998	1999	2000	2001	2002	
Earned Income						(%)*
티켓판매(연극공연)	8,660.2	9,944.7	10,920.4	11,537.6	12,772.9	67.0
티켓판매(기타)	180.0	193.1	196.5	159.5	168.7	0.9
구내매점	152.0	162.2	178.6	164.8	200.8	1.1
출판	77.5	87.2	77.9	73.3	59.2	0.3
교육 프로그램	278.5	291.6	337.5	307.1	271.9	1.4
광고	197.7	194.6	214.9	221.8	225.1	1.2
이자	176.5	185.7	295.2	143.4	26.5	0.1
기금 수입	611.5	666.8	732.2	745.7	786.4	4.1
기타 수입	206.5	285.9	402.4	322.5	272.2	1.4
소계	10,540.4	12,011.8	13,355.6	13,675.7	14,783.7	77.6
Contributed Income						
멤버쉽	1,972.4	2,126.0	2,418.4	2,646.2	2,883.3	15.1
기타 연례 펀드	263.9	341.2	380.6	301.4	339.9	1.8
서포트 그룹	186.8	214.4	215.0	171.0	198.5	1.0
정부 보조금	247.9	266.2	347.1	281.2	277.7	1.5
증여 및 보조	465.2	622.8	793.8	739.2	576.9	3.0
소계	3,136.2	3,570.6	4,154.9	4,139.0	4,276.3	22.4
총수입 합계	13,676.6	15,582.4	17,510.5	17,814.7	19,060.0	100.0
Operating Expenses						
예술	4,759.3	5,064.5	5,435.2	5,900.4	6,560.3	34.3
제작	3,351.6	3,520.1	4,133.7	4,550.7	4,736.5	24.8
마케팅/커뮤니케이션	864.8	803.1	932.2	1,065.2	1,096.2	5.7
교육 프로그램	463.9	534.2	599.7	607.9	608.9	3.2
개발	914.3	933.5	1,042.2	1,113.9	1,214.8	6.4
박스오피스	800.6	823.1	916.0	1,065.1	1,107.8	5.8
설비	705.1	766.3	781.8	845.7	979.8	5.1
일반 행정	1,229.6	1,354.1	1,503.6	1,805.4	1,923.9	10.1
극장 관리	184.2	206.6	227.0	226.0	258.9	1.4
구내매점	144.1	144.8	167.6	153.1	177.7	0.9
자본설비	89.5	129.4	142.8	129.5	136.7	0.7
감가상각	213.3	216.8	226.1	246.5	260.3	1.4
임시비	48.8	30.0	30.0	75.7	55.0	0.3
총지출 합계	13,769.1	14,526.5	16,137.9	17,785.1	19,116.8	100.0
잔액	-92.5	1,055.9	1,372.6	29.6	-56.8	

*는 2002년도 총수입 및 총지출에 대한 비율.

출처: OSFA, 2003, *ibid.*, p.62.

멤버쉽은 연간 35달러에서 50,000달러까지 12가지 종류로 나뉘어 있으며, 멤버쉽의 종류에 따라 우선적으로 예매를 할 수 있는 권한이 있다. 페스티벌 관객들은 공연 관람료를 지출하는 이외에 멤버쉽을 구입함으로써 페스티벌의 소비자와 생산자 역할을 동시에 하게 된다는 의미가 있다.

이에 비해 정부보조나 각종 기금 등을 통한 수입은 비중이 상당히 작다. 또한 OSF가 오레곤의 접근성 떨어지는 소도시 애쉴랜드에서 개최되고 있기 때문에 동부나 대도시에 입지해 있는 다른 극단들에 비해 기업의 후원을 얻기에는 불리한 상황이다. 기업들은 문화예술 활동을 후원한다는 이미지를 널리 알려 기업 홍보효과를 극대화하고자 하기 때문에 가급적 대도시에 후원을 집중하는 경향이 있다(OSFA, 2003: 11). 또한 애쉴랜드 주변에는 대기업들이 입지할 만한 큰 도시들이 없다는 것도 불리한 상황으로 작용하고 있다.

연례 펀드의 예로는 National Endowment for the Arts로부터의 펀드를 들 수 있으며, 정부 보조금은 오레곤주와 애쉴랜드시에서 나온다. 각종 기업과 재단의 보조는 오레곤 세익스피어 페스티벌이 주요 예술기관이라는 인식 때문에 나온 것으로, US Bank, Duke/Mellon Foundation, Pew Charitable Trust 등이 있다.

(4) 애쉴랜드 커뮤니티와 오레곤 세익스피어 페스티벌

① 페스티벌측의 커뮤니티 참여

오레곤 세익스피어 페스티벌은 지역 커뮤니티와 긍정적인 관계를 유지하고자 많은 노력을 기울이고 있다. 매년 Elizabethan Stage의 공연 중 한 공연의 수익금을 Ashland Parks Department에 기부하고 있고, 에이즈환자를 위한 자선공연인 Daedalus Project를 매년 8월에 개최하는데, 2002년에는 50,000달러 이상의 기금을 모았다.

190

페스티벌의 많은 구성원들이 애쉴랜드를 집(home)이라고 생각하고 있으며, 시와 학교, 그리고 비영리위원회 등에 적극적으로 참여하고 있다. 페스티벌 사무국은 직원들이 커뮤니티의 활동에 적극적으로 참여하도록 고무한다. 이러한 광범한 참여는 페스티벌을 애쉴랜드 커뮤니티의 모든 측면에 연결될 수 있도록 도움을 주고 있다(OSFA, 2003: 14). 또한 앞서 살펴본 것처럼, 오레곤 셰익스피어 페스티벌의 교육프로그램과 거대한 자원봉사단은 페스티벌이 애쉴랜드 커뮤니티와 다양한 측면에서 밀접한 관계를 맺을 수 있도록 한다.

② 문화적 분위기의 확산

애쉴랜드 내 아트갤러리들의 연합인 Ashland Gallery Association은 1994년에 15개 갤러리들의 모임으로 시작하여 현재 33개 갤러리가 참여하고 있다. Ashland Gallery Association은 매월 첫째 금요일에 Friday Art Walk이라는 행사를 개최하는데, 이 날은 회원 갤러리들이 예술가들을 초청하거나 갤러리 관장이 직접 고객들과 대화의 시간을 마련한다. 각 갤러리들은 방문객들을 위해 무료 와인과 치즈를 준비하고, 방문객들은 지도를 보고 회원 갤러리들을 하나씩 찾아본다. 애쉴랜드에 아트갤러리가 증가하고 Friday Art Walk와 같은 프로그램을 만들 수 있었던 것 역시 오레곤 셰익스피어 페스티벌의 영향이다. Ashland Gallery Association의 회장인 Bruce Bayard는 인터뷰에서 "오레곤 셰익스피어 페스티벌은 애쉴랜드를 예술에 관심이 있는 관광객들의 휴가지로 만들었다. 많은 예술가들이 대개는 비공식적인 다양한 연계를 통해 예술가들에게 긍정적인 환경을 만들기 위해 노력을 해 왔고, '살기 좋은 소도시 100선(100 Best Small Town)'과 같은 책에서는 애쉴랜드를 상위 10위권으로 소개하면서, 애쉴랜드 시가 가지고 있는 창조적 분위기를 언급했다. 새로 생긴 갤러리들은 이러한 조건들의 결과"라고 하였으며, 또한 "많은 OSF 관객들이 연극공연을 보지 않을 때는 갤러리에서 시간을 보낼 것을 계획하고 있다"고 하여, 셰익스피어 페스티벌이 아트갤러리와 일정정도 관련이 있음을 암시하였다.

한편 애쉴랜드에는 셰익스피어 페스티벌 이외에도 Artattack, Oregon Cabaret Theatre, Oregon Community Theatre 등과 같은 연극공연단체들이 있다. 또한 SOU(Southern Oregon University)에는 셰익스피어 스터디즈와 같은 과정이 개설되어 있으며, 연극학부 역시 자체적으로 매년 연극공연시즌을 열고 있는데, 그 수준이 매우 높다. 애쉴랜드 규모의 도시에 이처럼 다양한 연극공연단체들이 존재하는 것은 드문 현상이다.

또한 School project를 통해 시즌이 끝나는 겨울이면 매년 페스티벌의 연극단원들이 애쉴랜드 고등학교를 찾아가 연기지도를 하고 셰익스피어에 대해 토론을 한다. 이를 통해 이루어지는 애쉴랜드 고등학교 학생들의 연극공연을 보고 온 한 시민은, "그 수준이 너무 높아서 놀랐다"고 한다.

연극 외에도 다양한 문화적 활동들이 애쉴랜드 곳곳에서 벌어지고 있다. 매주 금요일이면 지역신문은 다음 주에 애쉴랜드에서 일어날 모든 문화행사들을 예고한다. 한 시민은 "매주 'Friday Newspaper'를 꼼꼼히 읽는다. 많은 문화행사나 공연들이 있고 항상 어딘가에서 재미있는 일들이 벌어지고 있다. 며칠 전에는 신문에서 보고 일인극을 한다는 'green room'이라는 조그만 공연에 갔는데 관객이 나와 내 친구, 그리고 두 명의 다른 사람들밖에 없었다. 그래도 아주 재미있었다"는 경험을 들려주었다. 그녀는 2년 전 동부에서 애쉴랜드로 이주해 온 젊은 변호사이다. "이주할 당시에는 대학이 있는 소도시를 찾고 있었다. 애쉴랜드에 이주해 온 이후 셰익스피어 페스티벌이 있다는 것을 알았는데, 그것 때문에 애쉴랜드가 더 좋아졌다. 문화적으로 매우 풍부한 도시이다."

<그림 Ⅳ-11> Oregon
Cabaret Theatre

<그림 Ⅳ-12> Artattack

<그림 Ⅳ-13> 서점의
셰익스피어 코너

<그림 Ⅳ-14> Green Show
중에서

③ 경 관

애쉴랜드시 다운타운의 모습은 낮은 건물과 건물의 외관, 그리고 많은 노천카페 등이 유럽의 어느 소도시를 연상시킨다. 건물들이 새롭거나 화려하지는 않지만, 각각의 상점과 레스토랑들은 매우 세련되고 우아한 분위기를 보인다. 네온사인이나 현란하고 번쩍거리는 간판이 없기 때문에, 저녁이면 오직 상점에서 나오는 불빛과 가로등 불빛만이 거리를 비춘다.

사실, 셰익스피어 페스티벌이 개최된 이후 시민들 사이에서는 종종 페스티벌에 맞추어 건물들을 셰익스피어 시대의 양식으로 꾸며야 한다는 의견들이 있어 왔다. Oyler(1970: 350)는 애쉴랜드 커뮤니티에 대한 셰익스피어 페스티벌의 영향력이 보다 분명히 나타난 사건으로 1955년부터 몇 십 년간 지속된 시민들의 논쟁을 들고 있는데, 이는 건축물의 외양에 대한 것이었다. 디즈니랜드 건설에 자문을 맡았던 로스앤젤레스의 건축가 Ronald A. White가 오레곤 셰익스피어 페스티벌에 감명을 받아, 애쉴랜드 시의회에 건물들의 앞면을 셰익스피어 시대의 건축양식으로 바꾸면 더 많은 관광객들이 찾아올 것이라고 조언하였다. 그리고 실제로 옛 영국 양식으로 레스토랑을 개조한 사람들도 생겼다. 그러나 모든 사람이 이를 따른 것은 아니다.

> 우리들은 애쉴랜드 메인 스트리트 건물주들 중 일부로, 가게의 앞면을 구식의 셰익스피어 시대 스타일로 바꾸라는 제안에 대해 반대한다. 우리는 전국적으로 유명해진 셰익스피어 페스티벌을 매우 자랑스럽게 생각하지만, 지금 현재의 훌륭하고 모던한 건물 외관을 구식으로 바꾸는 것이 어떠한 이익을 가져다줄 것이라고는 생각하지 않는다…… 애쉴랜드를 세련되지 못한 구식 스타일의 타운으로 만들지 않고도, 셰익스피어 페스티벌은 계속 번창하고 널리 알려지게 될 것이라고 확신한다. 메인스트리트는 아름다운 자연경관 속에서 현재대로 유지되어야 한다. 애쉴랜드는 이 아름다운 밸리 안에 아주 좋은 자연환경을 가지고 있으며, 메인 스트리트는 (그에 어울리도록) 모던하고 훌륭하게 유지되어야 할 것이다[21].

지금은 이러한 논쟁을 더 이상 찾아보기 힘들지만, 이들 논쟁이 현재 애쉴랜드의 경관에 바탕이 된 것은 분명하다. 셰익스피어를 공연한다고 해서 도시 전체를 셰익스피어 스타일로 바꾸는 것이 아니라, 도시의 경관에 어울리게 흡수하여 독특한 애쉴랜드 스타일의

---

21) J. H. McGee, Ashland Daily Tidings(Ashland, Oregon), November 15, 1955; Verne William Oyler, Jr., 1971, p.351에서 재인용.

셰익스피어 타운을 만든 것이다.

애쉴랜드 시는 건축규제가 매우 까다로운 도시로 소문이 나 있다. 실제로 시민들의 투표로 정해진 Ashland Municipal Code를 살펴보면, 건축의 외관과 가로수, 도로 등에 대한 엄격한 규제들이 항목을 나열할 수 없을 정도로 많이 있다.

예를 들어 Ashland Municipal Code 18.96은 건물 표지판에 대한 항목으로, 이에 따르면 애쉴랜드 내에 네온사인이나 번쩍거리는 백열전구를 이용한 어떠한 표지판(sign)도 설치할 수 없으며, 모든 표지판은 건물의 지붕보다 높이 있어서는 안 된다. 건물 외벽에 그래픽으로 가게의 선전을 쓸 수도 없게 되어 있다. 또한 건물의 높이도 엄격히 규제하고 있는데, 예를 들어 Historic District로 지정된 곳(다운타운의 일부와 철도지구, 거주지 중 일부 등이 해당됨)에서는 어떠한 건물도 30피트를 넘으면 안 된다. 주거지의 경우는 35피트를 넘을 수 없으며, 심지어 상업지구인 경우도 건물 높이가 40피트를 넘을 수 없게 되어 있다(Ashland Municipal Code 18.20). 그 외에도 각 지구별로 건물의 높이와 면적, 도로 등에 대한 세세한 규제가 있어, 애쉴랜드를 전체적으로 조화롭고 매력적으로 가꾸고자 하는 노력을 하고 있다.

한편, 2002년에 새로이 승인된 조항으로는 노천카페(Sidewalk Cafes)의 설치에 대한 것이 있다(Ashland Municipal Code 6.44). 이 조항의 목적은 일반적인 공용 보도(sidewalk) 이용과 조화되는 노천카페의 설치를 허가하고 장려하는 것이다. 애쉴랜드 시는 노천카페가 보행자 친화적 환경을 만들어내고, 시각적으로 매력적인 분위기와 거리모습을 만들어낸다는 판단 하에 이 조항을 만들게 되었다고 밝히고 있다.

또한 현재는 없어졌지만 다운타운 내 프랜차이즈 업체 입주를 제한하는 조항도 있었기 때문에, 다운타운에 있는 대부분의 레스토랑과 호텔들은 체인이 아니라 지역주민 소유로 운영되는 결과를 낳았다. 이것이 애쉴랜드에 지역적 특색을 더하고 있다.

  다운타운 내 관광관련 서비스업의 분포를 <그림 Ⅳ-15>부터 <그림 Ⅳ-18>까지 나타내었다. 오레곤 셰익스피어 페스티벌 콤플렉스가 다운타운과 바로 이웃해 있는 가운데, 아트갤러리와 앤티크숍, B&B와 호텔, 모텔 등이 다운타운에 집중되어 있음을 알 수 있다. 특히 레스토랑의 밀집도가 매우 높다.

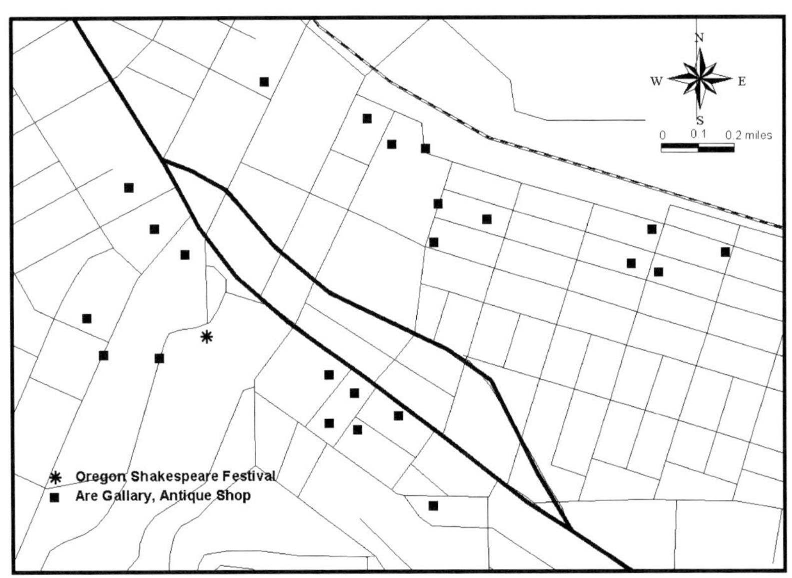

<그림 Ⅳ-15> 다운타운 내 아트갤러리와 앤티크샵 분포

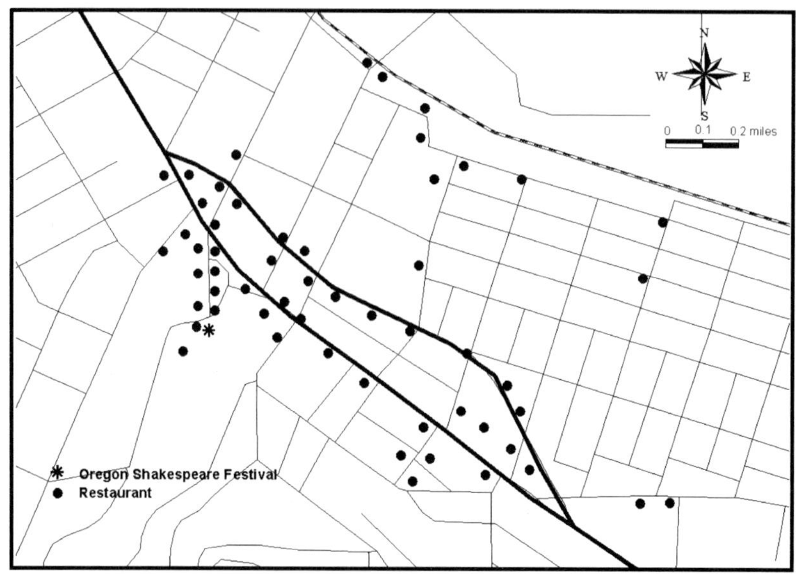

<그림 Ⅳ-16> 다운타운 내 레스토랑 분포

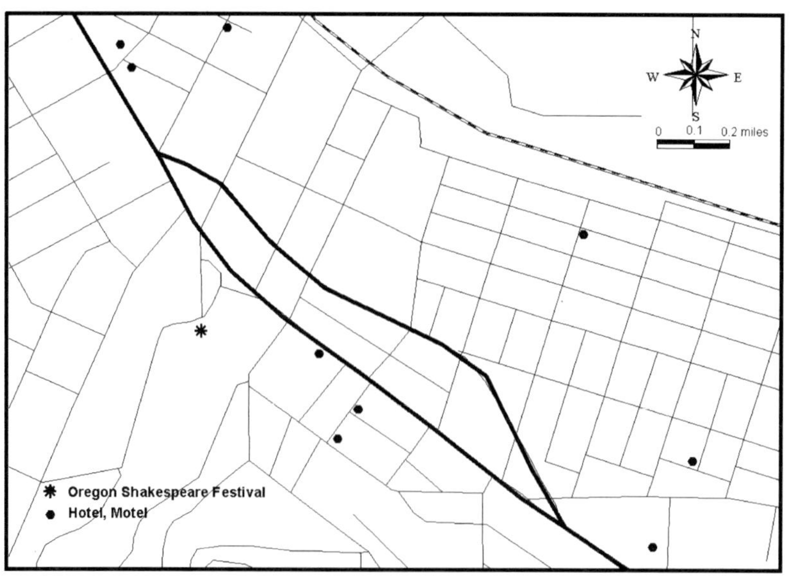

<그림 Ⅳ-17> 다운타운 내 호텔과 모텔 분포

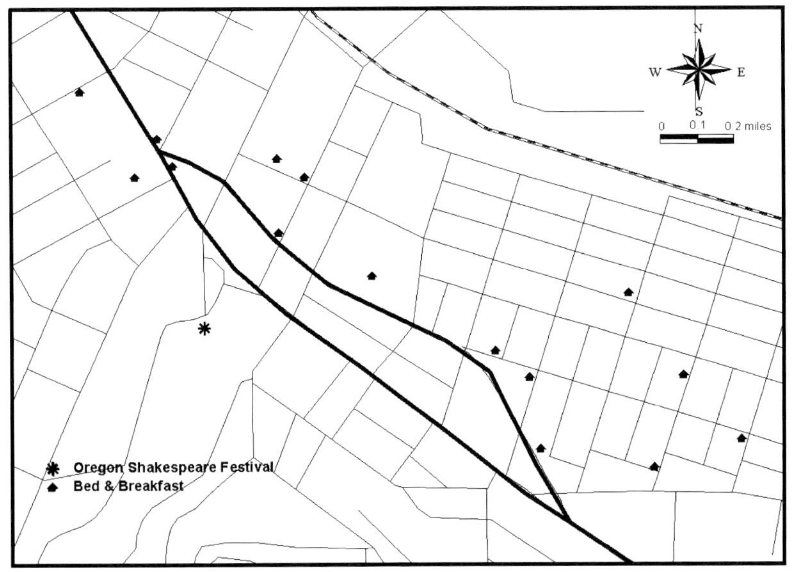

<그림 IV-18> 다운타운 내 Bed&Breakfast 분포

④ 주민의 관광객에 대한 태도

다른 관광지들에 비해 애쉴랜드 주민들은 관광객에 대한 부정적 시각이 적다. 셰익스피어 공연을 보러 오는 사람들이 나이가 많고 소득이 높은 사람들이 대부분이어서, 점잖고 교양이 있기 때문이라고 한다. 인터뷰에서 주민들은 "셰익스피어 때문에 애쉴랜드에 돈이 들어오고 많은 레스토랑이 있다. 사실 이 정도 규모의 도시에 레스토랑이 60개 이상이 있다는 것은 찾아보기 어렵다"거나 "셰익스피어를 보러 오는 사람들은 대개가 나이가 많고 교양이 있는 사람들이다. 여름휴가를 온 철없고 시끄러운 10대들과는 다르다"는 이유를 들어 애쉴랜드에 온 관광객들에 대해 긍정적인 평가를 내렸다.

또한 OSF의 경제효과에 대해 <표 IV-16>처럼 수치로 보여주지 않더라도, "페스티벌이 끝난 겨울의 애쉴랜드는 정말 활기가 없다. 스키관광을 널리 홍보해서 겨울에 사람들이 오게 해야 한다"는 주민의 말처럼 셰익스피어가 지역경제에 미치는 영향에 대해 직접 보고 느끼고 있다. 페스티벌은 월요일 공연이 없는데, 애쉴랜드의 많은 레스토랑들이 이를 따라 월요일에 쉰다.

<표 Ⅳ-16> 오레곤 셰익스피어 페스티벌의 경제효과

	개인		단체		학교단체		합계
2002년 총 티켓판매량(A)	307,105	77%	14,616	4%	77,889	19%	399,609
연극공연을 보기 위해 페스티벌에 온 방문객(B)	287,986	84%*	14,616	100%*	77,889	100%*	
지역주민	38,695	15%	1,900	13%	7,010	9%	
방문객	219,273	85%	12,716	87%	70,879	91%	
관람연극편수 평균	3.8		2.8		2.7		
방문객의 숙박일 평균	3.7		2.2		1.7		
연극티켓을 제외한 방문객의 일일지출평균	$97.39		$97.39		$85.11		
방문객의 총 지출	$20,792,715		$972,998		$3,798,336		$25,564,048
2002년 페스티벌 지출액							$19,030,187
총 직접효과							$44,594,235
오레곤 승수							2.9
페스티벌 운영의 경제효과							$129,323,282

주) *의 비율은 총 티켓판매량(A)에 대한 (B)의 비율임.
출처: OSFA, 2003, *ibid.*, p.61.

그러나 주민의 불만이 없는 것은 아니다. "여름이면 플라자에는 주차할 공간도 하나 없고 차도 많이 밀린다. 그래서 관광객들이 밀리는 철에는 레스토랑에 가지 않고, 셰익스피어 공연도 관광객들이 많이 오는 철을 피하면 비성수기에는 주민들이 할인티켓을 구할 수 있기 때문에 그때 가서 본다"고 하면서 "셰익스피어가 더 이상 크는 것은 바라지 않는다. 애쉴랜드의 관광산업이 더 커져서는 안 된다"고까지 말하고 있다.

(5) 오레곤 셰익스피어 페스티벌 관람객 분석

오레곤 셰익스피어 페스티벌 사무국은 관람객을 대상으로 매 3년마다 설문조사를 실시하여 관객의 특징과 선호도를 조사해오고 있다[22]. 그 결과에 따르면 관람객의 특성은 지난 10여 년간 거의 변함없는데, 그 주요한 이유는 페스티벌의 관람객이 페스티벌에 지속적으로 참여하는 사람들이 많기 때문이다. 2000년의 설문결과를 보면, 1년에 한 번씩 오레곤 셰익스피어 페스티벌에 참가한다고 대답한 사람이 74%이며, 페스티벌의 연극을 처음 관람한 시기가 1989년 이전이었다고 대답한 사람이 52%나 된다.

이들은 애쉴랜드에 방문할 때 대개 자가용을 이용하며, 평균 3.8회의 공연을 관람하였다. 또 숙박은 애쉴랜드에서 하는 경우가 90%, 그리고 메드포드가 4%로, 이용하는 주요 숙박업소는 호텔/모텔(55%)과 B&B(26%)이다. 이들 중 2000년도 멤버쉽을 구매한 사람과 구매하지 않은 사람의 비율은 각기 45%와 50%였으며 나머지 5%는 과거에 구매했다고 응답했다.

페스티벌 이외의 관광활동에 대한 질문에서 리씨아 공원을 찾는다는 경우가 56%로 가장 많고 그 다음으로 54%가 애쉴랜드에서 쇼핑을 하였다. 잭슨빌에 구경을 가는 사람이 27%이며, 5%는 브릿 뮤직 페스티벌에 참가하였다. 이를 통해 많은 사람들이 애쉴랜드 내에서 휴식을 취하면서 시간을 보내는 것을 알 수 있다(<표 Ⅳ-17>).

한편, 페스티벌에 참여할 때 여행의 정보로 이용하는 것은 과거의 경험이 가장 많고, 그 다음으로 지도, 인터넷 등의 순이다. 특히 인터넷의 경우 과거에 비해 그 활용도가 매우 높아지고 있어서, 인터넷 웹사이트를 이용한 홍보의 중요성이 계속 커지고 있음을 알게 한다(<표 Ⅳ-18>).

---

22) Oregon Shakespeare Festival Association, 2002, *2000 Audience Survey*.

<표 Ⅳ-17> 페스티벌 이외의 관광활동

(단위: %)

	2000년	1997년	1994년	1991년
리씨아 공원	56	75	66	71
애쉴랜드 마운틴	5	9	7	9
리버 래프팅	5	7	8	7
브릿 뮤직 페스티벌	5	6	7	8
애쉴랜드에서 쇼핑	54	76	70	71
역사지구 워킹투어	7	7	4	4
기타 무대예술 관람	4	6	4	6
Crater Lake	13	19	15	16
잭슨빌	27	34	37	42
호수 리조트	2	3	3	6
제트 보트	2	3	5	6
박물관 관람	7	20	5	13
메드포드에서 쇼핑	7	20	5	13
기타	14	15	NA	NA

주) Rogue Valley 방문객에게만 질문, 복수응답.
출처: Oregon Shakespeare Festival Association, 2000, '2000 Audience Survey',
    p.8.

　연구자는 오레곤 셰익스피어 페스티벌 관람객의 사회경제적 특성과 OSF 및 애쉴랜드에 대한 인식을 자세히 살펴보기 위해 설문조사를 실시하여 분석하였다. 응답자의 사회경제적 특성은 고연령, 고학력, 고소득자들의 비중이 높다는 점이다. 이는 3장에서 살펴본 미국 문화예술 소비층의 경향과 일치하는 것이다. 또한 창조계층에 속하는 응답자의 비중이 높아 문화예술 향유층과 창조계층 사이의 관련성을 뒷받침하고 있다.

<표 Ⅳ-18> 여행정보

(단위: %)

	2000년	1997년	1994년
시판 가이드북	24	36	30
상공회의소	15	19	23
과거 경험	59	75	23
잡지/신문/광고/기사	24	37	46
지도	42	54	56
인터넷	40	23	NA
방문 센터 (Welcome)	8	9	NA
여행사	9	14	21
자동차 클럽 (Autmobile Club)	27	39	36
친구/친척	35	49	52
입소문	29	41	55
정보 없음	1	4	0

주) Rogue Valley 방문객에게만 질문.
출처: Oregon Shakespeare Festival Association, 2000, 2000 *Audience Survey*, p.12.

우선 응답자의 사회경제적 특성을 살펴보겠다. 응답자의 연령분포를 보면(<표 Ⅳ-19>), 50대가 28%로 가장 많고 그 다음이 60대로 22.6%이다. 누적비를 보면 60대 이상이 39.5%를 차지하며, 50대 이상의 장년층이 전체 관람객의 67.5%에 달한다. 반면, 30대 이하 응답자의 비율은 10%도 되지 않아, 고연령층이 셰익스피어 페스티벌에 압도적으로 많이 참가하고 있음을 알 수 있다. 페스티벌 자체의 설문조사 결과에서도 관람객의 연령층이 점점 고령화하는 현상이 나타난다. 오레곤 셰익스피어 페스티벌 사무국이 교육프로그램에 힘을 쏟는 이유는 이러한 관객 고령화에 대응하여, 잠재고객들을 발굴하려는 노력의 일환으로 해석하여야 할 것이다.

<표 Ⅳ-19> 응답자 연령

연령	지역주민		방문객		합계	
	응답수(명)	%	응답수(명)	%	응답수(명)	%
20세 - 29세	1	0.4(5.3)	4	1.6(1.8)	5	2.1
30세 - 39세	0	0.0(0.0)	19	7.8(8.5)	19	7.8
40세 - 49세	2	0.8(10.5)	51	21.0(22.8)	53	21.8
50세 - 59세	6	2.5(31.6)	62	25.5(27.7)	68	28.0
60세 - 69세	5	2.1(26.3)	50	20.6(22.3)	55	22.6
70세 - 79세	4	1.6(21.1)	26	10.7(11.6)	30	12.3
80세 이상	1	0.4(5.3)	10	4.1(4.5)	11	4.5
무응답	0	0.0(0.0)	2	0.8(0.9)	2	0.8
합계	19	7.8(100.0)	224	92.2(100.0)	243	100.0

* ( )는 각 집단 내 비율,   자료: 설문조사

<표 Ⅳ-20> 교육 수준

	지역주민		방문객		합계	
	응답수(명)	%	응답수(명)	%	응답수(명)	%
고졸 이하	1	0.4(5.3)	2	0.8(0.9)	3	1.2
직업학교	0	0.0(0.0)	2	0.8(0.9)	2	0.8
대재	0	0.0(0.0)	15	6.2(6.7)	15	6.2
전문대졸	2	0.8(10.5)	5	2.1(2.2)	7	2.9
학사	3	1.2(15.8)	57	23.5(25.4)	60	24.7
석사 이상	13	5.3(68.4)	142	58.4(63.4)	155	63.8
무응답	0	0.0(0.0)	1	0.4(0.4)	1	0.4
합계	19	7.8(100.0)	224	92.2(100.0)	243	100.0

* ( )는 각 집단 내 비율,   자료: 설문조사

　문화예술 관람객이 고학력층임을 설문조사 결과에서도 확인할 수 있었다(<표 Ⅳ-20>). 전체 응답자 중 최종학력이 학사인 경우가 24.7%, 석사 이상이 63.8%에 이르러 88.5%가 대졸 이상의 학력을 지닌 것으로 나타났다.

　또한 가구소득 역시 높아서 연소득 80,000 달러 이상의 응답자가 과반수에 이르고 있다. 특히 방문객 중 17.4%에 해당하는 39명이 연소득 150,000 달러 이상이라고 응답하여 매우 부유한 계층임을 보이고 있다. 이에 비해 지역주민인 경우는, 20,000 달러에서 39,000 달러 사이의 연소득자가 가장 높은 비중을 차지한 가운데, 응답자의 절반 정도가 연소득이 60,000 달러 미만이어서 방문객에 비해 소득수준이 낮은 것으로 나타난다(<표 Ⅳ-21>).

<표 Ⅳ-21> 2002년 가구 총소득

	지역주민		방문객		합계	
	응답수(명)	%	응답수(명)	%	응답수(명)	%
$20,000 미만	1	0.4(5.3)	6	2.5(2.7)	7	2.9
$20,000 - $39,000	7	2.9(36.8)	18	7.4(8.0)	25	10.3
$40,000 - $59,000	1	0.4(5.3)	37	15.2(16.5)	38	15.6
$60,000 - $79,000	2	0.8(10.5)	28	11.5(12.5)	30	12.3
$80,000 - $99,000	3	1.2(15.8)	29	11.9(12.9)	32	13.2
$100,000 - $119,00	0	0.0(0.0)	35	14.4(15.6)	35	14.4
$120,000 - $149,000	2	0.8(10.5)	15	6.2(6.7)	17	7.0
$150,000 이상	0	0.0(0.0)	39	16.0(17.4)	39	16.0
무응답	3	1.2(15.8)	17	7.0(7.6)	20	8.2
합계	19	7.8(100.0)	224	92.2(100.0)	243	100.0

* ( )는 각 집단 내 비율,　자료: 설문조사

<표 Ⅳ-22> 거주지 분포

거주지	응답수	%
캘리포니아		
Southern California	17	7.0
Greater San Francisco Bay Area	39	16.0
San Jose	5	2.1
Sacramento/Stockton Area	32	13.2
Eureka	1	0.4
Redding	6	2.5
기타	2	0.8
캘리포니아 계	102	42.0
오레곤		
Portland area	37	15.2
Salem	14	5.8
Eugene	17	7.0
Rogue Valley	19	7.8
Bend	4	1.6
오레곤 계	91	37.4
워싱턴		
Seattle/Tacoma area	19	7.8
Southwest Washington	7	2.9
기타	2	0.8
워싱턴 계	28	11.5
미국 내 기타	21	8.6
캐나다	1	0.4
총계	243	100.0

자료: 설문조사

전체 응답자 243명 중 애쉴랜드를 포함한 인근 로우그 밸리 주민은 19명에 지나지 않은 반면, 캘리포니아주 거주민이 42%, 그리고 워싱턴주 거주민이 11.5%를 차지한다. 오레곤 거주민이 전체 응답자의 37.4%에 해당하는 91명이나 되지만 그 중 1/3이 넘는 수가 애쉴랜드에서 300마일 가량 떨어져 있는 포틀랜드 지역에서 왔음을 고려할 때, 오레곤 셰익스피어 페스티벌 방문객이 지리적으로 매우 널리 분포함을 알 수 있다. 이들 방문객이 애쉴랜드에서 숙박하는 경우 평균 3일을 머물렀다.

응답자의 직업 분포는 3장에서 살펴보았던 계층논의와 연결하여 설명할 수 있다(<표 Ⅳ-23>). 응답자의 연령에서 장년층 비율이 높았던 것에서 암시하듯, 응답자 중 은퇴자인 경우가 35%에 이른다. 그런데, 그 다음으로는 창조핵심계층(23.9%)과 창조적 전문가계층(21.8%) 등 창조적 계층으로 구분이 되는 응답자가 45.7%에 이르고 있다. 은퇴와 창조적 계층을 제외한 나머지 직업의 종사자는 19.3%에 불과하다.

이를 토대로 보았을 때 창조적 계층이 셰익스피어 페스티벌과 같은 문화예술관광의 소비에 중요한 역할을 하고 있음을 알 수 있다. 페스티벌의 관람객이 동시에 후원자인 경우가 많은 것도 창조적 계층의 성격, 즉 경험을 중시하고 돈에 얽매이지 않으며 성취감을 얻고자 하는 특성으로부터 미루어 짐작할 수 있다. 즉 페스티벌의 경험이 중요하다고 생각하고 이에 대해 적극적으로 후원을 함으로써 페스티벌의 소비자이자 생산자의 기능을 담당하는 것이다.

페스티벌에 같이 온 일행의 수를 묻는 질문에 지역주민과 방문객 모두 총 일행수(응답자 포함)가 2인이었다고 응답한 경우가 가장 많았다. 그러나 지역주민의 경우 평균 1.7명이고, 방문객의 경우 평균 3.5명으로, 이는 단체관광객들이 포함되기 때문으로 보인다(<표 Ⅳ-24>). 또한 지역주민의 경우 동반자의 성격이 두드러지게 나타나지 않지만, 방문객은 가족과 함께 온 경우가 가장 많았다(<표 Ⅳ-25>).

<표 Ⅳ-23> 직업

(단위: 명, %)

		지역주민		방문객		합계	
		응답수	비율	응답수	비율	응답수	비율
창조계층							
창조 핵심 계층	교육, 양성, 도서관직	1	0.4(5.3)	26	10.7(11.6)	27	11.1
	생명과학, 자연과학, 사회과학 관련직	1	0.4(5.3)	8	3.3(3.6)	9	3.7
	건축 및 엔지니어링	0	0.0(0.0)	7	2.9(3.1)	7	2.9
	예술, 디자인, 연예오락, 스포츠, 언론매체직	0	0.0(0.0)	8	3.3(3.6)	8	3.3
	컴퓨터 관련직	0	0.0(0.0)	7	2.9(3.1)	7	2.9
	소계	2	0.8(10.5)	56	23.0(25.0)	58	23.9
창조적 전문가 계층	사업 및 금융경영	1	0.4(5.3)	4	1.6(1.8)	5	2.1
	관리직	1	0.4(5.3)	6	2.5(2.7)	7	2.9
	법률직	0	0.0(0.0)	6	2.5(2.7)	6	2.5
	의료직, 전문기술직	1	0.4(5.3)	33	13.6(14.7)	34	14.0
	하이-엔드제품 판매 및 판매관리직	0	0.0(0.0)	1	0.4(0.4)	1	0.4
	소계	3	1.2(15.8)	50	20.6(22.3)	53	21.8
근로계층							
	건설 및 광업	1	0.4(5.3)	1	0.4(0.4)	2	0.8
서비스계층							
	개인서비스직	0	0.0(0.0)	2	0.8(0.9)	2	0.8
	의료보조직	0	0.0(0.0)	3	1.2(1.3)	3	1.2
	경호 및 보호 서비스직	0	0.0(0.0)	1	0.4(0.4)	1	0.4
	사회서비스 관련직	0	0.0(0.0)	7	2.9(3.1)	7	2.9
	사무보조직	0	0.0(0.0)	3	1.2(1.3)	3	1.2
	소계	0	0.0(.0.)	16	6.6(7.1)	16	6.6
농업							
	농림수산업	1	0.4(5.3)	3	1.2(1.3)	4	1.6
기타							
	은퇴	10	4.1(52.6)	75	30.9(33.5)	85	35.0
	주부	1	0.4(5.3)	6	2.5(2.7)	7	2.9
	학생	1	0.4(5.3)	7	2.9(3.1)	8	3.3
	무직	0	0.0(0.0)	1	0.4(0.4)	1	0.4
무응답		0	0.0(0.0)	9	3.7(4.0)	9	3.7
합계		19	7.8(100.0)	224	92.2(100.0)	243	100.0

* ( )는 각 집단 내 비율
자료: 설문조사

<표 Ⅳ-24> 페스티벌에 참가한 일행 수(응답자 포함)

총 일행수	지역주민		방문객		합계	
	응답수(명)	%	응답수(명)	%	응답수(명)	%
1	0	0.0(0.0)	11	4.5(4.9)	11	4.5
2	7	2.9(36.8)	121	49.8(54.0)	128	52.7
3	2	0.8(10.5)	29	11.9(12.9)	31	12.8
4	3	1.2(15.8)	33	13.6(14.7)	36	14.8
5	0	0.0(0.0)	10	4.1(4.5)	10	4.1
6	0	0.0(0.0)	8	3.3(3.6)	8	3.3
7	0	0.0(0.0)	1	0.4(0.4)	1	0.4
8	0	0.0(0.0)	4	1.6(1.8)	4	1.6
12	0	0.0(0.0)	1	0.4(0.4)	1	0.4
15	0	0.0(0.0)	1	0.4(0.4)	1	0.4
18	0	0.0(0.0)	1	0.4(0.4)	1	0.4
25	0	0.0(0.0)	2	0.8(0.9)	2	0.8
35	0	0.0(0.0)	1	0.4(0.4)	1	0.4
38	0	0.0(0.0)	1	0.4(0.4)	1	0.4
무응답	7	2.9(36.8)	0	0.0(0.0)	7	2.9
합계	19	7.8(100.0)	224	92.2(100.0)	243	100.0

* ( )는 각 집단 내 비율,   자료: 설문조사

<표 Ⅳ-25> 동반자의 성격

	지역주민		방문객		합계	
	응답수(명)	%	응답수(명)	%	응답수(명)	%
가족과 함께 참여	4	1.6(21.1)	104	42.8(46.4)	108	44.4
친구와 함께 참여	4	1.6(21.1)	45	18.5(20.1)	49	20.2
가족 및 친구와 함께 참여	2	0.8(10.5)	16	6.6(7.1)	18	7.4
무응답	9	3.7(47.4)	59	24.3(26.3)	68	28.0
합계	19	7.8(100.0)	224	92.2(100.0)	243	100.0

* ( )는 각 집단 내 비율,   자료: 설문조사

<표 Ⅳ-26> 오레곤 셰익스피어 페스티벌에 참가한 이유

	지역주민		방문객		합계	
	응답수(명)	%	응답수(명)	%	응답수(명)	%
연극의 수준이 높고 다양	16	3.6(50.0)	203	45.7(49.3)	219	49.3
연극관람 이외의 다양한 문화적 기회	2	0.5(6.3)	9	2.0(2.2)	11	2.5
다양한 야외 레저 활동 기회	0	0.0(0.0)	30	6.8(7.3)	30	6.8
소도시의 분위기	5	1.1(15.6)	54	12.2(13.1)	59	13.3
휴가를 즐기기에 편리한 숙박시설과 아름다운 자연환경	1	0.2(3.1)	55	12.4(13.3)	56	12.6
자녀교육	0	0.0(0.0)	13	2.9(3.2)	13	2.9
기타	7	1.6(21.9)	46	10.4(11.2)	53	11.9
무응답	1	0.2(3.1)	2	0.5(0.5)	3	0.7
합계	32	7.2(100.0)	412	92.8(100.0)	444	100.0

주) 복수응답; ( )는 각 집단 내 비율
자료: 설문조사

<표 Ⅳ-26>에서 나타나듯이, 이들이 오레곤 셰익스피어 페스티벌을 선택한 이유는 단연 연극의 수준이 높고 선택의 폭이 다양하기 때문이었다(49.3%). 그리고 애쉴랜드가 주는 소도시의 분위기나 휴가를 즐기기에 편리한 숙박시설과 아름다운 자연환경이라고 답한 경우도 각각 13.3%와 12.6%를 차지한다. 이를 종합해보면 애쉴랜드가 가지는 소도시의 분위기 속에서 연극을 보는 것을 즐기며, 방문객들은 단순히 연극을 보기 위해서만이 아니라 휴가를 즐기기 위해서 애쉴랜드에 온다는 것을 추측할 수 있다.

또한 애쉴랜드가 지니는 매력으로는 아름다운 자연환경, 높은 수준의 문화와 교육, 친절한 커뮤니티와 소도시의 분위기 등이 높은 비중을 차지하였다. 그런데 방문객은 높은 수준의 문화와 교육을 가장 많이 선택한 반면(방문객 중 30%), 지역주민의 경우는 주변자연환경의 아름다움을 가장 많이 선택하여(지역주민 중 35.1%), 지역

주민과 방문객 사이에 지역의 이미지에 대한 시각에 약간의 차이가 있음을 알 수 있었다(<표 Ⅳ-27>).

<h3 align="center"><표 Ⅳ-27> 애쉴랜드의 가장 큰 매력</h3>

	지역주민		방문객		합계	
	응답수(명)	%	응답수(명)	%	응답수(명)	%
주변 자연환경의 아름다움	13	2.8(35.1)	94	20.3(22.0)	107	23.1
높은 수준의 문화와 교육	6	1.3(16.2)	128	27.6(30.0)	134	28.9
잘 보존된 역사	0	0.0(0.0)	6	1.3(1.4)	6	1.3
지역주민이 운영하는 가게와 레스토랑	6	1.3(16.2)	69	14.9(16.2)	75	16.2
친절한 커뮤니티와 소도시의 분위기	9	1.9(24.3)	112	24.1(26.2)	121	26.1
다양한 야외 레저 활동	2	0.4(5.4)	10	2.2(2.3)	12	2.6
기타	1	0.2(2.7)	8	1.7(1.9)	9	1.9
합계	37	8.0(100.0)	427	92.0(100.0)	464	100.0

주) 복수응답; ( )는 각 집단 내 비율
자료: 설문조사

관람객들이 애쉴랜드에서 불편을 느끼는 점으로는 교통과 주차 문제(전체 응답자의 24.4%)와 야외 레저 활동의 기회 확충(13.9%) 등과 같은 지적이 있었다. 그러나 전체 응답자의 44.2%가 개선할 점이 없다고 대답해, 현재의 애쉴랜드에 대한 만족도가 상당히 높음을 알 수 있다. 카지노나 놀이공원과 같은 오락시설에 대해서는 특별히 구체적으로 반대의 이유를 명확히 밝힌 응답자가 많았다. 이런 시설의 도입이 애쉴랜드가 가지고 있는 고급스러운 소도시의 분위기를 해치게 될 것이라는 점이다(<표 Ⅳ-28>).

<표 Ⅳ-28> 애쉴랜드에서 개선해야 하거나 더 필요한 것

	지역주민		방문객		합계	
	응답수(명)	%	응답수(명)	%	응답수(명)	%
교통과 주차	7	2.5(33.3)	62	21.9(23.7)	69	24.4
숙박시설과 레스토랑	0	0.0(0.0)	23	8.1(8.8)	23	8.1
카지노나 놀이공원과 같은 오락시설	0	0.0(0.0)	3	1.1(1.1)	3	1.1
극장이나 콘서트홀과 같은 문화시설	0	0.0(0.0)	8	2.8(3.1)	8	2.8
야외 레저 활동과 레크리에이션의 기회	1	0.4(4.8)	10	3.5(3.8)	1	13.9
쇼핑시설	1	0.4(4.8)	13	4.6(5.0)	14	4.9
기타	1	0.4(4.8)	23	8.1(8.8)	24	8.5
없음	11	3.9(52.4)	114	40.3(43.5)	125	44.2
무응답	0	0.0(0.0)	6	2.1(2.3)	6	2.1
합계	21	7.4(100.0)	262	92.6(100.0)	283	100.0

주) 복수응답; ( )는 각 집단 내 비율,   자료: 설문조사

<표 Ⅳ-29> 휴가지를 선택할 때 가장 먼저 생각하는 기준

	지역주민		방문객		합계	
	응답수(명)	%	응답수(명)	%	응답수(명)	%
휴식에 적절한 아름다운 자연환경	11	3.7(44.0)	85	28.3(30.9)	96	32.0
야외 레저 활동의 기회	4	1.3(16.0)	39	13.0(14.2)	43	14.3
문화적 경험	5	1.7(20.0)	95	31.7(34.5)	100	33.3
역사유적	1	0.3(4.0)	16	5.3(5.8)	17	5.7
오락시설	0	0.0(0.0)	14	4.7(5.1)	14	4.7
쇼핑시설	0	0.0(0.0)	4	1.3(1.5)	4	1.3
기타	4	1.3(16.0)	18	6.0(6.5)	22	7.3
무응답	0	0.0(0.0)	4	1.3(1.5)	4	1.3
합계	25	8.3(100.0)	275	91.7(100.0)	300	100.0

주) 복수응답; ( )는 각 집단 내 비율,   자료: 설문조사

<표 Ⅳ-29>를 보면, 응답자들은 휴가지 선택의 기준으로 문화적 경험과 자연환경을 가장 많이 고려하고 있다(각각 33.3%, 32%). 특히 방문객들의 경우 문화적 경험을 가장 먼저 고려한다고 밝힌 경우가 34.5%로 가장 많은데 비해, 지역주민의 경우는 휴식에 적절한 아름다운 자연환경을 더 많이 고려하는 것으로 나타난다(지역주민의 44%).

<표 Ⅳ-30> 가족의 삶의 질에 가장 중요하다고 생각되는 요소

	지역주민		방문객		합계	
	응답수(명)	%	응답수(명)	%	응답수(명)	%
경제적 안정	9	3.4(32.1)	68	26.0(29.1)	77	29.4
문화적 경험	5	1.9(17.9)	35	13.4(15.0)	40	15.3
교육	4	1.5(14.3)	36	13.7(15.4)	40	15.3
건강	9	3.4(32.1)	73	27.9(31.2)	82	31.3
기타	1	0.4(3.6)	13	5.0(5.6)	14	5.3
무응답	0	0.0(0.0)	9	3.4(3.8)	9	3.4
합계	28	10.7(100.0)	234	89.3(100.0)	262	100.0

주) 복수응답; ( )는 각 집단 내 비율
자료: 설문조사

응답자들의 삶에 대한 가치관을 엿보기 위해 삶의 질 관련 질문을 하였다(<표 Ⅳ-30>). 가족의 삶의 질에 가장 중요한 것으로 생각하는 요소는 경제적 안정과 건강을 꼽은 경우가 압도적으로 많았다. 문화적 경험이나 교육이 중요하지 않다는 것이 아니라, 경제적 안정과 건강이 확보된 이후에 가치를 갖는 항목이기 때문일 것이다.

<표 Ⅳ-31> 소도시로 이주할 계획 여부

	응답수(명)	%
있다	46	18.9
없다	158	65.0
이미 소도시에 살고 있다	35	14.4
무응답	4	1.6
합계	243	100.0

자료: 설문조사

애쉴랜드와 같은 소도시에 이주할 의사의 여부에 대해서는 65%가 없다고 답하였다. 그러나 페스티벌의 고객들 가운데 은퇴 후 애쉴랜드로 이주해 오는 경우들이 있다는 증언이 있었으며, 이주의사가 있다고 대답한 19%가 이에 대한 설명이 될 수 있을 것이다(<표 Ⅳ-31>).

4) 잭슨빌시의 장소자산

잭슨빌 시는 오레곤주 남서쪽의 잭슨카운티에 속하며, 시스키요우 산맥 자락에 위치해 있다. 애쉴랜드로부터 북쪽으로 15마일, 메드포드로부터 서쪽으로 5마일 가량 떨어져 있으며, 해발고도 1,650피트 지점으로, 4계절이 뚜렷하고 온화한 기후를 보인다. 여름철은 건조하고 겨울에 약간의 눈이 내린다.

인구구성을 살펴보면, 2000년 전체 인구 2,235명 중 과반수에 가까운 46.8%가 50세 이상이다. 1990년 인구와 비교하였을 때, 20대와 30대 인구는 감소한 반면, 40대 이상, 특히 50대 인구비가 크게 증가하였으며, 이는 애쉴랜드의 경우와 마찬가지로 베이비붐 세대의 성장으로 설명할 수 있을 것이다(<표 Ⅳ-32>).

<표 Ⅳ-32> 잭슨빌시 인구구성과 변화

(단위: 명, %)

잭슨빌	1990년		2000년		1990년-2000년
총인구수	1,896	100.0	2,235	100.0	17.9
남자	881	46.5	1,026	45.9	16.5
여자	1,015	53.5	1,209	54.1	19.1
10세 미만	193	10.2	205	9.2	6.2
10-19세	219	11.6	259	11.6	18.3
20-29세	134	7.1	121	5.4	-9.7
30-39세	273	14.4	228	10.2	-16.5
40-49세	287	15.1	375	16.8	30.7
50-59세	200	10.5	375	16.8	87.5
60-69세	250	13.2	258	11.5	3.2
70세 이상	340	17.9	414	18.5	21.8

자료: US Census Bureau, *Census 2000*; US Census Bureau, *Census 1990*.

금광의 발견과 함께 발달하여 1800년대 후반에는 남부 오레곤 지역의 경제적, 문화적 중심지로 기능하였지만, 포틀랜드와 샌프란시스코를 잇는 철도가 잭슨빌을 우회하게 된 1890년대 이후 급격히 쇠퇴한다. 철도 노선을 따라 메드포드(Medford)라는 신생도시가 생기면서, 대부분의 경제활동과 인구는 잭슨빌을 떠나 메드포드로 이전하였다. 아이러니하게도, 지역의 중심지로서 과거의 번영을 자랑하던 수많은 건축물들은 덕분에 손상되지 않은 채―정확하게는 돈이 없어서 보수나 재건축 등을 하지 못한 채―반세기 이상 그대로 남아있게 되었다.

<그림 Ⅳ-19>는 잭슨빌시 전체지도이고, <그림 Ⅳ-20>은 다운타운 내 관광관련 서비스업의 분포를 보이고 있다. 과거 잭슨카운티 청사

214

였던 석조건물을 개조한 Jacksonville Museum과 Britt Music Festival
이 열리는 Britt Grounds가 잭슨빌의 랜드마크이다. 이 시설들은 다
운타운과 바로 연결되어 입지해 있으며, 다운타운을 통과하는
California St.를 중심으로 상업시설들이 밀집해 있다. 관광관련 서비
스업 중에서는 레스토랑의 분포가 가장 높은 가운데, 대부분의 아트
갤러리나 앤티크숍, B&B, 호텔과 모텔 등이 다운타운을 중심으로 밀
집해 있다. 다운타운은 건축물 보존을 통해 서부 개척시대의 경관을
그대로 재현하고 있다.

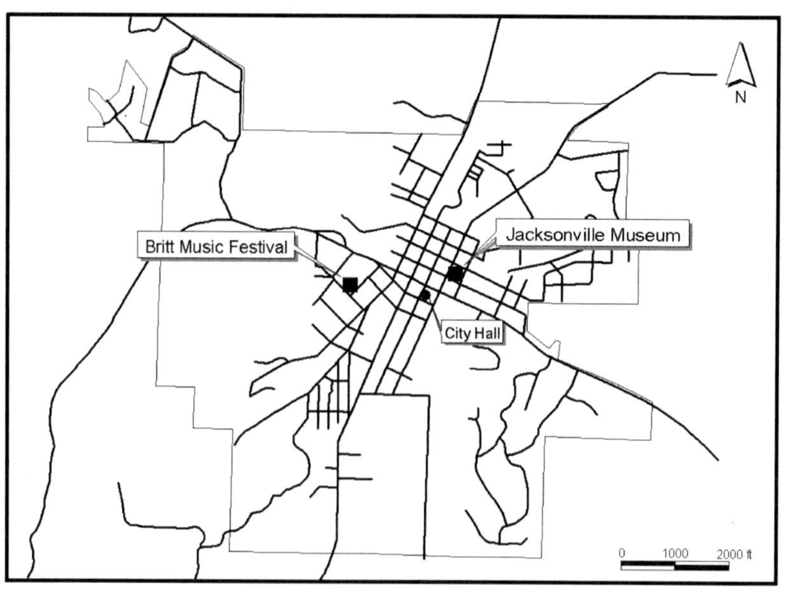

<그림 IV-19> 잭슨빌시

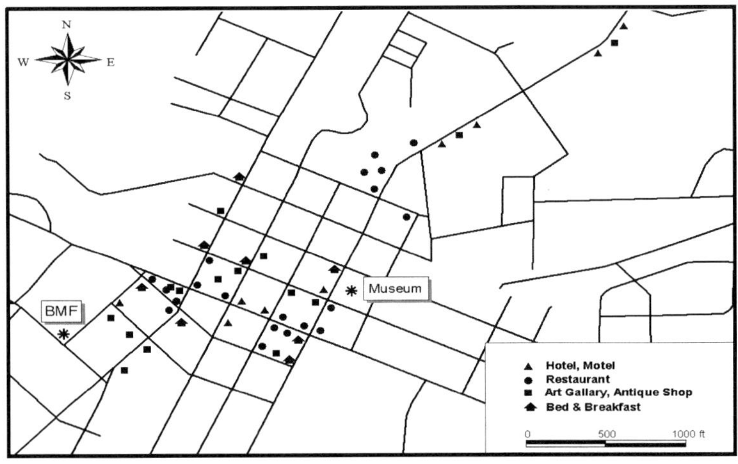

<그림 IV-20> 잭슨빌 다운타운 내 관광관련 서비스업 분포

<그림 IV-21> 잭슨빌시 전경

<그림 IV-22> 잭슨빌 표지판

<그림 IV-23> 다운타운 내 역사
건물

<그림 IV-24> 잭슨빌 다운타운

잭슨빌이 지역의 자산에 눈을 뜨게 된 것은 1960년대 이후이다. 100여 채의 상업용, 주거용 건물들이 National Register of Historic Places에 지정되고 Frontier Western 타운의 모습을 그대로 간직한 잭슨빌에 관광객들이 방문하기 시작하였다.

1960년대 초, 잭슨빌 도심을 연방정부의 도시재생펀드로 혁신하고자하는 시도가 나타났지만, 연방정부의 통제와 프로젝트 설계에 대한 의문 때문에 이 프로젝트는 결국 현실화되지 못하였다. 그러나나, 보존 사업은 개별적인 지역민의 노력으로 보다 성공적으로 진행되었다. Siskiyou Pioneer Sites Foundation과 Lions Club이 United States Hotel의 복원을 추진하였다. United States National Bank of Oregon이 이 호텔에 오피스 공간을 임대하기로 하고 10년분 임대료를 미리 냄으로써 재건 프로젝트를 추진하는데 일조하였다. 1965년에 호텔이 완전히 복원되었는데, 이는 도시의 부흥을 위해 지역의 역사자원에 의지하게 된 잭슨빌의 노력이 시작되었음을 알리는 것이었다. 이후 다운타운 위를 어지럽게 지나던 전깃줄을 모두 걷어내는 등 서부개척시대의 환경을 복원하기 위한 자조적 노력을 계속하게 된다.

그 즈음 새로이 만들어진 도로건설 계획에는 타운의 구 주거지를 관통하는 내용이 포함되어 있었다. 만약 계획대로 도로가 건설된다면 잭슨빌의 역사자원들이 파괴되고 말 것이라는 위기감에 주민들은 조직적으로 저항을 하였고, 이것이 성공을 거두어 잭슨빌의 변두리를 지나도록 도로건설계획을 조정하게 되었다. 이러한 사건들이 잭슨빌의 자조적 노력과 결합하여 잭슨빌이 가지고 있는 독특한 가치를 알리는데 일조하게 된다.

타운의 독특한 분위기는 클래식 야외음악 페스티벌과 좋은 조화를 이루고 있다. 브릿 페스티벌(Britt Festival)은 여름 3개월간의 축제기간 동안 약 70,000매의 표를 판매하는 남부 오레곤의 대표적 음악축제로 성장하였다.

관광산업과 관광관련 서비스업이 잭슨빌의 주요한 경제적 기반을 이루고 있으며, 야외음악축제와 풍부한 역사자원은 이 도시를 대표하는 관광자원이다. 센서스 자료에 의하면 2001년 현재 숙박업소 3개소와 식음료업소 15개소가 등록되어 있었으나, 2003년 현지조사에 따르면, 호텔과 모텔이 9개, B&B 8개, 식음료업소 20개, 아트갤러리와 앤티크숍이 15개가 있는 것으로 파악되었다. 잭슨빌은 meal tax이나 기타 소비세가 없고, 오직 room tax만 징수한다. 잭슨빌 시의 2002-2003 회계연도 예산이 776,250 달러 중 5.8%에 해당하는 40,866 달러가 room tax에서 발생하였다. 잭슨빌 시는 room tax의 50%를 시의 관광 진흥을 위해 사용하도록 규정하고 있다[23].

<표 Ⅳ-33> 잭슨빌시 관광관련 서비스업체수 변화

(단위: 개, 명, %)

	1994년	1996년	1998년	2000년	2001년	1994년-2001년
총사업체수	156	163	166	181	180	15.4
총고용인수	763	972	927	1,154	1,102	44.4
연예오락관련사업체수	2	1	4	2	3	50.0
숙박업소	2	3	3	3	3	50.0
식음료업소	19	15	19	19	15	-21.1

자료: US Census Bureau, 각 년도, Censtats Database.

---

23) 잭슨빌 시 내부자료.

5) 잭슨빌시의 장소마케팅: 브릿 뮤직 페스티벌(Britt Music Festival)

(1) 개 관

태평양연안 북서부 최초의 야외 여름 음악 페스티벌이라 불리며 환영받았던 음악 이벤트가 1963년 8월 11일부터 24일까지 잭슨빌의 Peter Britt Memorial Gardens에서 열렸다. 이것을 기점으로 현재까지도 페스티벌의 무대로서 훌륭하게 기능하고 있는 Britt Gardens 는 소유주인 잭슨 카운티의 Parks Department 관리 하에 있다. Britt Festival Association은 비영리 공연예술단체로 잭슨 카운티로 부터 Britt Gardens를 장기 임대하여 사용하고 있다[24].

<표 IV-34> Britt Music Festival 2003 시즌 공연현황

공연	기간	공연회수
각종 공연	6월 6일 - 7월 27일	24회
Britt Festival Orchestra 클래식 공연	8월 1일 - 8월 16일	8회
각종 공연	8월 18일 - 9월 7일	15회
전체	6월 6일 - 9월 7일	47회

자료: Britt Music Festival, 2003, *Playbill*에서 재구성.

브릿 뮤직 페스티벌(Britt Music Festival)의 공연은 해가 그 힘을 잃을 무렵인 7시에서 8시 사이에 시작하여 10시 경에 끝난다. 여름 휴가철의 클라이맥스인 8월의 약 3주간 브릿 페스티벌 오케스트라 의 클래식 공연이 열리고, 그 외 기간에는 그 외 클래식 공연을 포 함, 재즈, 락, 컨트리, 합창, 기타연주, 댄스 등 보다 대중적인 각종

---

24) Britt Festival, 2003, *Playbill*, p.9.

공연예술이 펼쳐진다. 2003년 시즌 동안 총 47회의 공연이 있었다.

(2) 역 사

브릿 뮤직 페스티벌의 형성은 이웃도시 애쉴랜드의 셰익스피어 페스티벌과 큰 연관이 있다. Oyler(1971)에 따르면, 셰익스피어 페스티벌의 성공으로 문화적 오락을 추구하는 후원자들(patrons)이 생기게 되었는데, 이로써 탱글우드(Tanglewood), 아스펜(Aspen), 카멜(Carmel) 등에서 열리던 페스티벌과 유사한 형태의 여름 음악축제 개최를 주장하던 사람들은 음악축제가 성공할 것이라고 확신하게 되었다. 그리하여 결국 로우그 밸리에 그와 유사한 음악 이벤트가 열릴 수 있었다는 것이다25).

여름 음악축제 개최를 주도한 것은 존 트루도(John Trudeau)로, 그는 초기 셰익스피어 페스티벌의 앵거스 보우머와 유사한 리더의 역할을 하였다. 트루도는 포틀랜드 심포니(Portland Symphony)의 트럼본 연주자이자 포틀랜드 팝스 오케스트라의 지휘자였으며, 또한 포틀랜드 주립대학(Portland State University) 음대 패컬티 중 한 사람이었다. 그는 오레곤 셰익스피어 페스티벌의 1953년 시즌에 참여하여 포틀랜드 브래스 앙상블(Portland Brass Ensemble)과 함께 공연을 했었기 때문에, 이 지역이 가지고 있는 후원 잠재력에 대해 알고 있었다고 한다26).

동부 탱글우드의 음악 페스티벌을 방문했던 트루도는 오랫동안 셰익스피어 페스티벌 시즌과 연동한 음악 페스티벌이 있어야 한다고 생각해 왔다. 그 아이디어를 환영한 사람들은 많았지만, 정작 음

---

25) Verne William Oyler, Jr., 1971, *The Festival Story: A History of the Oregon Shakespearean Festival*, Ph.D. Thesis in Theater Arts, UCLA, p.479.

26) Verne William Oyler, Jr., *ibid.*, p.479-480.

220

악 페스티벌에 적합한 장소를 찾을 수 없었다. 애쉬랜드 내에는 사용가능한 장소도 없었을 뿐만 아니라 심지어는 적당해 보이는 장소마저도 없었던 것이다.

그러던 가운데 음악 페스티벌에 대한 아이디어를 들은 사람 중 하나가 잭슨빌을 추천하였다. 잭슨빌은 지역의 예술가들을 끌어당기고 있으며 이미 관광지의 하나이고, 커뮤니티는 그 자체와 환경(setting) 측면 모두에서 진정한 매력을 가지고 있다는 것이다27).

1962년, 존 트루도는 조사를 위해 잭슨빌을 방문했다. 후보지의 하나로 제시된 Britt Grounds을 방문한 그는 음악가로서의 감각으로 곧 Britt 언덕 사면이 음향효과에 미치는 놀라운 공명(resonance)에 주목하였다. 멀리 보이는 분지의 아름다운 전경과 결합하면 이 사면이 완벽한 콘서트장이 될 것이라는데 의견을 함께 하게 되었던 것이다. 그래서 트루도는 잭슨빌, 애쉬랜드, 메드포드에 사는 여러 사람과 논의하였고, 그 사람들에게 음악 페스티벌 아이디어에 대해 진정한 열정이 있음을 발견하였다.

그러나 새 학기가 시작되었고, 트루도는 포틀랜드 주립대학으로 되돌아가야만 하였다. 실제로 진행된 것은 아무것도 없었고, 아이디어는 사장되는 것처럼 보였다.

그러던 중 당시 잭슨빌의 시장이었던 E. O. Graham은 트루도의 아이디어를 현실화하기를 원했으며, 1963년 1월 회의를 소집하였다. 그는 잭슨빌에 음악 페스티벌이 필요하다고 믿었고, 지역의 지지자들에게 호소하기 시작하였다. 곧 사람들은 음악 페스티벌에 대해 찬성을 하였으며, 1963년 5월에 이를 위한 비영리단체를 구성하였다. 밸리 내 기업들이 기부를 하였고, 무대와 일부 좌석 건설공사가 시작되었다. 1963년 여름, 최초의 여름 페스티벌을 개최하기 위해서는 맹렬한 노력이 필요했다. 자원봉사자들은 합판으로 된 임시무대를 세우고 깡통 조명을 위에 달았다. 첫째 공연이 있던 날까지도

---

27) Francis D. Haines, Jr., 1967, pp.155-156.

페인트칠이 계속 되었다고 한다. 콘서트를 위해 작은 실내악단 (chamber orchestra)이 조직되었으며, 서던 오레곤 대학의 재정지원으로, 북서부 최초의 여름 야외 음악축제가 탄생하였다[28].

한편, 당시 오레곤 셰익스피어 페스티벌의 general manager였던 윌리엄 패튼(William Patton)은 브릿 페스티벌 측에게 안내문을 보낼 주소 리스트와 주소자동인쇄기계를 빌려주었다. 셰익스피어 페스티벌의 뉴스레터에 브릿에 대한 정보를 실었고, 브릿의 광고전단 또한 이 유명한 페스티벌의 수많은 정기 우편물에 포함되어졌다. 그뿐만 아니라 패튼은 이 새로운 그룹에 유익한 정보와 도움을 주었으며, 그가 준 도움은 거의 기념비적인 수준에까지 이르게 되었다. 셰익스피어 페스티벌의 경험이 새로 시작된 이 음악페스티벌에 무료로 그리고 완벽하게 제공되었던 것이다[29].

그러나 첫 번째 시즌은 적자로 끝났다. 메드포드의 자선단체인 Carpenter Foundation에서 무이자로 대출을 받음으로써 페스티벌은 빚을 갚고 두 번째 시즌을 시작할 수 있었다. 기부금이 모여들었으며, 오케스트라나 프로그램의 질적 측면에서 두 번째 시즌은 더 크고 훌륭해졌다.

당시 브릿 페스티벌이 질적인 측면에서 계속 성장할 수 있었던 한 요소는 서던 오레곤 대학이 여름 음악학교를 열면서 브릿 페스티벌의 음악가들을 고용한 것이었다. 이것은 이미 과도하게 부담을 지고 있던 예산을 한계점 이상으로 쥐어짜내지 않고도 페스티벌이 원하는 음악가들을 끌어들일 수 있도록 해주었다. 심지어는 이러한 재정적 지원을 받고도, 음악가들에 대한 급여 지급은 페스티벌 재정에 중대한 요소였다.

---

28) Britt Festival, 2003, *Playbill*, p.9.

29) Francis D. Haines, Jr., *ibid.*, 156-157.

<그림 Ⅳ-25>
브릿페스티벌무대(밖)

<그림 Ⅳ-26> 브릿페스티벌
무대를 둘러싼 트레일

<그림 Ⅳ-27>
브릿페스티벌무대(안)

<그림 Ⅳ-28> 공연시작 전

브릿 페스티벌은 1965년 제3회 시즌에서 4주 공연이라는 야심 찬 시도를 하였다. 그러나 이는 좋지 않은 시도였음이 판명되었다. 시즌 내내 지속된 악천후는 실망스럽게도 낮은 참가율과 이에 따른 큰 적자를 낳았던 것이다. 따라서 1966년 시즌은 이전과 같은 2주 프로그램으로 되돌아갔으며, 오후에는 매우 인기 있었던 어린이 콘서트를 계속 열었다.

<표 Ⅳ-35> 브릿 페스티벌의 참가자수와 지역적 분포

	1999년		2000년		2001년		2002년	
	참가자수	%	참가자수	%	참가자수	%	참가자수	%
전체 오레곤	54,368	88.5	61,841	89.7	59,482	89.4	64,615	89.9
Jackson County	42,956	69.9	49,278	71.5	46,277	69.6	51,420	71.5
Josephine County	5,569	9.1	6,448	9.3	6,602	9.9	6,631	9.2
Coos County	314	0.5	251	0.4	313	0.5	261	0.4
Curry County	431	0.7	576	0.8	663	1.0	713	1.0
Douglas County	728	1.2	760	1.1	699	1.1	667	0.9
Klamath County	1,097	1.8	1,055	1.5	1,265	1.9	1,430	2.0
Lane County	996	1.6	822	1.2	1,002	1.5	901	1.3
Salem Area	504	0.8	639	0.9	510	0.8	484	0.7
Portland Area	984	1.6	1,327	1.9	1,244	1.9	1,241	1.7
기타 오레곤	789	1.3	685	1.0	907	1.4	867	1.2
전체 캘리포니아	7,082	11.5	7,122	10.3	7,017	10.6	7,299	10.1
Del Norte County	723	1.2	714	1.0	647	1.0	842	1.2
Siskiyou County	2,484	4.0	2,545	3.7	2,399	3.6	2,798	3.9
Modoc County	30	0.0	32	0.0	34	0.1	33	0.0
Humbolt County	469	0.8	536	0.8	432	0.6	399	0.6
Trinity County	68	0.1	83	0.1	68	0.1	85	0.1
Shasta County	783	1.3	803	1.2	820	1.2	921	1.3
Northern California	1,514	2.5	1,467	2.1	1,514	2.3	1,245	1.7
Southern California	282	0.5	306	0.4	350	0.5	267	0.4
기타 캘리포니아	729	1.2	636	0.9	753	1.1	709	1.0
총 참가자	61,450	100.0	68,963	100.0	66,499	100.0	71,914	100.0

자료: Britt Festival 내부자료

  브릿 뮤직 페스티벌은 1978년에 현재의 파빌리온을 짓기 전까지는 클래식 음악만을 공연하였다. 이 새로운 시설로 다양한 장르 형식(multi-disciplinary format)으로의 확장이 가능해졌다. 1987년에는 앞자리에 지정석인 벤치 좌석이 추가되었고, 1993년에 이르러 장애자용 통로와 화장실이 건설되었다. 최대 수용인원 2,200명 규모의 브릿 페스티벌은 세계 정상의 예술가들을 초청할 수 있는 재정적 역량을 가지고 있는 동시에 친숙한 분위기를 유지하고 있다.

<표 IV-35> 페스티벌 참가자의 지리적 분포에서 알 수 있듯이, 참가자의 거의 90%가 오레곤주 출신이며, 그 중에서도 잭슨카운티에 살고 있는 사람이 70%에 이른다. 셰익스피어 페스티벌과 달리 잭슨빌의 브릿 페스티벌은 지역주민의 축제로 정착되었음을 보여주는 것이다.

(3) 조직과 운영

① 기본 정신과 예술적 특징

브릿 페스티벌은 순수 클래식음악 페스티벌로 출발하였으나, 1978년에 현재의 파빌리온을 Britt Gardens에 건설한 이후, 재즈, 포크, 컨트리, 팝, 댄스, 뮤지컬 등과 같은 다양한 장르의 음악이 추가가 되었다. 처음 장르를 확장했을 때는 이윤을 남겨서 클래식 페스티벌을 재정적으로 보조하려는 목적을 가지고 있었지만, 지금은 보조적 공연이 아니다. 많은 사람들이 즐길 수 있도록 공연예술의 다양화를 추구하게 된 것이며, 이는 페스티벌의 사명에도 잘 반영되어 있다.

<표 IV-36> 브릿 뮤직 페스티벌의 사명

브릿 페스티벌은 남부 오레곤 지역에서 최고 수준의 공연예술을 공연하고 후원하기 위해 조직되었으며, 이는 모든 사람의 교육과 문화적 풍요, 그리고 즐거움을 위한 것이다.

사명에 맞추어 구체적인 목표로 다섯 가지가 제시되어 있다. 첫째, 연례 클래식 음악축제를 개최하고, 다양한 청중들이 즐길 수 있는 다양한 종류의 공연예술을 공연할 것, 둘째, 공연장인 Britt Grounds와 부대시설들을 개선하여 공연예술에 적합한 훌륭한 장소

로 만들고 물리적으로 모두가 접근가능하며, historic Jacksonville의 환경과 조화를 이루게 할 것, 셋째, 브릿페스티벌이 수행하는 교육기관으로서의, 그리고 공연예술단체로서의 역할을 인식하고 찬성하는 멤버와 기부자들을 개발하여 페스티벌의 경제적 기반을 유지하고 넓히고 깊게 할 것, 넷째, 어린이를 위한 예술프로그램, 평생교육의 기회, 재능을 개발하고, 브릿에서 공연되는 공연예술들과 관련된 다른 교육적 기회들을 넓히는 프로그램을 통해 관람객의 발전에 헌신할 것, 그리고 마지막으로 정기적 커뮤니케이션을 통해 정부기관, 커뮤니티 조직들, 그리고 다른 문화조직들과의 협력적 관계를 양성하고 개발할 것 등이다.

② 운영과 시설

현재 브릿 페스티벌은 3개월간 진행된다. 야외공연장의 특성상, 시즌을 확대할 수 없는 가장 큰 이유는 날씨이다. 페스티벌 무대의 총 규모는 2,200석으로 이 중 662석은 지정좌석이고 나머지 1,538석은 잔디밭석이다. 잔디밭석에 앉는 사람은 각자 낮은 의자나 담요 등을 준비해 오며, 공연장 내에서 와인과 맥주 등 가벼운 술에 한하여 음주가 허용된다.

브릿 뮤직 페스티벌이 열리는 Britt Grounds는 잭슨카운티 소유의 공원이다. 브릿 뮤직 페스티벌은 이 부지에 대해 50년 임차권을 가지고 있으며, 카운티와의 협약에 따라 5월 마지막 주부터 9월 두 번째 주까지는 이 부지의 시설 사용 우선권을 가지고 있다. 브릿 페스티벌은 카운티에 티켓 당 2달러를 사용료로 내고 있으며, 이는 공원의 유지를 돕는데 사용된다. 또한 페스티벌 관람객용으로 정비된 주차장은 잭슨빌 시 소유이며, 주차장 사용료로 7,000 달러를 매년 잭슨빌 시에 지불하고 있다.

226

③ 조 직

브릿 뮤직 페스티벌의 조직은 크게 운영위원회와 사무국, 그리고 자원봉사자 조직으로 이루어져 있다. 운영위원회(Board of directors)는 자원봉사자 25명으로 구성되어 있는데, 이들은 대개 커뮤니티의 리더들로, 페스티벌의 장기 정책수립과 기금조성활동 등에 관여한다. 실무를 담당하는 사무국의 사무실은 메드포드에 있다. Executive Director가 책임을 지며, 풀타임 직원 11명과 파트타임 직원 1명이 운영한다. 여름에는 30명 이상의 임시직원을 고용하여 매표소와 공연관련 일들을 담당하게 한다.

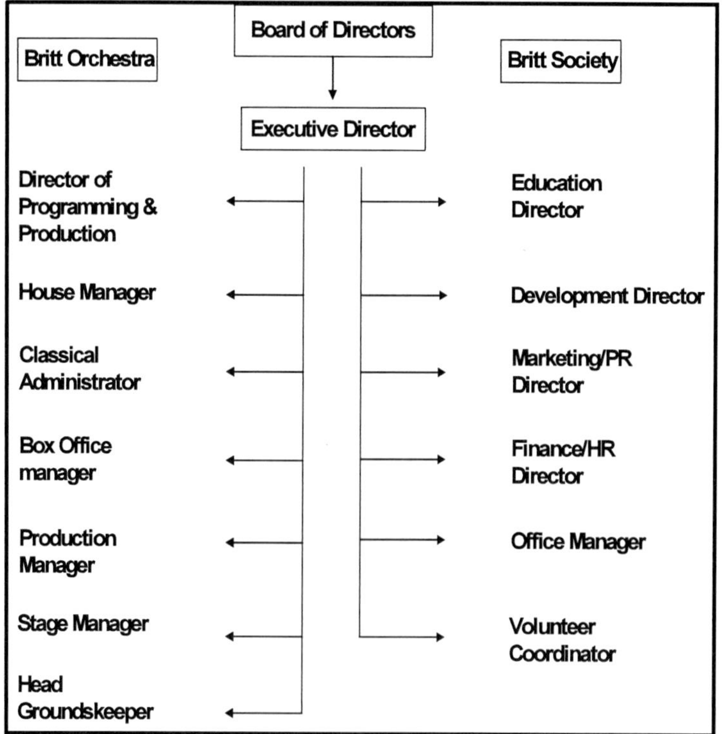

<그림 Ⅳ-29> 브릿 뮤직 페스티벌의 조직도

브릿 페스티벌은 600여 명의 자원봉사자들이 운영을 한다고 해도 과언이 아니다. 2개의 자원봉사 조직이 있는데, 하나는 지역의 로타리 클럽 회원들로 구성되어 있으며, 공연장 내에서 음식과 음료 매점을 운영한다. 다른 하나는 Britt Society로, 로타리 클럽에서 하지 않는 모든 다른 종류의 활동, 즉 수위, 주차장 관리, 시큐리티 등의 활동을 담당하고 있다. Britt Society는 또한 브릿 페스티벌에 대부분의 재정적 원조를 제공해주는 조직이기도 하다. 자원봉사자들에게 주어지는 혜택은 일체 없다. 페스티벌 사무국에서 자원봉사 조직을 담당하는 Teddy는 "자원봉사자 대부분이 로우그 밸리 주민들이다. 낮에 근무를 마치고 한 시간씩 차를 타고 와서 자원봉사활동을 하는 사람도 있다. 이들은 단지 페스티벌의 현장에 있다는 것을 너무 즐기기 때문에 자원봉사를 하고 있다"고 한다. 자원봉사자는 젊은이보다는 대개 40-50대 이상의 장년층이 많다.

④ 홍　보

브릿 뮤직 페스티벌의 Marketing Director인 Kelly Gonzales는 홍보 방법으로 브로셔의 발송과 지역 신문 및 방송사를 통한 광고, 그리고 웹사이트를 이용한다고 밝혔다. 페스티벌 참가자들의 주소록을 확보하여 정기적으로 안내문과 브로셔를 보내고, 오레곤주와 캘리포니아 북부 레스토랑과 바, 호텔 등에 비치한다. 오레곤 셰익스피어 페스티벌과 비교하였을 때, 지역신문과 TV, 라디오방송을 통한 광고가 홍보의 큰 비중을 차지하고 있다. 이는 브릿 뮤직 페스티벌 관람객 중 지역주민이 차지하는 비율이 높기 때문인 것으로 보인다.

페스티벌 공식 웹사이트에서는 공연관련 정보와 페스티벌 역사와 조직, 자원봉사와 후원회 가입 안내, 교육프로그램 등을 소개하고 있다. 그러나 티켓 온라인 구매는 불가능하다. 웹사이트에는 또한 지역

228

내 숙박시설과 레스토랑 등이 소개되어 있다. 그리고 이들 서비스업 관련 업종들 역시 웹사이트를 구축하고 브릿페스티벌에 대한 홍보를 싣는 동시에, 페스티벌에 참가한 관객들을 끌어들이고 있다.

⑤ 교육 프로그램[30]

브릿 페스티벌은 사명과 목적에서 밝힌 바와 같이 교육에 많은 투자를 하고 있다. Britt Institute가 제공하는 교육 활동은 브릿 페스티벌이 처음 시작되었을 때부터 페스티벌의 필수적인 한 부분이었으며, 1년 내내 진행되는 예술 프로그램의 확대와 새로운 프로그램들의 창설로, 지난 몇 년간 페스티벌의 교육 활동이 커뮤니티에 미치는 효과가 커지고 있다. 브릿 교육프로그램의 주요 재정은 Wolf Creek Partners, The Britt Society, Naumes Family Foundation, Ford Family Foundation, State Farm Insurance 등에서 제공한다. 각 프로그램을 간략히 살펴보면 다음과 같다.

· "Music in the Mornings"

2000년 Britt Institute는 7년 계획 프로젝트에 착수하였다. 이 프로젝트는 "아침에 음악을 (Music in the Mornings)"이라는 프로그램을 2003년까지는 로우그 밸리에 있는 모든 초등학교에서, 그리고 다시 2007년까지는 남부 오레곤과 북부 캘리포니아에 있는 모든 초등학교에까지 실시하는 것을 목표로 삼고 있다. 1999년 브릿 페스티벌과 파트너쉽을 맺고 있는 잭슨빌 초등학교에서 시작된 이 프로그램은 브릿 페스티벌의 지원과 개인의 증여, 그리고 Naumes Family Foundation과 Ford Family Foundation의 보조금을 통해 성장하였다.

이 프로그램에 따라, 남쪽 분지의 Greensprings 지역에 있는 작은 Pinehurst 커뮤니티에서부터 북쪽으로는 Grants Pass와 Cave

---

30) Britt Music Festival, *ibid.*, pp.11-12를 참조하여 재구성.

Junction까지 로우그 밸리 지역의 모든 초등학교에서 매일 20,000명 이상의 어린 학생들과 선생님들은 복도와 전 교실을 흐르는 클래식 음악을 들으며 하루를 시작하고 있다. 선별된 음악이 5분 동안 교내방송을 통해 연주되고, 교장선생님이 음악에 대한 간단한 해설을 읽어준다. 선곡과 해설은 브릿 페스티벌 측에서 제공한다. 어린이들은 음악에 대해 배울 뿐만 아니라 그들 스스로 음악의 힘과 아름다움을 경험하는 것을 배우는 것이다.

이제 이 프로그램은 로우그 밸리 내에 있는 51개교를 포괄하게 되었다. Institute는 보다 광범한 지역을 포괄하는 제2차 단계로 프로그램을 확장할 방법을 모색하고 있다.

· 여름음악캠프

1985년부터 매해 여름, Britt Institute는 여름 음악캠프를 개최해 오고 있다. 수백 명의 재능 있는 어린 뮤지션들이 이 음악캠프에 참여하여 세계 정상급 연주자들과 함께 공부할 기회를 갖는다. 캠프는 기악재즈부터 목관악기와 현악 실내악까지 다양한 프로그램을 포괄하고 있고, Cavani String Quartet, Pacifica String Quartet, Prairie Winds Quintet 등과 같은 연주단과 미국 최고의 재즈 패컬티 등이 참여하고 있다. 브릿 프로그램 졸업생들은 유수의 음악학교에 진학하여 공부하고, 현재는 솔로, 실내악단 연주자, 존경받는 교사 등으로 활약하고 있다.

· **Beyond the Stage**

"Beyond the Stage"는 모든 연령의 지역 음악가, 무용수, 학생들에게 브릿 연주자들과 함께 하는 워크샵과 상급음악세미나(master class) 등에 참여할 기회를 제공하는 것이다.

또한 1999년 가을, Britt Institute는 커뮤니티의 가장 어린 학생들에게 음악 감상을 지도할 수 있는 새로운 프로그램에 착수하도록 start-up 보조금을 받았다. 이 프로젝트의 목적은 교사들이 커리큘

럼에 보다 많은 음악을 도입하도록 돕는 것이다.

· Schools Music!

이 프로그램의 목적은 지역 내 다른 예술단체들과의 효과적인 파트너쉽을 지속적으로 모색하고, 커뮤니티에 보다 나은 서비스를 제공하는 것이다. 매년 브릿은 고등학생 재즈 뮤지션들을 위해 Medford Jazz Jubilee와 합작하여 교내 전문교육(in-school residencies)을 실시하고 있는데, 이는 국내 정상의 재즈 교육자들을 지역에 초청하여 지역 내 고등학교와 중학교 재즈밴드들을 가르치도록 하는 것이다. 또한 지역 내에서 가장 훌륭한 어린이 재즈 학습 그룹인 Jazz Jubilee All-Stars를 후원한다. 그리고 애쉴랜드, 피닉스, 메드포드, 클러매쓰폴, 그랜츠패스 등지의 중고등학교 학생들로 이루어진 Jazz Jubilee Gospel Choir도 지원한다.

· Pre-concert talks

클래식 뮤직에 대한 신참자(혹은 그리 신참자가 아니더라도)들을 위해 Britt은 브릿 페스티벌 오케스트라의 모든 콘서트에 pre-concert talks와 프로그램 해설을 진행하고 있다. 이는 모든 클래식 페스티벌 콘서트 60분 이전에 시작되는 것으로, 지역의 많은 음악 전문가, 브릿 오케스트라의 뮤지션, 지휘자 Bay와 브릿의 스태프 등이 진행을 맡고 있다.

⑥ 재 정

브릿 뮤직페스티벌의 1년 예산은 약 4천1백만 달러 정도이다. 티켓판매와 매점운영 등을 통한 근로수입(Earned income)은 이 중 약 65%를 차지하며 나머지 35%는 기부수입에 의존하고 있다. 멤버쉽을 통해 23%가, 그리고 기금모금 이벤트나 지원금, 기업 스폰서 등으로부터 나머지 12%가 채워진다. 멤버쉽은 가격에 따라 티켓 예매 시기에 차등이 있다(<표 Ⅳ-37>).

<표 Ⅳ-37> 브릿 페스티벌의 수입구조

1년 예산규모	$41,000,000
Earned income	65%
Contributed income	
멤버쉽	23%
기업, 기금모금활동 등	12%

자료: 브릿 페스티벌 사무국.

페스티벌 형성 초기부터 운영되어 온 하우징 프로그램은 브릿 페스티벌의 재정에 기여할 뿐만 아니라 지역주민과 페스티벌의 유대를 강화하는 역할을 해오기도 하였다. 이것은 브릿 페스티벌이 브릿 오케스트라(Britt Orchestra) 단원들에게 숙박을 제공하는 독특한 방식으로, 오케스트라의 모든 멤버들이 매년 여름 클래식 페스티벌이 열리는 약 3주간 주민들의 집에서 숙박을 하는 것이다. 이는 지역 주민이 페스티벌을 위해 기부하는 방식의 하나로, 2002년에는 총 77가구가 오케스트라 하우징에 이용하도록 자신들의 집을 기부하였다.

(4) 잭슨빌 커뮤니티와 브릿 뮤직 페스티벌

브릿 뮤직 페스티벌과 역사를 말하면서 빼놓을 수 없는 사람이 바로 피터 브릿(Peter Britt)일 것이다. 피터 브릿은 개척시대의 사진사로 이후 지역 유지가 되었는데, "그는 최초로 Crater Lake를 촬영한 사람이며 또한 남부 오레곤 최초의 저명한 원예가이기도 하다. 그가 조경한 정원에는 수백 그루의 이국적 나무들과 꽃들이 심어졌고, 로우그 밸리의 명승지가 되었다. 그가 1858년에 심은 배나무는 이 지역 과수원의 효시라고 칭해지고 있다[31]."

처음 잭슨빌에서 음악축제가 열렸을 때, 그 명칭을 무엇으로 할 것인가에 대해 다양한 의견들이 있었다. 결국 명칭이 브릿으로 결정된 이유는, 비단 페스티벌의 무대가 피터 브릿의 집이 있었던 Britt Gardens라는 점 이외에도, 피터 브릿이 잭슨빌에 가지는 상징성에서 찾아볼 수도 있다. 잭슨빌이 형성되던 순간부터 50여 년 간의 역사를 사진으로 남긴 브릿의 업적으로, 잭슨빌은 서부 다른 금광촌들과는 달리 많은 역사적 사진기록을 간직할 수 있었으며, 이것이 Historic Town에 보다 풍부한 색채를 제공하였던 것이다. 따라서 브릿은 Historic Jacksonville의 중심점이었으며, Historic Jacksonville을 대표하는 페스티벌의 이름을 Britt이라 한 것 역시 잭슨빌 주민의 역사의식이 담겨있다고 할 수 있다.

잭슨빌에서 40년 이상 거주했다는 한 주민은 잭슨빌에 오는 관광객들에 대해 "별로 불만이 없다. 내가 그 사람들과 만나는 일이 거의 없으니 불편할 것이 없다"고 한다. 다만 1999년에는 브릿 페스티벌의 소음 문제로 지역주민과의 마찰이 있었다. 공연 중 음향 데시벨의 상한선을 정하고, 저녁 10시 이후에는 공연을 안 하는 것으로 합의를 하였으며, 그 이후 다른 마찰은 없다고 한다. 잭슨빌 초등학교에서 교사를 한 다른 주민은, "잭슨빌 주민의 80% 정도가 브릿 뮤직 페스티벌에 대해 찬성하고 있다. 어디에나 반대하는 사람들은 있게 마련이다. 특히 이주민들은 페스티벌 때문에 쓰레기가 많이 나오고 주차와 소음 문제, 대형 악기운반차량문제 등에 대해 불만족스러워한다. 하지만 브릿 페스티벌은 잭슨빌의 가장 큰 산업이고 벌써 40년이나 이곳에 있었다. 또한 교육 프로그램을 전개하여 지역사회에 보답하고 있다. 그러므로 그 때문에 불편한 것은 감수해야 한다"고 생각하고 있다.

잭슨빌은 극히 엄격하게 경관규제를 하고 있다. 다운타운의 모든 건물들은 외관을 전혀 변경할 수 없고, 내장을 변경할 때에도 Jack-

---

31) *Medford Mail Tribune* (Medford, Oregon), January 27, 1963.

sonville Historic and Architectural Review Commission의 허가를 받아야 한다. 새로운 건물을 건축하고자 할 경우에도 설계도를 제출하여 허가를 받아야 하는데, 건물의 형태부터 정원수의 종류와 모양에 이르기까지 세세하게 규제를 받고 있다.

도시의 규모가 워낙 작은데다 좁은 도로와 한정된 주차시설을 넓힐 수 있는 여지도 없어, 잭슨빌에서 페스티벌을 더 이상 확장하기는 불가능하다. 그러나 브릿 페스티벌 사무국의 Executive Director Ron McUne은 "브릿 뮤직 페스티벌은 앞으로도 계속 성장해 나갈 것"이라고 하였다. 이는 음악페스티벌에 대한 수요가 지속적으로 증가하고 있기 때문이다. 확장의 방편으로 잭슨 카운티와 브릿 뮤직 페스티벌은 센트럴포인트에 5,800석 규모의 새로운 원형 야외극장인 Lithia Motors Amphitheater 건설을 추진하고 있다. 완공되면 남부 오레곤 최대 규모가 될 이 극장의 건설에 대해 잭슨빌 주민들은 불안함을 감추지 못한다. "브릿 페스티벌이 잭슨빌을 떠날까 두렵기" 때문이다. McUne은 "Britt Grounds는 다른 어떤 곳에서도 모방할 수 없는 특별함이 있다. 새로운 극장에서의 브릿 페스티벌은 '확장'을 의미하는 것이지 잭슨빌에 있는 우리의 무대(home)를 대체하는 것을 의미하는 것이 아니다[32]"라고 강조하며 잭슨빌 주민들을 안심시키고 있다.

2000년부터는 14개의 아트갤러리와 앤티크숍, 커피점 등이 연합하여 Art Amble이라는 행사를 하고 있다. 4월부터 12월까지 매월 두 번째 일요일에 지역 예술가들의 작품을 전시하고 설명을 하며, 일부는 무료 와인과 치즈를 제공하기도 한다. 취지는 애쉴랜드의 Friday Art Walk와 매우 유사하지만 규모는 매우 작고 수수하다.

(5) 브릿 뮤직 페스티벌 관람객 분석

---

32) Britt Music Festival, 2003, *Playbill*, p.3.

234

브릿 뮤직 페스티벌 참가자들의 특성과 잭슨빌 및 브릿 페스티벌에 대한 인식을 분석하기 위해 설문조사를 실시하였다. 사회경제적 특성을 우선 살펴보면, 응답자들은 50대가 가장 많은 비중인 37.3%를 차지하고 있으며, 그 다음이 40대로, 28.4%이다. 그러나 60세 이상도 27.4%에 이른다. 즉, 50세 이상 장년층이 60% 이상을 차지하고 있어, 셰익스피어 페스티벌과 비교하면 젊은 양상을 보임에도 불구하고, 고연령자가 다수임을 알 수 있다(<표 IV-38>).

<표 IV-38> 응답자 연령

연령	지역주민		방문객		합계	
	응답수(명)	%	응답수(명)	%	응답수(명)	%
30세 - 39세	10	5.0(7.3)	3	1.5(4.7)	13	6.5
40세 - 49세	40	19.9(29.2)	17	8.5(26.6)	57	28.4
50세 - 59세	50	24.9(36.5)	25	12.4(39.1)	75	37.3
60세 - 69세	28	13.9(20.4)	15	7.5(23.4)	43	21.4
70세 - 79세	7	3.5(5.1)	2	1.0(3.1)	9	4.5
80세 이상	2	1.0(1.5)	1	0.5(1.6)	3	1.5
무응답	0	0.0(0.0)	1	0.5(1.6)	1	0.5
합계	137	68.2(100.0)	64	31.8(100.0)	201	100.0

* ( )는 각 집단 내 비율
자료: 설문조사

<표 IV-39>는 교육수준을 보여주고 있는데, 최종학력으로 학사학위를 소지한 응답자가 33.3%인 67명, 석사학위 이상의 학력 소지자는 41.8%인 84명이다. 학사 이상의 학력자가 약 75%에 달해 역시 고학력 경향을 보이고 있지만, 오레곤 셰익스피어 페스티벌의 관람객과 비교했을 때 비율이 약간 낮다. 전반적으로 지역주민에 비해 방문객의 학력수준이 높은 경향을 보인다.

<표 Ⅳ-39> 교육수준

	지역주민		방문객		합계	
	응답수(명)	%	응답수(명)	%	응답수(명)	%
고졸 이하	6	3.0(4.4)	3	1.5(4.7)	9	4.5
직업학교	2	1.0(1.5)	1	0.5(1.6)	3	1.5
전문대	27	13.4(19.7)	11	5.5(17.2)	38	18.9
학사	46	22.9(33.6)	21	10.4(32.8)	67	33.3
석사 이상	56	27.9(40.9)	28	13.9(43.8)	84	41.8
합계	137	68.2(100.0)	64	31.8(100.0)	201	100.0

* ( )는 각 집단 내 비율,   자료: 설문조사

응답자의 과반수가 가구소득이 연평균 80,000달러 이상이며, 연평균 150,000 달러 이상의 가구소득자도 17.9%에 이르고 있어 애쉴랜드의 경우와 비교했을 때 약간 높은 경향이다. 전반적으로 지역주민이 방문객에 비해 약간 낮은 소득수준을 보이고 있다(<표 Ⅳ-40>).

<표 Ⅳ-40> 2002년 가구 총소득

	지역주민		방문객		합계	
	응답수(명)	%	응답수(명)	%	응답수(명)	%
$20,000 미만	3	1.5(2.2)	1	0.5(1.6)	4	2.0
$20,000 - $39,000	11	5.5(8.0)	2	1.0(3.1)	13	6.5
$40,000 - $59,000	27	13.4(19.7)	6	3.0(9.4)	33	16.4
$60,000 - $79,000	23	11.4(16.8)	13	6.5(20.3)	36	17.9
$80,000 - $99,000	12	6.0(8.8)	15	7.5(23.4)	27	13.4
$100,000 - $119,00	22	10.9(16.1)	6	3.0(9.4)	28	13.9
$120,000 - $149,000	8	4.0(5.8)	5	2.5(7.8)	13	6.5
$150,000 이상	24	11.9(17.5)	12	6.0(18.8)	36	17.9
무응답	7	3.5(5.1)	4	2.0(6.3)	11	5.5
합계	137	68.2(100.0)	64	31.8(100.0)	201	100.0

* ( )는 각 집단 내 비율,   자료: 설문조사

응답자의 거주지 분포를 보면, 캘리포니아주 거주자가 20.4%인 41명, 그리고 오레곤주 거주자가 79.1%인 159명으로, 오레곤주 거주자가 압도적으로 많음을 알 수 있다. 또한 오레곤주 내에서도 잭슨카운티가 속해 있는 로우그 밸리 지역 거주자가 137명으로 총 응답자의 약 70%에 해당함을 알 수 있다. 브릿 뮤직 페스티벌은 잭슨카운티를 중심으로 한 남부 오레곤 지역 공연예술 중심지로 자리잡았음을 확인할 수 있는 부분이다(<표 Ⅳ-41>). 인근 센트럴포인트에 사는 한 주민의 말에 따르면, "매년 초 브릿 페스티벌에서 브로셔를 보내주면 남편과 함께 그것을 펴들고 보고 싶은 공연들을 고른다. 이런 시골에서는 브릿에 나오는 사람들처럼 유명한 연주가나 가수들을 보는 것이 쉽게 생기는 일이 아니다. 그러므로 브릿 페스티벌은 매우 좋은 기회라서 가능한 많은 콘서트를 보려고 하고 있고, 콘서트 이후에는 잭슨빌의 바에 가서 친구들과 와인을 마시며 뒤풀이를 하기도 한다." 샌프란시스코와 포틀랜드 사이를 다니며 연주하는 연주자들에게 잭슨빌은 중간에 내려 공연을 한 번 더 할 수 있는 좋은 입지적 여건을 가지고 있다. 그리고 남부 오레곤에서는 브릿 뮤직 페스티벌을 제외하고는 유명 연주자들이 나오는 공연예술을 관람할 기회가 적기 때문에, 브릿이 지역 공연예술의 중심지로 자리매김할 수 있었던 것이다.

<표 Ⅳ-41> 거주지 분포

거주지	응답수(명)	%
캘리포니아주		
Fresno	1	0.5
Oakland	1	0.5
North Bay	1	0.5
San Jose	2	1.0
Eureka	12	6.0
Sacramento	2	1.0
Redding	22	10.9
캘리포니아주 합계	41	20.4
오레곤주		
Portland	5	2.5
Salem	1	0.5
Eugene	12	6.0
Rogue Valley	137	68.2
Klamath Falls	2	1.0
Bend	2	1.0
오레곤주 합계	159	79.1
워싱턴주		
Seattle	1	0.5
전체합계	201	100.0

자료: 설문조사

　직업의 분포를 보았을 때, 역시 창조적 계층의 비중이 높음을 알 수 있다(<표 Ⅳ-42>). 즉 창조핵심계층 13.4%와 창조적 전문가계층 43.8%로, 창조적 계층의 비중이 57.2%에 달하고 있는 것이다. 그리고 직업분야별로 보았을 때 방문객과 지역주민 모두 의료직·전문기술직 종사 비중이 가장 높았다. 한편, 은퇴자의 비중은 22.9%로 셰익스피어 페스티벌의 경우에 비교하여 낮은 편이다.

<표 Ⅳ-42> 직업

(단위: 명, %)

		지역주민		방문객		합계	
		응답수	비율	응답수	비율	응답수	비율
창조계층							
창조 핵심 계층	교육, 양성, 도서관직	11	5.5(8.0)	6	3.0(9.4)	17	8.5
	생명과학, 자연과학, 사회과학 관련직	3	1.5(2.2)	1	0.5(1.6)	4	2.0
	건축 및 엔지니어링	1	0.5(0.7)	2	1.0(3.1)	3	1.5
	예술, 디자인, 연예오락, 스포츠, 언론매체직	2	1.0(1.5)	1	0.5(1.6)	3	1.5
창조적 전문가 계층	사업 및 금융경영	19	9.5(13.9)	10	5.0(15.6)	29	14.4
	관리직	10	5.0(7.3)	6	3.0(9.4)	16	8.0
	법률직	2	1.0(1.5)	2	1.0(3.1)	4	2.0
	의료직, 전문기술직	23	11.4(16.8)	12	6.0(18.8)	35	17.4
	하이-엔드제품 판매 및 판매관리직	3	1.5(2.2)	1	0.5(1.6)	4	2.0
근로계층							
	건설 및 광업	2	1.0(1.5)	0	0.0(0.0)	2	1.0
	교통 및 운반직	1	0.5(0.7)	0	0.0(0.0)	1	0.5
서비스계층							
	개인서비스직	1	0.5(0.7)	1	0.5(1.6)	2	1.0
	의료보조직	5	2.5(3.6)	0	0.0(0.0)	5	2.5
	사회서비스직	7	3.5(5.1)	4	2.0(6.3)	11	5.5
	로우-엔드제품 판매 및 관련직	2	1.0(1.5)	0	0.0(0.0)	2	1.0
	사무보조직	2	1.0(1.5)	1	0.5(1.6)	3	1.5
	음식제공 및 관련직	3	1.5(2.2)	0	0.0(0.0)	3	1.5
농림수산업							
	농림수산업	2	1.0(1.5)	2	1.0(3.1)	4	2.0
기타							
	은퇴자	32	15.9(23.4)	14	7.0(21.9)	46	22.9
	주부	1	0.5(0.7)	0	0.0(0.0)	1	0.5
	무응답	5	2.5(3.6)	1	0.5(1.6)	6	3.0
합계		137	68.2(100.0)	64	31.8(100.0)	201	100.0

* ( )는 각 집단 내 비율
자료: 설문조사

함께 페스티벌에 참가한 동반자의 수는 약 3명으로, 동반자의 성격을 묻는 질문에 지역주민의 32.8%와 방문객의 39.1%가 가족과 함께 참여하였다고 응답하여 가장 높은 비중을 차지하였다(<표 Ⅳ-43>).

<표 Ⅳ-43> 동반자의 성격

	지역주민		방문객		합계	
	응답수(명)	%	응답수(명)	%	응답수(명)	%
가족과 함께 참여	45	22.4(32.8)	25	12.4(39.1)	70	34.8
친구와 함께 참여	30	14.9(21.9)	21	10.4(32.8)	51	25.4
가족 및 친구와 함께 참여	23	11.4(16.8)	7	3.5(10.9)	30	14.9
무응답	39	19.4(28.5)	11	5.5(17.2)	50	24.9
합계	137	68.2(100.0)	64	31.8(100.0)	201	100.0

* ( )는 각 집단 내 비율
자료: 설문조사

브릿 페스티벌에 참가하기 위해 사용한 정보원(<표 Ⅳ-44>)으로는 페스티벌의 브로셔의 비중이 가장 높은 37.4%이고, 그 다음을 차지하는 것이 32.4%의 과거 경험이다. 그런데 오레곤 셰익스피어 페스티벌 참가자들은 인터넷을 정보원으로 이용한 비중이 높았던 것에 비해, 브릿 페스티벌의 경우 오히려 인터넷을 이용한 경우는 7% 수준으로 낮은 편에 속한다.

페스티벌에 참가한 이유로 공연의 질과 내용을 선택한 응답자가 압도적이었다. 전체 응답자의 약 60%가 공연의 수준이 높고 다양하기 때문에 온다고 답했으며, 방문객 중에는 소도시의 분위기 때문이라고 답한 응답자도 22%에 해당했다. 상대적으로 숙박시설이나 자연환경, 다른 문화체험의 기회 등을 선택한 비율은 낮아서, 브릿 뮤직 페스티벌 참가가 주된 목적이었음을 알게 한다(<표 Ⅳ-45>).

<표 Ⅳ-44> 브릿 페스티벌 참가에 사용한 정보원

	지역주민		방문객		합계	
	응답수(명)	%	응답수(명)	%	응답수(명)	%
시판되는 가이드북	4	0.9(1.3)	1	0.2(0.6)	5	1.1
상공회의소 및 웰컴센터	1	0.2(0.3)	3	0.7(1.9)	4	1.9
과거의 경험	99	21.5(32.5)	50	10.9(32.3)	149	32.4
신문/잡지/광고/기사	18	3.9(5.9)	5	1.1(3.2)	23	5.0
인터넷	14	3.0(4.6)	18	3.9(11.6)	32	7.0
여행사	0	0.0(0.0)	1	0.2(0.6)	1	0.2
자동차 클럽(Automobile club)	0	0.0(0.0)	1	0.2(0.6)	1	0.2
친구 또는 친척의 권유	30	6.5(9.8)	13	2.8(8.4)	43	9.3
입소문	22	4.8(7.2)	8	1.7(5.2)	30	7.5
브릿 페스티벌의 브로셔	117	25.4(38.4)	55	12.0(35.5)	172	37.4
합계	305	66.3(100.0)	155	33.7(100.0)	460	100.0

주) 복수응답; ( )는 각 집단 내 비율
자료: 설문조사

<표 Ⅳ-45> 브릿 페스티벌에 참여한 이유

	지역주민		방문객		합계	
	응답수(명)	%	응답수(명)	%	응답수(명)	%
공연의 수준이 높고 다양	130	40.9(62.2)	59	18.6(54.1)	189	59.4
페스티벌 참가 이외의 다양한 문화적 기회	9	2.8(4.3)	10	3.1(9.2)	19	6.0
페스티벌 참가 이외의 다양한 야외 레저 활동 기회	4	1.3(1.9)	3	0.9(2.8)	7	2.2
소도시(small town)의 분위기	26	8.2(12.4)	24	7.5(22.0)	50	16.7
휴가를 즐기기에 편리한 숙박시설과 아름다운 자연환경	12	3.8(5.7)	9	2.8(8.3)	21	7.6
자녀교육	2	0.6(1.0)	0	0.0(0.0)	2	1.6
기타	26	8.2(12.4)	4	1.3(3.7)	30	9.4
합계	209	65.7(100.0)	109	34.3(100.0)	318	100.0

주) 복수응답; ( )는 각 집단 내 비율
자료: 설문조사

응답자들이 생각하는 잭슨빌의 매력은 주변 자연환경의 아름다움과 잘 보존된 역사, 친절한 커뮤니티와 소도시의 분위기 등으로 애쉴랜드의 그것과는 차이를 보인다. 특히 방문객의 경우 44.6%가 주변 자연환경의 아름다움을, 그리고 24.1%가 잘 보존된 역사를 주요 매력으로 꼽고 있어서, 잭슨빌의 역사도시로의 이미지가 매력을 주고 있음을 알 수 있다(<표 IV-46>).

<표 IV-46> 잭슨빌의 가장 큰 매력

	지역주민		방문객		합계	
	응답수(명)	%	응답수(명)	%	응답수(명)	%
주변 자연환경의 아름다움	91	23.0(29.2)	37	9.4(44.6)	128	32.4
높은 수준의 문화와 교육	10	2.5(3.2)	13	3.3(15.7)	23	5.8
잘 보존된 역사	61	15.4(19.6)	20	5.1(24.1)	81	20.5
지역주민이 운영하는 가게와 레스토랑	50	12.7(16.0)	9	2.3(10.8)	59	14.9
친절한 커뮤니티와 소도시의 분위기	94	23.8(30.1)	1	0.3(1.2)	95	24.1
다양한 야외 레저 활동	0	0.0(0.0)	1	0.3(1.2)	1	0.3
기타	5	1.3(1.6)	2	0.5(2.4)	7	1.8
무응답	1	0.3(0.3)	0	0.0(0.0)	1	0.3
합계	312	79.0(100.0)	83	21.0(100.0)	395	100.0

주) 복수응답; ( )는 각 집단 내 비율, 자료: 설문조사

한편, <표 IV-47>에서 볼 수 있는 것처럼, 잭슨빌에서 개선되어야 할 점으로는 교통과 주차가 절대적인 비중으로 높았다(전체 응답자의 47.5%). 워낙에 도시가 작은데다 페스티벌 시즌이 되면 많은 관광객들이 한꺼번에 몰리지만, 역사도시의 성격상 경관규제가 강해서 도로를 확장하거나 추가적인 주차시설을 할 수 있는 여지가 많지 않다. 오레곤 셰익스피어 페스티벌과 마찬가지로, 브릿 페스티벌의 설문에서도 카지노나 놀이공원 등의 시설이 들어오는 것을 반대하는 사람들이 개별적으로 의견을 보내주었다.

<표 Ⅳ-47> 잭슨빌에서 개선되어야 할 점

	지역주민		방문객		합계	
	응답수(명)	%	응답수(명)	%	응답수(명)	%
교통과 주차	92	38.3(55.8)	22	9.2(29.3)	114	47.5
숙박시설과 레스토랑	5	2.1(3.0)	9	3.8(12.0)	14	5.8
카지노나 놀이공원과 같은 오락시설	1	0.4(0.6)	0	0.0(0.0)	1	0.4
극장이나 콘서트홀과 같은 문화시설	8	3.3(4.8)	2	0.8(2.7)	10	4.2
야외 레저 활동과 레크리에이션의 기회	2	0.8(1.2)	3	1.3(4.0)	5	2.1
쇼핑시설	5	2.1(3.0)	4	1.7(5.3)	9	3.8
기타	17	7.1(10.3)	7	2.9(9.3)	24	10.0
없음	31	12.9(18.8)	26	10.8(34.7)	57	23.8
무응답	4	1.7(2.4)	2	0.8(2.7)	6	2.5
합계	165	68.8(100.0)	75	31.3(100.0)	240	100.0

주) 복수응답; ( )는 각 집단 내 비율, 자료: 설문조사

브릿 뮤직페스티벌 관람객들이 평소 휴가지를 선택할 때 고려하는 기준(<표 Ⅳ-48>)은 휴가에 적절한 자연환경(45.1%)과 야외레저 활동의 기회(21.5%)로, 문화적 경험을 가장 우선적으로 들었던 오레곤 셰익스피어 페스티벌 관람객과 대비된다. 그리고 지역주민들은 방문객들에 비해 야외레저활동의 기회를 더 중요하게 생각한 반면 자연환경의 고려 비중은 낮은 편에 속했다.

한편, 응답자들의 삶에 대한 가치관을 알아보기 위해 가족의 삶의 질에 가장 중요한 요소에 대해 질문하였다(<표 Ⅳ-49>). 가족의 삶의 질에 대해서는 경제적 안정(37.0%)과 건강(36.5%)을 가장 많이 꼽았으나, 셰익스피어 페스티벌의 참가자의 15.3%가 문화적 경험을 선택했던 것과 비교해서, 브릿 페스티벌 관람객들의 문화적 경험에

대한 고려(6.8%)는 상대적으로 낮다.

<표 Ⅳ-48> 휴가지를 선택할 때 가장 먼저 생각하는 기준

	지역주민		방문객		합계	
	응답수(명)	%	응답수(명)	%	응답수(명)	%
휴식에 적절한 아름다운 자연환경	72	29.3(43.1)	39	15.9(49.4)	111	45.1
야외 레저 활동의 기회	42	17.1(25.1)	11	4.5(13.9)	53	21.5
문화적 경험	19	7.7(11.4)	13	5.3(16.5)	32	13.0
역사유적	3	1.2(1.8)	3	1.2(3.8)	6	2.4
오락시설	12	4.9(7.2)	7	2.8(8.9)	19	7.7
쇼핑시설	17	6.9(10.2)	1	0.4(1.3)	18	7.3
기타	2	0.8(1.2)	5	2.0(6.3)	7	2.8
합계	167	67.9(100.0)	79	32.1(100.0)	246	100.0

주) 복수응답; ( )는 각 집단 내 비율,   자료: 설문조사

<표 Ⅳ-49> 가족의 삶의 질에 가장 중요하다고 생각되는 요소

	지역주민		방문객		합계	
	응답수(명)	%	응답수(명)	%	응답수(명)	%
경제적 안정	53	24.2(35.8)	28	12.8(39.4)	81	37.0
문화적 경험	9	4.1(6.1)	6	2.7(8.5)	15	6.8
교육	19	8.7(12.8)	8	3.7(11.3)	27	12.3
건강	54	24.7(36.5)	26	11.9(36.6)	80	36.5
기타	10	4.6(6.8)	1	0.5(1.4)	11	5.0
무응답	3	1.4(2.0)	2	0.9(2.8)	5	2.3
합계	148	67.6(100.0)	71	32.4(100.0)	219	100.0

주) 복수응답; ( )는 각 집단 내 비율,   자료: 설문조사

2. 한국 소도시 장소마케팅과 장소자산

1) 통영시 개관

경상남도 통영시는 수려한 해상경관을 지닌 한려해상국립공원의 중심부에 위치하여 남해안 해상교통의 요충지로서 인근 도시지역 생활의 중심지 역할을 담당하고 있다. 기온의 변화가 심하지 않은 온대해양성 기후로, 과거 10년간 연평균 기온은 14.5℃이며, 연평균 최고기온은 34.6℃, 최저기온은 -1.7℃를 나타낸다. 연평균 강수량은 1,422.9㎜로 다우지역에 속한다. 통영시 동측과 북측의 바다쪽으로는 급경사를 보이고 있지만, 서측과 남측은 완만한 경사지형이며, 통영시의 남서측에 위치한 미륵산 정상부에서 바라보는 통영항 및 한려수도의 경관이 매우 뛰어나다(송부용, 2003: 25-26).

<표 Ⅳ-50> 통영시 인구추이

(단위: 세대, 명, %)

연도	세대수	인구				세대당 인구	65세 이상 고령자
		합계	증가율	남	여		
1995	41,105	142,759	-0.2	71,560	71,199	3.5	9,467
1996	41,666	141,828	-0.7	71,085	70,743	3.4	9,851
1997	42,402	140,927	-0.6	70,709	70,218	3.3	10,311
1998	43,344	140,507	-0.3	70,651	69,856	3.2	10,733
1999	43,833	139,248	-0.9	70,239	69,009	3.2	11,157
2000	44,035	137,115	-1.5	69,136	67,979	3.1	11,461
2001	44,666	135,845	-0.9	68,609	67,236	3.0	11,924
2002	45,354	134,581	-0.9	68,015	66,566	3.0	12,343
2003	46,547	133,939	-0.5	67,864	66,075	2.9	12,693

자료: 통영시청, 2004, 통영시 통계연보.

1604년 삼도수군통제영이 이 고장에 옮겨온 이후 군사도시로 발전하게 되자 예하의 각종 병선, 삼남지방의 세곡을 나르던 조운선과 각종 물화를 실은 장배들의 출입이 빈번하여 통영은 남해안 해운의 중심지가 되었다. 일제강점기에는 남해안 수산업의 중심도시로 발전하여 마산, 부산, 삼천포, 여수 등지와 해상교통이 활발하였고 일본·중국과의 무역항으로 각광을 받았다.

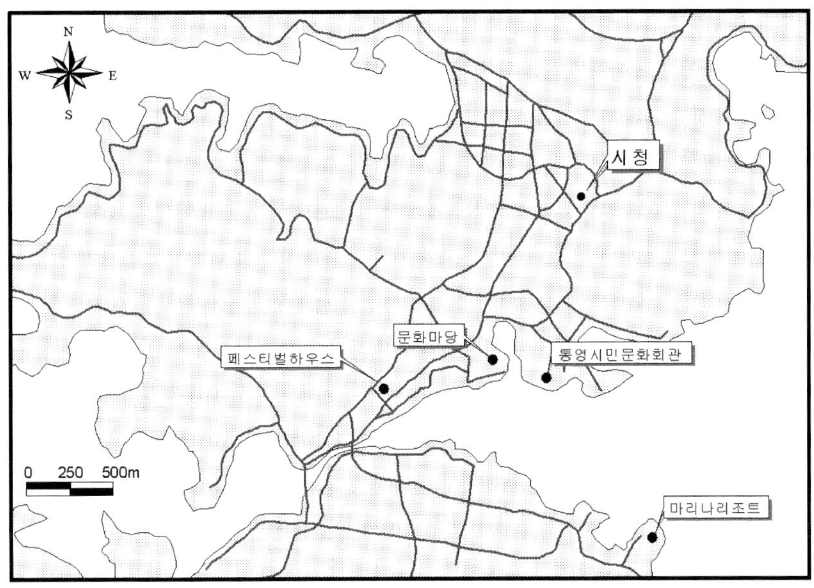

<그림 Ⅳ-30> 통영시 중심부

행정구역은 1읍 6면 28동, 면적 236.5㎢로, 2003년 현재 46,547가구, 133,939명의 인구를 보유하고 있다. 1995년 이래 인구변화 추이를 보면, 남성 인구가 여성 인구에 보다 많은 가운데, 인구증가율과 세대당 인구수는 지속적으로 감소하고 있다. 반면 65세 이상 고령자는 계속 증가하고 있어서 인구 감소와 고령화 현상이 진행되고 있음을 알 수 있다.

1980년대까지만 해도 통영은 남해안의 항구도시와 해로를 통한 동서 간의 교류관계를 유지했다. 한편, 대진고속도로를 통영까지 연장하는 대전－통영 간 고속도로가 2005년 완공예정으로, 이후 사천－서울 간의 항공로와 함께 통영－대전－서울을 바로 잇는 육로를 통한 남북 간의 교류가 활발해질 것으로 예상된다.

2) 통영시의 장소자산

통영시는 수려한 자연환경과 수산업, 그리고 많은 예술가를 배출한 예향으로 이름이 높다. 우선 자연환경으로, 통영시는 한려수도 국립공원의 약 150여 개 섬으로 둘러싸여 한려수도의 아름다우면서도 화려함을 바탕으로 한 천혜의 아름다움을 갖고 있어 동양의 나폴리라는 별칭을 가지고 있다. 그러나 우리나라 대부분의 지방 도시들과 마찬가지로 인구와 산업이 지속적으로 감소하고 있다.

특히 청정해역과 발달한 수산기술을 바탕으로 수산업이 지역기반 산업을 이루고 고소득 창출의 기반을 이루었으나, 수산소득의 감소로 경제구조의 재편을 위해 고심하고 있다. 이는 환경오염과 수자원 고갈, 한일어업협정 등에 기인한 것이다. 특히 1999년 완료된 한일어업협정에 따라 일본의 배타적 경제수역에 들어가 조업할 수 있는 우리나라 어선수도 크게 제한되고 입어조건까지 까다로워졌다. 이 때문에 어선들이 연근해 어업에 치중하게 되어, 수자원 고갈의 위협에까지 처하게 되었다[33].

이에 따라 통영시는 수산업의 활로 모색을 통한 지역경제 회생과 함께 지역의 기반산업으로 관광산업을 적극적으로 육성하려는 정책을 취하고 있다. 통영시는 기본 시정방침으로 '지역경제 회생', '문화·관광의 전략산업화', '고루 잘 사는 복지행정', '쾌적한 생활환경

---

[33] 동아일보 1999년 5월 27일자 사회면 참고.

조성' 등 네 가지를 정하고, 문화·관광의 전략적 육성을 지역경제 활성화의 대안으로 추진하고 있는 것이다.

　문화와 관광의 전략적 육성은 통영시가 문화와 예술의 도시라는 점에 근거한다. 즉, 유치환과 유치진, 김춘수, 박경리, 윤이상, 전혁림, 김상옥 등 수많은 예술가를 배출한 곳이자 우리나라에서 중요 무형문화재를 가장 많이 보유하였다는 점이 통영시를 특별하게 한다. 문화시설로는 통영국제음악제가 열리는 통영시민문화회관을 비롯하여, 통영시 향토역사관, 통영무형문화재 전수회관, 통영수산과학관, 세병관, 남망산 조각공원, 청마문학관 등을 보유하고 있다.

　한편, 통영시의 대표적 축제로 8월에는 한산대첩 축제와 나전칠기 축제가 열린다. 또한 2004년에 3회(통영현대음악제를 포함하면 5회째)를 맞이한 신생 축제임에도 불구하고, 이미 전국적 명성을 얻고 있는 통영국제음악제(TIMF)의 시즌이 3월에 시작되며, 경남국제콩쿨대회가 통영국제음악제와 연계하여 2003년부터 매년 가을 개최되고 있다.

<표 Ⅳ-51> 통영시 사업체 및 종사자 현황

(단위: 개소, 명)

		1998	1999	2000	2001	2002	%*
합계	사업체수	9,565	9,924	10,021	9,687	9,539	100.00
	종사자수	32,877	33,755	34,516	31,438	33,713	100.00
농림어업	사업체수	31	30	31	8	5	0.05
	종사자수	1,131	1,196	1,257	67	28	0.08
광업·제조업	사업체수	776	654	612	640	632	6.63
	종사자수	5,488	5,188	4,876	4,259	5,734	17.01
전기·가스·수도	사업체수	9	9	9	13	11	0.12
	종사자수	34	35	35	137	79	0.23
건설업	사업체수	204	197	174	190	189	1.98
	종사자수	868	878	1,026	1,205	1,234	3.66
도·소매업	사업체수	3,436	3,307	3,306	3,158	3,093	32.42
	종사자수	7,147	6,761	6,968	6,918	7,206	21.37
숙박·음식업	사업체수	2,334	2,431	2,374	2,332	2,346	24.59
	종사자수	5,205	5,434	5,491	5,482	5,484	16.27
운수·창고·통신	사업체수	549	586	729	776	725	7.60
	종사자수	1,825	1,568	2,037	2,136	1,969	5.84
금융·보험업	사업체수	152	164	152	138	140	1.47
	종사자수	1,959	2,279	2,116	1,649	2,010	5.96
부동산·사업서비스	사업체수	382	396	390	365	365	3.83
	종사자수	1,031	1,092	1,123	1,073	1,282	3.80
공공행정·사회보장	사업체수	91	68	66	70	65	0.68
	종사자수	3,214	3,098	2,678	1,934	2,034	6.03
교육서비스업	사업체수	349	373	381	363	365	3.83
	종사자수	2,334	2,425	2,487	2,605	2,580	7.65
보건·사회복지	사업체수	139	160	170	155	162	1.70
	종사자수	693	843	990	997	1,132	3.36
기타개인서비스업	사업체수	1,113	1,549	1,627	1,479	1,441	15.11
	종사자수	1,948	2,958	3,432	2,976	2,941	8.72

주) %*는 2002년도 총사업체수 및 총종사자수에 대한 각 부문의 비율임.
자료: 통영시청, 2004, 통영시 통계연보.

<표 IV-52> 통영시 어업종사자 추이

(단위: 가구, 명)

연도	어가	어가인구	어업종사자
1990	4,515	19,314	6,967
1995	3,918	14,260	6,444
2000	3,693	11,844	6,441
90-00(%)	-18.21	-38.68	-7.55

자료: 통영시청, 2004, 통영시 통계연보.

<표 IV-53> 통영시 농업종사자 추이

연도	농가수		농가인구	
	가구	증감율(%)	명	증감율(%)
1998	6,192	-	19,491	-
1999	5,711	-7.8	16,464	-15.5
2000	5,228	-8.5	14,125	-14.2
2001	5,641	7.9	15,484	9.6
2002	4,842	-14.2	13,890	-10.3
2003	4,676	-3.4	13,491	-2.9

자료: 통영시청, 2004, 통영시 통계연보.

3) 통영시의 장소마케팅: 통영국제음악제

(1) 개　관

　　1999년 '윤이상 가곡의 밤'과 2000년, 2001년 '통영현대음악제'를 거쳐 2002년 제1회 통영국제음악제가 시작되었다. 제3회를 맞는 2004년부터는 음악제의 시즌화를 목표로 개막제를 3월 22일-27일까지 1주일간 개최하였으며, 4월, 6월, 8월에 각각 1회씩 시즌콘서트를 개최하였다. 시즌의 마무리는 10월의 폐막콘서트이다. 통영국제음악제는 2002년 재단법인 통영국제음악제의 설립과 함께 국제음악제로 성장하였으며, 통영시와 마산MBC, 그리고 월간객석이 공동으로 주최한다. 재단 측에서는 통영국제음악제를 통해 통영을 세계적인 음악 본류의 도시로 발전시킬 것을 목표로 하고 있다.

<표 Ⅳ-54> 통영국제음악제의 목표

통영국제음악제재단은 "통영국제음악제, TIMF"라는 브랜드를 가지고,
1) 통영을 세계적인 음악 본류의 도시로 발전시키고,
2) 침체기에 있는 국내 공연 시장에 새로운 활력을 불어 넣고, 해외 아티스트와 매니지먼트사와의 관계에 있어 일방적으로 시장의 수요만을 제공하는 우리 공연 업계의 현실적 한계를 극복하여 통영국제음악제와 콩쿠르를 통해 선보인 국내외의 젊고 역량 있는 연주가들의 해외 진출 판로를 개척할 수 있는 아시아권의 대표적인 클래식 공연 주체자로서 성장할 것이다.

음악제가 열리는 통영시민문화회관은 대공연장(880석)과 소공연장(290석) 등 두개의 공연장을 갖추고 있으며, 공연의 규모에 따라 인근의 충무체육관과 같은 곳에서 일부 공연을 열기도 한다. 음악제가 열리지 않는 기간에는 시민의 공간으로 이용되고 있다. 2004년 시즌 개막공연은 총 15회의 크고 작은 콘서트로, 이 중 탄둔이나 안트리오와 같이 큰 대중적 인기를 모은 공연도 있었다. 현대음악가 윤이상이라는 브랜드를 사용하는 만큼, 개막공연으로 열렸던 윤이상의 오페라 "영혼의 사랑"을 포함, 공연기간 중에는 거의 매일 윤이상의 곡들이 한두 곡 정도는 연주가 되고 현대음악을 많이 편성하여, 현대 음악제로서의 기틀을 다져가고 있다.

한편, 본 행사가 세계적으로 유명한 연주자들을 초청하여 이루어지는데 비해, 시민의 자율적 참여에 의해 자비 부담으로 이루어지는 부대행사가 있는데 이것이 TIMF 프린지 페스티벌이다. 2003년부터 페스티벌 하우스에서 진행되고 있는 이 행사는 통영과 마산, 부산 등 인근지역의 아마추어 음악가들부터 지역밴드, 유치원합주단, 초등학교 풍물패에 이르기까지 폭넓은 층이 참여하는 지역축제이다. 통영국제음악제가 윤이상과 현대음악이라는 난해한 주제를 모티브로 하고 있어 통영주민의 공감을 얻기 어려운 측면이 있는 반면, 프린지는 누구나 참석하고 즐길 수 있는 무료 공연으로 2004

년 시즌 개막공연이 열리는 6일 동안, 47회의 공연과 통영관악단의 통영시내일원 투어콘서트가 이루어졌다.

  그 외에, 11월에는 경상남도와 통영시, 마산MBC가 공동주최하고 (재)통영국제음악제가 주관하는 경남국제음악콩쿨(2003년 1회 시작)이 열린다.

<그림 Ⅳ-31> 윤이상거리   <그림 Ⅳ-32> 통영시민문화회관 전경

<그림 Ⅳ-33> 문화마당   <그림 Ⅳ-34>
윤이상거리안내판

<그림 Ⅳ-35> 페스티벌하우스(밖) 1　　<그림 Ⅳ-36> 페스티벌하우스(밖) 2

<그림 Ⅳ-37> 페스티벌하우스(안)　　　<그림 Ⅳ-38> 프린지홀

(2) 역　사

한국에서 윤이상이라는 이름을 대중적으로 쓸 수 있게 된 것은 그리 오래 전 일이 아니다. 통영에서 수학하고 교편을 잡았던 윤이상은 1950년대 독일로 건너가 본격적인 음악가의 길을 걷는다. 현대음악의 5대 거장으로 불릴 만큼 독일과 유럽에서 그 명성이 높았으나, 1968년 동백림 사건에 연루된 이후 한국에서는 사상범의 잣대로 냉엄하게 그를 대하였다. 1995년 죽는 순간까지도 아름다운 통영땅을 그리워했다는 일화가 유명하다. 국내에도 그의 업적을 높이 평가하는 음악인들이 없었던 것은 아니지만, 정치적 분위기는 냉담했다. 1998년까지는 국내 음악계 주최의 추모음악회조차 없었다. "이 같은 상황은 경제사정 탓도 있지만, 그(윤이상)를 음악으로만 바라보려는 분위기가 조성되지 않은 것이 더 큰 이유(문화일보, 1998. 9. 30.)"였다.

이러한 분위기가 변화하기 시작한 것은 1998년 11월 평양에서 남북 공동으로 개최된 '제1회 윤이상통일음악제' 이후 그의 업적에 대한 재평가가 시작되면서부터이다. 1999년 5월 22에 윤이상의 오페라 "심청"이 한국에서 초연되었고, 그 뒤를 5월 25일 통영문화재단 주최로 통영시민문화회관에서 '윤이상 가곡의 밤'이 열리게 되었던 것이다. 당시 가곡의 밤 기획에 참여한 김승근은 국제윤이상협회 한국위원회 사무국장이었다. 김승근은 인터뷰에서, 독일 유학 중 윤이상을 알고 그의 음악세계에 깊이 심취하였으며, 국내에서 윤이상을 주제로 한 음악제가 반드시 있어야 한다고 생각했고, 그를 실현하기 위해 노력을 경주하였다고 회고하였다.

당시 가곡의 밤에서 그는 1998년 윤이상의 생애를 다큐멘터리로 제작한 마산MBC의 PD와 만나 윤이상 음악제를 만들자는데 의기투합했다. 그리고 2000년에 통영문화재단과 국제윤이상협회의 주최로 '통영현대음악제 2000 – 윤이상을 기리며'가 열렸다. 예산은 5,000만 원이었다.

통영문화재단 등은 한국 현대음악의 새 기틀을 마련하고 빼어난 역량의 숨은 작곡가와 연주자들을 발굴하기 위해 윤씨의 고향이자 아직도 그가 작곡한 교가가 여러 학교에서 불리는 이곳에서 음악제를 열기로 했다고 밝혔다. 연주회에 이어 열리는 워크숍에서는 특히 윤씨와 평생을 함께 했던 국제윤이상협회의 음악가들이 초청돼 윤씨 작품들의 연주기법을 전수한다(한겨레 1999. 12. 1.).

그러나 당시만 해도 '윤이상'을 대작곡가가 아닌 사상범으로 여기던 시절이었습니다. 지역관공서 등 관련단체를 찾아다니며 지원을 약속받는 일이 보통 일이 아니었어요(김승근 인터뷰 기사, 동아일보 2003. 4. 9.).

이처럼 통영국제음악제의 시작은 리더가 윤이상이라는 당시로서는 부정적 이미지를 가지고 있던 지역출신 예술가를 적극적으로 마케팅 하였고, 시대적 상황이 윤이상의 음악적 가치를 다시 조명하는 과정에서 윤이상이라는 잠재적 장소자산이 부각이 될 수 있었던 것이다. 그러나 윤이상 브랜드의 영향력은 상당히 큰 것이어서, 국제음악제로 전환한 이후 쥬빈 메타가 이끄는 빈필하모닉과 하인츠 홀리거 등 세계적 거장들의 음악제 참여를 가능하게 하였다. 이러한 과정 속에서 통영국제음악제는 빠른 속도로 기반을 다져가고 있다.

(3) 조직과 운영

① 재단법인 통영국제음악제

통영국제음악제는 2002년 국제음악제로 확대재편하면서 재단법인 체제를 갖추게 되었다. (재)통영국제음악제는 이사회와 운영위원회, 그리고 사무국으로 구성되어 있는데, 이사회는 33명으로 구성되며 음악제 운영 및 윤이상 기념사업, 기타 재단 목적사업들을 심의·의결하는 기구이다. 운영위원회는 위원장과 예술 감독 1인, 위원 9인으로 구성되어 있으며, 음악제 단위행사별 프로그램을 구성, 운영하고 행사진행을 협의, 조정한다. 그리고 사무국은 음악제 행사를 기획, 홍보, 마케팅 하고 운영진행의 총괄을 담당한다.

사무국은 서울 사무국과 통영 사무국의 이원 체제로 운영이 되고 있다. 본디 서울 사무국은 상근직원 1인을 두고, 국제음악제 시즌을 준비해야 하는 몇 달 동안 계약직으로 팀원들을 고용하였다. 2004년 개막시즌 이후 상근직원을 충원하였다. 그리고 통영 사무국은 통영시에서 파견된 통영시청 공무원들로 이루어져 있으며, 음악제의 효율적 운영을 위한 행정적 지원을 담당한다. 사무국은 지리적 위치만 다른 것이 아니라 업무도 이원화되어 있다. 즉, 서울사무국은 예술 경영을 전공한 전문가를 고용하여 공연예술과 관련된 업무를, 통영 사무국은 행정처리와 자금관리, 티켓판매에 관련된 일반업무를 담당하는 것이다. 현 사무국장은 인터뷰 과정에서 앞으로 서울사무국의 자율성과 역할을 더 키우고 통영사무국은 보조적으로 돕는 역할을 하는 방향으로 가고자 한다고 밝혔다.

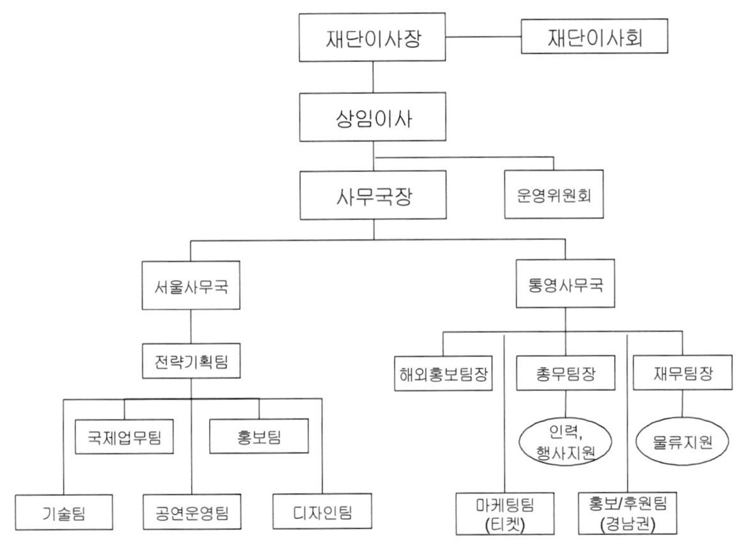

<그림 Ⅳ-39> (재)통영국제음악제 조직도

이처럼 통영국제음악제는 민간과 정부가 협력체를 이룬 민간협력의 비영리단체이다. 특히 통영시는 옛 군청자리를 페스티벌 하우스로 꾸미고 공무원들을 파견, 상근시키며, 시 예산의 약 1%에 해당하는 자금을 매년 지원하여, 통영국제음악제에 매우 많은 투자를 하고 있다. 또한 윤이상홀(1,500석)과 리사이틀홀(500석)을 갖춘 통영음악당과 호텔을 2007년까지 세우겠다는 목표를 세우고 계획을 추진하고 있는 상황을 미루어보면, 통영시가 통영국제음악제에 거는 기대가 매우 큼을 알 수 있다.

② 자원봉사조직

통영국제음악제 역시 다른 예술축제들처럼 자원봉사자들에게 많은 의존을 하고 있다. 자원봉사자들은 포스터 붙이기부터 무대 설치와 진행, 연주자 의전까지 페스티벌 운영 전체를 돕는다.

<표 Ⅳ-55> 2004년 TIMF 개막시즌 자원봉사자 거주지분포

(단위: 명, %)

서울		10	26.3
경상도		26	68.4
	거제	1	2.6
	구미	1	2.6
	대구	1	2.6
	마산	1	2.6
	부산	3	7.9
	진주	5	13.2
	창원	3	7.9
	통영	11	28.9
충청도		2	5.3
	대전	1	2.6
	천안	1	2.6
합계		38	100.0

자료: 개별인터뷰

자원봉사자들은 인터넷과 지역신문의 광고를 통해 모집, 통영과 서울 사무국에서 인터뷰를 하여 선발하였다. 지역적으로 보면 경상권 출신이 68.4%로 대다수를 이루고 있으나, 개별도시들로 나누어 살펴보면 서울 출신이 26.3%로, 통영 출신 28.9%에 이어 두 번째로 많은 비중을 차지하고 있다. 문화와 예술이 중앙에 집중되어 있는 우리의 현실을 간접적으로 보여주고 있다고 할 수 있겠다. 자원봉사자들을 모집하고 관리하는 것은 전적으로 서울 사무국의 업무로,

인력부족과 체계미흡으로 운영상에 미숙함이 드러나기도 한다. 통영 이외에서 온 자원봉사자들은 대개가 음악을 전공하거나 이러한 기회를 통해 경험을 쌓기를 원하는 대학생들이 대부분이었다. 통영 시민으로 자원봉사를 하는 경우에는 "통영은 폐쇄적인 분위기가 있다. 결혼해서 통영에 이사 온지 10년이 되었는데 이제야 지역사회에 받아들여지는 기분이다. 이제 나도 이곳에서 무언가를 해볼까 하는 생각에서 지원하게 되었다"거나 "지방에서는 이런 국제적인 행사가 별로 없어서 경험을 쌓을 좋은 기회라 여겨" 참여하였다고 말해, 자원봉사과정이 자아실현에 연결됨을 엿볼 수 있었다.

③ 서포터 조직

통영국제음악제의 서포터 조직으로 '황금파도'라는 자발적 시민조직이 있다. 국제음악제가 출범하던 2002년에 시작된 조직으로, 황금파도 회원과의 인터뷰에서 알 수 있었던 것처럼, "이렇게 좋은 행사가 통영에서 열리는데 이 국제음악제가 성공해야 한다. 그러기 위해서는 통영 시민들에게 우선 알리는 것이 중요하다"고 판단한 한 시민의 자각 때문에 시작되었다고 한다. KT에서 후원금을 지원받아 황금파도 회원들에게 50% 할인된 표를 팔고, 인근지역 학생들 또는 소외계층, 외국인노동자 등에게 표 나눔 운동을 실시하고 있다. 통영국제음악제가 열릴 때만 한시적으로 운영되는데, 회원은 약 800명 수준이고 음악과 전혀 관련 없는 시민들로 구성되어 있다. 황금파도 회원 가입에 어떠한 제한도 없고 회비를 내지도 않는다. 후원금을 대는 기업이 황금파도 이름으로 홍보를 하는 것도 아니다. 오직 지역사회 내에 고정적인 음악향유층의 형성을 목적으로 하는 조직인 것이다. 인터뷰에 응했던 황금파도 회원은 "통영 주민들이 결코 문화적 수준이 높은 것이 아니기 때문에, 이렇게 할인티켓을 나눠주고 자꾸 참여하게 해야 나중에라도 정착이 되지 않겠느냐"고 덧붙였다.

2003년 시즌에는 후원금 1,500만 원으로 입장권 3,500장을 구입하여 학생들을 초청하는 등의 '표 나눔'운동을 벌였다(조선일보, 2003. 3. 30.). 또한 공연장 안팎에서 정장차림에 '황금파도' 띠를 두르고 연주 감상 예절을 인쇄한 전단을 나눠주는 활동도 했다. 2004년 시즌에는 2,000만 원으로 입장권 900매를 구입하여 표 나눔 운동을 벌이고, 회원들에게 할인티켓을 판매하였다. 연주 감상 예절 운동은 내부 문제로 올해는 못하였는데, 이에 대해 한 통영시민은 "작년(2003년)에는 황금파도 띠들이 여기저기 다니고 이런저런 활동을 해서 통영시 전체가 들썩이는 것 같았는데 올해는 그런 것이 없어서 아쉬웠다"고도 한다.

(4) 재 정

통영국제음악제의 재정구조를 보면, 입장권과 기념품 판매 등의 사업수입이 10% 안팎인데 비해 정부와 시, 재단의 보조금 의존도는 80%를 상회하고 있다. 음악제에 대한 긍정적 평가로 2003년에 비해 국비의 지원이 50%나 증가한 것은 고무적인 일이지만, 잭슨빌이나 애쉴랜드처럼 입장권 판매와 멤버쉽을 통한 후원금에의 의존도가 높은 경우와 비교해보면, 정부의 지원이 끊어질 경우 예산확보에 큰 어려움을 겪는 불안한 수입구조이다.

두터운 관객층이 형성되고 이들의 후원에 의해 축제가 이어지는 경우 축제가 안정적 구조를 가지고 지속적으로 유지될 수 있을 것임은 자명하다. 정부의 보조금이라는 것은 사실 정부의 정책에 따라 언제든 변동이 생길 수 있는 것이므로, 통영국제음악제는 음악적 후원 기반을 공고히 할 계획을 마련해야 할 것이며, 이는 기업이나 정부에 대한 의존이 아니라 음악제에 참여해서 관람을 하고 자원봉사를 하는 사람들에 대한 계획이 되어야 할 것이다.

<표 Ⅳ-56> 통영 국제음악제의 수입과 지출

(단위: %)

< 수입 >

	2003년	2004년*
◨ 사업수입		
입장권	10.8**	8.0
기념품 판매		0.2
소계	10.8	8.2
◨ 보조금		
도비	7.0	6.8
국비	13.9	20.4
시비	60.9	54.5
재단기금	7.0	−
후원금	0.4	5.6
소계	89.2	87.3
이월금	−	4.5
총수입 합계	100.0	100.0

< 지출 >

	2003년	2004년*
◨ 예술관련		
공연료	44.5	41.6
숙박 및 식음료	5.5	11.3
항공료	11.8	3.1
◨ 일반업무		
홍보비	11.5	3.7
인건비	7.2	7.1
교통비	−	3.0
부대행사비	−	4.4
일반운영비	7.0	11.4
특별방송	4.4	−
장비설치/임차료	8.2	−
미집행분	−	13.4
총지출 합계	100.0	100.0

주) *2004년도는 시즌 개막공연까지의 예산집행내역임.
**2003년도에는 입장권과 기념품 판매수입이 합산되어 있음.
자료: 통영국제음악제 통영사무국

(5) 통영국제음악제 관람객 분석

통영국제음악제는 통영시민의 비중이 40%로, 지방의 소도시에서 열리는 현대 음악제라는 특성에도 불구하고 호응이 높은 편이다. 인근 부산, 울산, 경남지역의 참가자가 37.4%로, 통영 및 경남지역의 참가비중이 70%를 상회하는 것을 알 수 있다. 또, 서울에서 온 참가자도 11.5%나 되지만, 해외 연주자들이 통영음악제에 오면서 서울을 경유하는 스케줄을 잡는 것이 보통이기 때문에, 통영에서만 맛볼 수 있는 무언가를 제공하지 않으면 안 되는 상황이다.

<표 Ⅳ-57> 통영국제음악제 참가자의 지리적 분포

방문객	명	%
서울	40	11.5 (19.0)
부산	41	11.8 (19.4)
대구	9	2.6 (4.3)
대전	3	0.9 (1.4)
인천	2	0.6 (0.9)
울산	17	4.9 (8.1)
경기	16	4.6 (7.6)
경남	72	20.7 (34.1)
전북	8	2.3 (3.8)
충남	2	0.6 (0.9)
경북	1	0.3 (0.5)
방문객 합계	211	60.8 (100.0)
통영시민	136	39.2
총 합계	347	100.0

주) ( ) 내의 비율은 방문객 중의 비율임.
자료: 설문조사

<표 Ⅳ-58> 교육수준

	방문객		통영시민		전체	
	응답수	%	응답수	%	응답수	%
고졸 이하	6	2.8	36	26.5	42	12.1
대재	60	28.4	11	8.1	71	20.5
대졸	93	44.1	68	50.0	161	46.4
대학원 이상	51	24.2	7	5.1	58	16.7
무응답	1	0.5	14	10.3	15	4.3
합계	211	100.0	136	100.0	347	100.0

자료: 설문조사

<표 Ⅳ-59> 응답자의 가계연소득

	방문객		통영시민		전체	
	응답수	%	응답수	%	응답수	%
2천만 원 이하	58	27.5	43	31.6	101	29.1
2천-4천만 원	69	32.7	42	30.9	111	32.0
4천-7천만 원	36	17.1	20	14.7	56	16.1
7천-9천만 원	3	1.4	3	2.2	6	1.7
9천만 원 이상	10	4.7	1	0.7	11	3.2
무응답	35	16.6	27	19.9	62	17.9
계	211	100.0	136	100.0	347	100.0

자료: 설문조사

학력 수준을 보면 대졸이 거의 반수를 차지하고 있고, 대학 재학생의 비율도 높다. 대학원 이상의 학력 소지자도 16.7%나 되지만, 미국 도시들과 비교하였을 때 오히려 학력수준은 낮은 편이다(<표 Ⅳ-58>). 응답자의 가계연소득을 보면 2천만 원~4천만 원 사이의 소득자가 전체의 32.0%로 가장 많은데, 통영시민에 비해 방문객의 소득이 높다. 그 다음이 가계연소득 2천만 원 이하인 집단으로, 미국 사례에 비해 낮은 소득계층이 관람객의 주류를 이루고 있음을 알 수 있다(<표 Ⅳ-59>).

이는 <표 Ⅳ-60>에서 볼 수 있는 응답자의 연령분포와도 밀접한 관련이 있는 것으로 보인다. 즉, 응답자의 연령은 40세 미만이 70%를 훨씬 상회하는 수준이어서, 고연령층이 다수를 차지하는 미국 사례들과는 뚜렷이 대조된다.

<표 Ⅳ-60> 응답자의 연령분포

응답자 연령	방문객		통영시민		전체	
	응답수	%	응답수	%	응답수	%
20대 미만	5	2.4	18	13.2	23	6.6
20세 - 29세	81	38.4	37	27.2	118	34.0
30세 - 39세	67	31.8	29	21.3	96	27.7
40세 - 49세	26	12.3	27	19.9	53	15.3
50세 - 59세	16	7.6	9	6.6	25	7.2
60세 이상	3	1.4	1	0.7	4	1.2
무응답	13	6.2	15	11.0	28	8.1
합계	211	100.0	136	100.0	347	100.0

자료: 설문조사

<표 Ⅳ-61>은 관람객의 직업을 나타내고 있는데, 특히 방문객의 경우 창조계층의 종사자 비중이 월등히 높다(73.5%). 이는 음악과 직간접적으로 관련을 맺고 있는 사람들이 관객층의 주류를 이루고 있기 때문이다. 이에 비해 통영시민의 41.2%가 창조계층에 해당하며, 교육에 종사하는 사람의 비중이 높음을 볼 수 있다. 통영시 관계자에 따르면, 통영국제음악제의 관람객은 주로 음악 매니아나 음악전공자들이고, 기타 국내 각 대학의 교수나 학생, 음악전문학원의

교사와 원생, 그리고 초중고교의 음악교사 등이 고정관객이라고 한다. 이는 응답자들의 직업에서도 확인할 수가 있는데, 방문객의 경우 음악 관련직에 종사하는 사람이 47.9%로 매우 비중이 높다.

<표 Ⅳ-61> 응답자의 직업

		방문객		통영시민	
		응답수	%	응답수	%
창조계층		155	73.5	56	41.2
창조핵심계층	음악관련직	101	47.9	10	7.4
	교육	24	11.4	26	19.1
	연구/개발직	4	1.9	–	–
	연예/예술	4	1.9	–	–
창조적전문가계층	경영/관리직	6	2.8	6	4.4
	전문직	16	7.6	11	8.1
	금융	–	–	3	2.2
근로계층		9	4.3	1	0.7
	생산기술직	9	4.3	1	0.7
서비스계층		9	4.3	26	19.1
	공무원	2	0.9	13	9.6
	자영업	4	1.9	7	5.1
	영업직	2	0.9	4	2.9
	사무직	–	–	2	1.5
	기타서비스	1	0.5	–	–
농림수산업		1	0.5	–	–
	농림수산업	1	0.5	–	–
기타		34	16.1	48	35.3
	은퇴자	1	0.5	–	–
	주부	14	6.6	18	13.2
	학생	12	5.7	23	16.9
	기타	7	3.3	7	5.1
무응답		3	1.4	5	3.7
합계		211	100.0	136	100.0

자료: 설문조사

그 외 학생의 비중도 전체의 16.9%로 높은데, 인근 대학에서 음악을 전공하는 학생들이 음악제에 많이 참가하기 때문인 것으로 보인다. 또한, 수행평가 등으로 인근의 중고등학교 학생들을 음악제에 참여하도록 독려하고 있다는 점도 간과할 수 없겠다.

국제음악제에 참여하기 위해 통영에 방문한 방문객의 경우, 1박을 하는 경우가 가장 많고, 30% 정도는 2박 이상을 하고 있다. 또한 관람객은 한 시즌 동안 2-3편의 공연을 관람하는 경우가 가장 많은 것으로 나타났다.

<표 Ⅳ-62> 통영 체류일수

	방문객	
	응답수	%
당일	49	23.2
1박	99	46.9
2박	29	13.7
3박	13	6.2
4박 이상	20	9.5
무응답	1	0.5
계	211	100.0

자료: 설문조사

<표 Ⅳ-63> 관람공연수

	방문객		통영시민		전체	
	응답수	%	응답수	%	응답수	%
1개 공연	62	29.4	37	27.2	99	28.5
2-3개 공연	84	39.8	56	41.2	140	40.3
4-5개 공연	40	19.0	13	9.6	53	15.3
5개 이상 공연	23	10.9	27	19.9	50	14.4
무응답	2	0.9	3	2.2	5	1.4
계	211	100.0	136	100.0	347	100.0

자료: 설문조사

통영국제음악제의 참가경로는 과거의 경험, 인터넷, 통영국제음악제의 안내물 등의 순으로 나타난다. 특히 통영시민의 경우 과거의 경험이 음악제 참여 결정에 많은 영향을 미치고 있다(<표 IV-64>).

<표 IV-64> 통영국제음악제 참가 경로

	방문객		통영시민		전체	
	응답수	%	응답수	%	응답수	%
여행안내책자	3	1.2	0	0.0	3	0.7
통영시 및 통영국제음악제의 인터넷 홈페이지	41	15.9	31	19.5	72	17.3
TV/신문/잡지에 나온 기사 또는 광고	39	15.1	11	6.9	50	12.0
이전 통영국제음악제 참가의 경험	51	19.8	51	32.1	102	24.5
여행사를 통해	1	0.4	0	0.0	1	0.2
친구나 친척의 권유, 추천	45	17.4	27	17.0	72	17.3
입소문	16	6.2	0	0.0	16	3.8
통영국제음악제 홍보 유인물	25	9.7	32	20.1	57	13.7
기타	37	14.3	7	4.4	44	10.6
계	258	100.0	159	100.0	417	100.0

주) 복수응답,   자료: 설문조사

관람객이 통영시의 매력으로 꼽은 것은 아름다운 자연환경 (41.2%)이 가장 많았고, 그 다음으로 수많은 예술인의 고향(28.6%) 이라는 점이었다(<표 IV-65>). 특히 방문객의 경우 통영시민에 비해 자연환경의 매력을 더 중요하게 생각하는 것으로 나타났다. 그러나 통영시에 교통 및 주차시설, 숙박시설과 음식점 등과 같은 관광 인프라, 그리고 문화시설 확충과 통영국제음악제의 수준 확대와 같은 문화적 환경이 개선되어야 한다고 지적하고 있어, 통영이 본격적으로 문화관광산업을 기반산업으로 추구한다면, 하부구조의 개선과 문화적 내용의 확대 등이 시급함을 알 수 있다(<표 IV-66>).

<표 Ⅳ-65> 통영시의 매력

	방문객		통영시민		전체	
	응답수	%	응답수	%	응답수	%
바다와 섬으로 둘러싸인 아름다운 자연환경	170	43.6	96	37.5	266	41.2
높은 수준의 문화예술 활동	31	7.9	26	10.2	57	8.8
자랑스러운 역사와 나전칠기, 누비 등의 토산품	14	3.6	25	9.8	39	6.0
윤이상, 유치환 등 수많은 예술인의 고향	115	29.5	70	27.3	185	28.6
친절한 지역주민과 항구도시의 분위기	17	4.4	5	2.0	22	3.4
다양하고 신선한 바다 먹거리	27	6.9	33	12.9	60	9.3
다양한 레저/스포츠 활동의 기회	13	3.3	1	0.4	14	2.2
기타	3	0.8	0	0.0	3	0.5
계	390	100.0	256	100.0	646	100.0

주) 복수응답,　자료: 설문조사

<표 Ⅳ-66> 통영시에서 개선되어야 할 점

	방문객		통영시민		전체	
	응답수	%	응답수	%	응답수	%
교통 및 주차시설	94	23.2	81	27.6	175	25.0
숙박시설 및 음식점 확충과 개선	91	22.4	41	13.9	132	18.9
놀이공원 등과 같은 오락시설	16	3.9	31	10.5	47	6.7
극장, 콘서트홀 등과 같은 문화시설 확대	66	16.3	67	22.8	133	19.0
레저/스포츠 활동 기회의 확대	16	3.9	26	8.8	42	6.0
통영국제음악제의 수준 향상과 다양한 레퍼토리, 시즌 확대	82	20.2	29	9.9	111	15.9
쇼핑시설의 확충	19	4.7	14	4.8	33	4.7
기타	22	5.4	5	1.7	27	3.9
계	406	100.0	294	100.0	700	100.0

주) 복수응답,　자료: 설문조사

관람객들이 일반적으로 휴가지를 선택하는 기준을 살펴보기 위해, 휴가계획 시 고려사항에 대해 질문하였다(<표 Ⅳ-67>). 가장 큰 고려사항은 역시 자연환경으로, 전체 응답자의 39.8%를 차지했다. 그러나 문화예술 활동의 기회를 선택한 응답자도 전체의 15.5%를 차지하고 있어, 문화예술에 대한 욕구를 보여주고 있다.

<표 Ⅳ-67> 휴가계획시 고려사항

	방문객		통영시민		전체	
	응답수	%	응답수	%	응답수	%
아름다운 자연환경	133	39.9	77	39.5	210	39.8
문화예술 활동의 기회(연극, 음악회, 박물관 등)	55	16.5	27	13.8	82	15.5
역사유적	33	9.9	23	11.8	56	10.6
다양한 레저/스포츠 활동의 기회(등산, 크루즈, 스키 등)	28	8.4	28	14.4	56	10.6
여가오락시설	17	5.1	11	5.6	28	5.3
쇼핑/먹거리	33	9.9	13	6.7	46	8.7
휴양/요양	34	10.2	16	8.2	50	9.5
기타	0	0.0	0	0.0	0	0.0
계	333	100.0	195	100.0	528	100.0

주) 복수응답,　자료: 설문조사

음악제의 관람동기로는 음악제의 높은 공연수준(22.4%)이나 윤이상의 고향(20.5%)이기 때문인 것으로 나타났고, 통영의 자연환경과 음악제가 잘 어울린다는 응답도 17.6%에 이른다(<표 Ⅳ-68>). 그런데 통영시민의 경우, 공연수준이나 통영이 윤이상의 고향이라는 점 등을 더 중요하게 생각한 반면, 방문객들은 통영의 자연환경과 음악제의 조화를 가장 중요하게 들고 있다. 한편, 숙박시설이나 접근성을 동기로 꼽은 관람객은 한 사람도 없어서, 관광인프라 확충의 필요성을 다시금 엿볼 수 있다.

<표 Ⅳ-68> 통영국제음악제 관람동기

	방문객		통영시민		전체	
	응답수	%	응답수	%	응답수	%
공연의 질이 높고 프로그램 선택의 폭이 다양해서	68	19.5	53	27.6	121	22.4
세계적인 음악가 윤이상의 고향인 통영에서 열리기 때문	67	19.2	44	22.9	111	20.5
꼭 관람하고 싶은 공연이나 연주자가 있어서	41	11.7	23	12.0	64	11.8
본 음악제 이외에도 프린지(fringe)와 특별공연 등 다양한 문화활동을 즐길 수 있어서	28	8.0	31	16.1	59	10.9
음악제 이외에 다양한 관광/레저/여가 활동을 즐길 수 있어서	9	2.6	2	1.0	11	2.0
통영의 아름다운 자연환경과 음악제가 잘 어울려서	74	21.2	21	10.9	95	17.6
편리한 숙박시설과 접근성	0	0.0	0	0.0	0	0.0
자녀교육의 목적으로	3	0.9	8	4.2	11	2.0
다른 일로 통영을 방문한 김에	9	2.6	0	0.0	9	1.7
연주자 또는 음악제 관련 인사가 아는 사람이어서	35	10.0	2	1.0	37	6.8
기타	15	4.3	8	4.2	23	4.3
합계	349	100.0	192	100.0	541	100.0

자료: 설문조사

관람객들은 음악제에 만족 55.3%, 매우 만족 10.4%로, 대체로 만족하고 있는 것으로 보인다. 특히 만족과 매우 만족의 항목을 더하여 만족도를 나타내면, 방문객은 61.4%가, 그리고 통영시민은 72.8%가 이에 해당돼, 통영시민의 만족도가 더 높음을 알 수 있다(<표 Ⅳ-69>).

또한 <표 Ⅳ-70>에서 나타나듯, 통영국제음악제를 참석한 것을 계기로 통영시에 대한 이미지가 바뀌었다는 응답자가 전체의 72%나 되어, 음악제가 통영시의 이미지 변화에 기여하고 있음을 보여준다. 이는 통영시의 장소성이 음악제를 통해 변화하고 있음을 간접적으로 시사하는 것이라고 할 수 있다.

<표 IV-69> 만족도

	방문객		통영시민		전체	
	응답수	%	응답수	%	응답수	%
매우 만족	15	7.1	21	15.4	36	10.4
만족	114	54.3	78	57.4	192	55.3
보통	66	31.4	34	25.0	100	28.8
불만	8	3.8	3	2.2	11	3.2
매우 불만	1	0.5	0	0.0	1	0.3
무응답	7	3.3	0	0.0	7	2.0
계	211	100.5	136	100.0	347	100.0

자료: 설문조사

<표 IV-70> 음악제참가를 계기로 통영시 이미지 변화여부

	방문객		통영시민		전체	
	응답수	%	응답수	%	응답수	%
인식의 변화가 없다	49	23.2	24	17.6	73	21.0
인식의 변화가 있다	150	71.1	99	72.8	249	71.8
무응답	12	5.7	13	9.6	25	7.2
계	211	100.0	136	100.0	347	100.0

자료: 설문조사

3. 소 결

　지금까지 인위적으로 장소자산을 도입하여 장소마케팅을 진행해온 사례지역들의 연구를 통해, 장소마케팅의 역사적 과정과 운영방식을 논술하였다. 구체적으로는 각 문화예술축제의 도입배경과 특징, 장소마케팅 조직의 구성과 재정, 홍보방법, 그리고 관람객의 특징 등을 중심으로 장소마케팅의 진행과정을 살펴보았다. 논의된 내용을 중심으로 인위적 장소성 형성의 진행과정의 공통점과 차이점을 다음과 같이 정리할 수 있다.

　첫째, 사례지역들에 도입된 장소자산은 지역과 연고가 없거나 기존에 부정적으로 인식되던 것이라는 점에서 인위적으로 도입된 것이었다. 공통적으로 문화예술에 식견이 있는 리더의 발의로 축제를 도입하였다. 또한 도입 당시 지역경제는 쇠퇴했거나 쇠퇴해가는 상황으로서, 경제 회생의 계기가 필요했던 것으로 보인다. 문화예술이 가지는 고급의 이미지와 경제회생의 가능성 등으로 지역 주민들은 도입된 문화예술축제에 대해 긍정적이고 협조적인 태도를 취한 것으로 보인다.

　둘째, 이 장소자산들을 활용하여 장소마케팅 하는 구체적인 과정은 서로 다르다. 먼저 장소마케팅 주체의 구조는 대체로 예술 경영자와 예술인이 결합된 형태인데, 오레곤 셰익스피어 페스티벌의 경우는 전문성을 더욱 강화하면서, Executive Director와 Artistic Director의 역할분담이 뚜렷하다. 이에 비해 브릿 뮤직 페스티벌은 전문성보다는 다양성을 추구하였으며 Artistic Director 없이 Executive Director가 전 사무를 총괄하고 있다. 통영국제음악제는 우리나라 다른 지역축제들과 마찬가지로 강력한 정부주도형이나, 예술 경영전문가의 역할을 강화하고자 노력하고 있다.

　셋째, 오레곤 셰익스피어 페스티벌의 전문성은 페스티벌 참가자의 지역적 분포를 넓히는 결과를 낳은 반면, 브릿 뮤직 페스티벌은 다양성을 택하여 지역축제의 성격을 더욱 강하게 드러내고 있다. 이에 따라 홍보방식에도 차이가 발생하여, 셰익스피어 페스티벌의 경우는 매체를 통한 광고의 효과가 적다고 판단하는 반면 브릿 페스티벌은 역으로 매체광고에 홍보의 중심을 두고 있다. 넓은 배후지에 흩어져 있는 고객을 대상으로 하기에는 개별우편이 더 효과적인 반면(OSF), 남부 오레곤에 집중되어 있는 고객을 대상으로 하기에는 지역매체를 이용하는 편이 더 효과적이기 때문이다(BMF). 한편 통영국제음악제의 경우는 경남권에서 많이 참여하고 있으나, 아직 초기이기 때문에 타깃을 명확히 한정하기는 어렵다. 신문의 광고와 전국방송 등 매체를 이용한 홍보가 중심이며, 앞으로의 진행과정에서 타깃을 구체화하게 될 것으로 전망된다.

넷째, 재정구조의 측면에서 오레곤 셰익스피어 페스티벌과 브릿 뮤직 페스티벌은 입장료 수입과 개인기부금에 대한 의존도가 높은 반면, 통영국제음악제는 정부 보조금에 절대적으로 의존하고 있다. 미국의 경우 문화예술축제가 정착되고 기부금 문화가 활성화되어 있는 반면, 우리나라는 아직 문화예술 수요층이 서구만큼 두텁지 않은데다 대부분의 축제들이 정부 주도로 진행되고 있기 때문인 것으로 분석된다. 통영음악제에서도 후원회와 멤버쉽을 육성하고자 노력하고 있어, 그 추이를 지켜보아야 할 것이다.

다섯째, 관람객의 특성을 살펴보면, 오레곤 셰익스피어 페스티벌과 브릿 뮤직 페스티벌은 모두 고연령, 고학력, 고소득층의 비율이 높다. 특히 관람객 중 은퇴자의 비중이 높으며, 직업을 가진 경우 전문직 종사자가 많았다. 약간의 차이로는, 오레곤 셰익스피어 페스티벌이 브릿 뮤직 페스티벌에 비해 고연령, 고학력층의 비중은 더 높고 고소득층의 비중은 더 낮다는 점이다. 반면 통영국제음악제의 관람객은 미국의 경우에 비해 연령이 매우 낮고, 은퇴자의 비율은 거의 나타나지 않았다. 그 대신 교육 종사자나 학생들의 비중이 높았다.

여섯째, 이러한 관람객의 특성은 각 페스티벌의 운영방향에 피드 백 된다. 오레곤 셰익스피어 페스티벌과 브릿 뮤직 페스티벌은 관객이 점점 고령화하는 현상에 대응하여 미래의 관객을 확보하는 차원에서 교육 프로그램에 더욱 집중하고 있다. 어린 시절 문화예술의 경험이 이후 문화예술 소비에 결정적 영향을 미치기 때문이다. 반면 통영국제음악제의 경우는 음악계와 학생에 집중되어 있어 지역사회 전반적으로 문화예술의 저변을 확대하여야 한다. 음악제의 시즌화를 추구하고 프린지 공연을 확대하는 시도 등은 이러한 맥락에서 해석하여야 할 것이다.

제5장 장소성의 인위적 형성과정

　제4장에서는 장소자산의 인위적 도입을 통한 장소마케팅의 과정을 역사와 운영조직, 장소자산, 그리고 관람객의 특성 등을 중심으로 살펴보았다. 논의된 내용을 심화시켜 장소성의 인위적 형성과정을 구체적으로 밝히기 위해, 본 장에서는 장소마케팅의 프로세스를 장소전략과 마케팅 전략으로 나누어 살펴보겠다. 이론연구에서 밝혔듯이 장소전략은 장소평가와 시장평가를 통한 장소자산의 도입과정을 뜻한다. 마케팅 전략은 도입된 장소자산을 구체적으로 개발, 홍보하는 전략으로, 이를 운영주체의 구조와 마케팅 프로세스로 나누어 살펴볼 것이다. 그리고 이들 논의를 종합하여 장소성의 인위적 형성과정의 모식화를 시도할 것이다.

1. 장소 전략: 장소자산의 인위적 도입

　사례지역 연구에서 살펴본 바에 따르면, 장소자산의 인위적 도입은 해당 지역에서 장소자산으로 인식되고 있지 않던 자산들의 가능성을 인식한 리더에 의해 주도되었다. 특히 이들 리더는 상대적으로 지역에 뿌리를 내리고 오래 살고 있던 사람들이 아니라, 모두 신이주민이거나 지역외부인이었다[1]. 이들은 해당 예술분야의 전공

---

1) 이는 상대적 가능성 자산이나 잠재적 자산을 자산으로 인식하기 위해서는 다른 지역과의 비교와 지역자산의 파악 등이 종합되어야 하며, 지역 외부인인

자로, 특정 공연예술 형태에 대한 잠재적 수요가 있음을 믿고 있었다. 또한 각 사례지역들이 각각의 공연을 하기에 적합하다는 판단 하에 적극적으로 장소자산을 도입할 것을 주장하고 시 당국과 주민들을 설득하는 역할도 하였다.

1) 애쉴랜드의 장소자산 도입

애쉴랜드에서 장소자산을 도입한 리더는 Elizabethan stage에 대한 신념을 가지고 있던 연극인이자 교수였으며, 애쉴랜드에 이주한 지 얼마 안 된 사람이었다. 장소자산을 도입할 당시 고려되었던 사항들은 연극 무대를 설치할 장소와 선발이익, 그리고 그에 따른 수요 등이다.

최초의 연극무대가 설치된 곳은 쉬타쿠아 태버내클로, 보우머는 남아있던 태버내클의 외벽이 세익스피어 시대에 연극공연이 행해졌던 영국 Fortune Theatre의 둥근 외벽과 닮았다는 점에 착안하고, 그 내부 무대 역시 Fortune Theatre를 본 떠 지었다. 이는 애쉴랜드의 전통, 즉 쉬타쿠아 태버내클에서 행해졌던 강연과 각종 여흥 등을 세익스피어 공연과 연결하고, 또한 영국의 연극무대와 일종의 연계를 강조함으로써 세익스피어와 아무런 연관성이 없던 애쉴랜드에 정통성을 부여하는 상징적 기능을 하게 되었다. 최초의 건설 이후 현재까지 몇 차례에 걸친 야외극장의 재건설 및 보수 과정에서도 쉬타쿠아 외벽이 그대로 유지되고 있고, 내부 무대 역시 영국의 세익스피어 극장 양식을 그대로 유지하고 있다.

서부에서 열리는 최초의 세익스피어 페스티벌이란 측면에서 애쉴랜드는 선발이익을 기대할 수 있었다. 특히 당시에는 거의 시도되

경우 지역주민에 비해 오히려 신선한 시각을 가질 수 있다는 점에서 이해할 수 있을 것이다.

지 않던 Elizabethan style의 공연을 야외무대에서 한다는 점이 서부 최초라는 점과 연결되어 유일성과 독특성을 획득하였던 것이다. 또한 보우머 자신은 독특한 스타일의 셰익스피어 공연에 대한 수요가 있을 것임을 확신하고 있었다.

이처럼 독특성과 유일성을 가진 장소자산이 도입된 후, 지역주민은 자원봉사자로서 배우, 무대설치자, 의상디자이너 등 페스티벌 운영의 모든 측면에 적극적으로 참여하였다. 또한 페스티벌은 애쉴랜드가 가지고 있는 아름다운 자연환경 및 소도시의 특성과 조화를 이루면서 애쉴랜드 스타일의 셰익스피어 페스티벌을 만들어 냈다. 당시 경제적으로 매우 어려웠던 애쉴랜드로서는 셰익스피어 페스티벌의 성공이 지역경제 활성화에 도움을 주기를 기대하게 되었다.

페스티벌이 도입되던 당시의 주체구조는 리더와 지역엘리트, 그리고 아마추어 연극단을 중심으로 문화NPO를 구성하고, 정부, 지역사업가, 대학, 지역주민 등과 일종의 파트너쉽을 맺는 형태였다. 비영리조직은 조직의 운영상 이익을 추구하지 않고 지역사회에 긍정적인 측면으로 기여를 할 것으로 인정받은 면세 조직이다. 문화예술이 본질적으로 비영리적 특징을 가지고 있고, 또한 페스티벌 운영의 목적을 지역문화예술의 확대에 두었다는 점이, 지역주민의 입장에서 페스티벌을 지역자산으로 수용하는데 기여하였을 것으로 보인다.

한편, 정부나 지역사업가들의 역할이 재정지원에 제한된 것과 대비되는 것이 특히 대학과 지역주민의 역할이다. 대학의 존재는 페스티벌의 성립 초기에 매우 중요하였다. 보우머가 서던오레곤 대학의 교수였으며 많은 배우가 이 대학의 학생이었다는 사실 이외에도, 페스티벌이 초기부터 가지고 있던 셰익스피어 스터디와 같은 교육프로그램은 대학이 있었기 때문에 가능했던 것이다. 즉, 셰익스피어 관련 학자나 연극인들을 대학에서 고용하였기 때문에, 이들은 학기 중에는 대학에서 지도 및 연구를 하고 페스티벌이 진행되는 여름 중에는 실질적으로 페스티벌에 결합할 수 있었다.

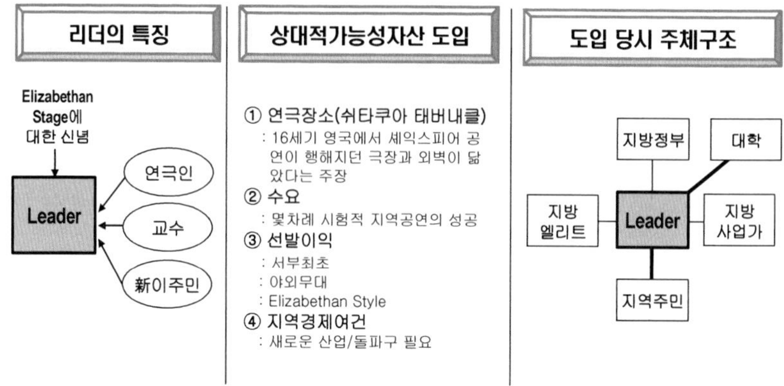

<그림 Ⅴ-1> 애쉴랜드 장소자산 도입의 구조

또한 지역주민 역시 단지 수요층에 머무는 것이 아니라 적극적으로 페스티벌의 생산에 결합하였다. 페스티벌의 운영에 자원봉사자로 참여하고, 배우들을 대상으로 파티를 열어주는가 하면, 자신의 가게에서 필요한 물건들을 가져다 쓰게 한 것 등을 예로 들 수 있다.

2) 잭슨빌의 장소자산 도입

잭슨빌에 브릿 뮤직 페스티벌이라는 장소자산을 도입한 리더는 잭슨빌에 방문해본 경험이 없었던 포틀랜드에 사는 지휘자이자 교수였다. 그는 동부의 몇몇 도시와 같이 미국 북서부에도 야외음악페스티벌이 필요하다는 것을 믿고 있었고, 자신의 의견에 동조하는 많은 사람들을 만날 수 있었다. 게다가 애쉴랜드 셰익스피어 페스티벌의 성공은 유사한 문화예술에 대한 수요가 있을 것이라는 확신을 갖게 하였다. 그러나 적합한 장소를 찾는 것이 어려워 거의 포기할 무렵, 잭슨빌의 브릿 가든을 방문하고, 곧 이 언덕의 음악적 공명효과와 아름다운 자연적 세팅이 적합하다고 판단하였다. 또한 Historic Town의 분위기 역시 잭슨빌에서의 음악페스티벌의 독특성에 일조할 것이었다. 이처럼 리더는 잭슨빌이 가지는 무대로서의, 그리고 페스티벌 개최지로서의 장소적 특징과 문화예술에 대한 지역의 수요, 그리고 북서부 최초의 야외음악페스티벌이라는 선발이익의 효과를 고려하여 장소자산을 도입할 것을 건의하게 된 것이다.

당시 잭슨빌은 거의 모든 산업이 지역에서 빠져나간 상태였기 때문에, 이 아이디어를 들은 시 당국과 주민들은 음악페스티벌의 개최가 지역에 활력을 불어넣을 것이라고 기대하였다. 지역 엘리트 중심으로 운영조직이 만들어졌고, 주민들은 적극적인 자원봉사로, 무대를 건설하고, 페스티벌장에서 안내를 하며, 브릿 오케스트라 단원에게 자신의 집을 제공하는 등 페스티벌 운영에 큰 도움을 주었다.

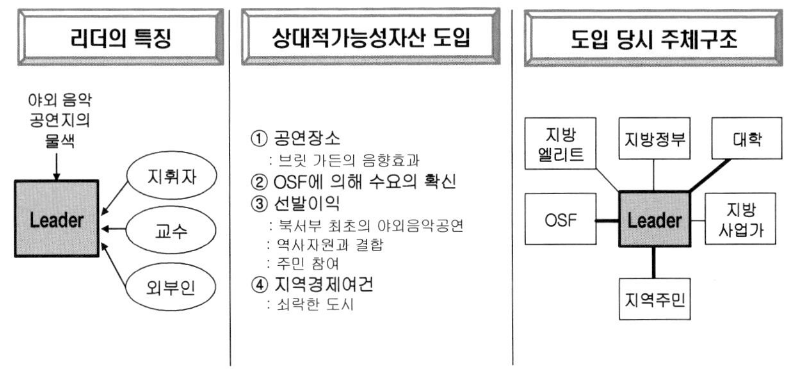

<그림 Ⅴ-2> 잭슨빌 장소자산 도입의 구조

브릿뮤직페스티벌 도입 당시 주체구조는 오레곤 세익스피어 페스티벌의 경우와 유사하여, 리더와 지역엘리트 중심으로 문화NPO를 구성하고 전속 오케스트라를 고용하였으며, 정부, 대학, 지역사업가, 지역주민, 그리고 애쉴랜드의 오레곤 세익스피어 페스티벌과 파트너쉽을 맺었다.

오레곤 세익스피어 페스티벌은 브릿 측에 마케팅과 운영의 노하우를 일러주고 자신의 선전물에 브릿 뮤직 페스티벌의 광고를 싣는 등, 초기 운영에 결정적인 도움을 주었다. 또한 애쉴랜드의 경우와 마찬가지로 브릿 뮤직 페스티벌과 대학은 밀접한 관계에 있었는데, 대학에서는 직접적인 재정적 지원 이외에도 여름 음악학교를 열어 브릿 오케스트라의 단원을 고용을 해주었던 것이다. 이러한 방식으로 브릿 페스티벌은 예산의 범위 내에서 원하는 음악가를 고용할 수 있었다.

3) 통영의 장소자산 도입

통영에서 윤이상을 자산으로 인식하게 된 것 역시 지역 외부인이었던 리더의 역할에 기인한다. 독일 유학 중 윤이상을 만나 그 음악세계에 심취했던 리더는 귀국 후 음악인으로 활동하면서 윤이상의 음악적 가치를 한국에서 실현할 수 있는 계기를 지속적으로 찾았다. 특히 윤이상이 죽는 순간까지 그리워했다는 통영은 한국 땅에서 윤이상 음악제를 열기에 가장 적합해 보였다. 그는 뜻을 함께하는 사람들과 함께 지자체와 기업을 설득하였다. 한편 통영시는 통영시의 미래 지향을 해양관광도시에 두었던 참이었으며, 음악제를 그 한 수단으로 인식하게 되었다.

한려수도의 중심으로서 해상도시 통영이 가지고 있는 아름다운 자연환경과 윤이상의 고향이라는 점은 지방 도시에서 국제음악제를 성공시킬 수 있는 가능성으로 작용하였다. 문화예술이 서울에 집중되어 있는 우리나라 현실에서는 지방 도시가 국제적 음악행사를 개최한다는 것은 거의 불가능한 것으로 인식되고 있었지만, 오히려 지방 도시들의 문화적 수준이 열악하다는 점이 통영에 비교우위로 작용할 수 있었다. 즉 2003년 통영국제음악제에 참가한 빈 필하모닉 오케스트라의 경우, 통영은 한국에서 서울을 제외하고는 처음으로 방문한 도시였던 것이다. 윤이상 브랜드가 통영과 결합하여 세계적인 음악가들을 초청할 수 있게 되면서, 통영은 순식간에 경남 지역의 문화예술의 중심지로 발돋움하게 된 것이다.

처음 통영현대음악제를 개최했던 당시의 주체구조는 리더를 중심으로 지방자치단체와 지역방송사, 그리고 통영에 연고가 있는 기업이 재정과 활동의 지원을 통해 주도하는 민관협력의 형태였다. 현대 음악제가 국제음악제로 변환되는 과정에서 운영조직이 구체적으로 모습을 갖추었고, 재단법인의 형태로 문화 NPO를 구성하게 된 이후에도 민관협력의 형태는 그대로 유지된다.

통영은 비록 청년 윤이상이 살았던 곳이지만, 페스티벌이 개최되기 이전에는 윤이상에 대한 인식은 지역 내 음악전공자들 사이에서만 존재했을 뿐, 장소마케팅을 위한 장소자산으로 인식하지는 않았다. 통영의 소비수준이 높고 여러 예술가를 배출한 예향의 도시라고 자부하지만, 그렇다고 통영주민의 문화예술수준이 특별히 높은 것도 아니었다. 이처럼 현대음악의 거장으로서 윤이상은 통영에서 잠재자산의 형태로만 존재했을 뿐이었으나, 음악제가 도입되고 급격히 성장하면서 적극적이고 긍정적인 장소자산으로 변환된다.

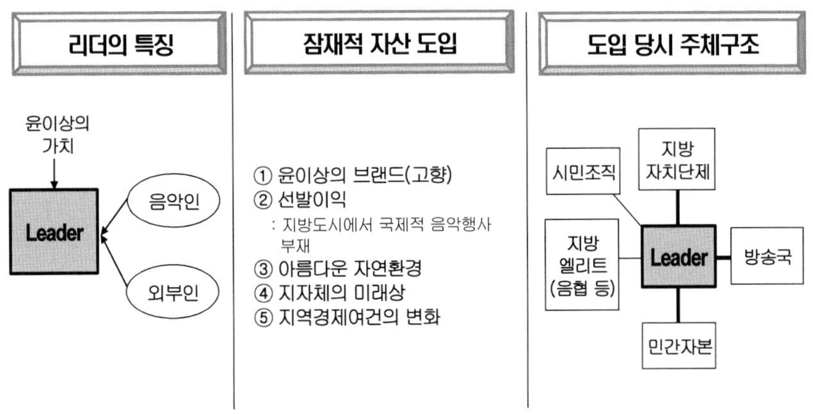

<그림 Ⅴ-3> 통영시 장소자산 도입의 구조

4) 소 결

애쉴랜드와 잭슨빌의 페스티벌들은 지역의 자산으로 존재하지 않았으며 지역과 어떠한 직접적인 관련도 없던 공연예술들을 의도적으로 도입한 경우이며, 통영의 경우는 지역과 관련이 있었으나 장소자산으로 인식되지 못하던 것을 발굴한 경우이다. 따라서 전자의 경우는 상대적 가능성 자산을, 그리고 후자의 경우는 잠재적 자산을 도입한 것이다. 세 지역에 페스티벌들이 도입된 시대적, 문화적, 지리적 배경이 상이하고 도시의 규모가 차이가 나지만, 지역경제 침체기에 도입되었다는 점에서, 정도의 차는 있을지라도 지역경제 활성화를 목적으로 하였다는 공통점이 있다. 그리고 그 결과, 애쉴랜드는 Elizabethan 스타일의 독특한 셰익스피어 무대를, 잭슨빌은 historic town의 분위기와 결합한 야외음악무대를, 그리고 통영은 윤이상 브랜드로 대표되는 국제음악제를 가지게 되었다. 이는 저마다 독특성과 차별성을 가지고 각 도시 장소마케팅의 중요한 장소자산으로서 운영되게 되었다.

2. 마케팅 전략

1) 장소자산 운영주체의 특징

(1) 오레곤 셰익스피어 페스티벌의 운영주체: 민간주도 문화NPO

우선 애쉴랜드 오레곤 셰익스피어 페스티벌의 운영주체를 살펴보도록 하겠다. 페스티벌 도입 당시의 문화NPO의 구조가 더욱 정교해지고 전문화되었는데, 이 민간주도의 문화NPO는 지역엘리트들로 이루어진 위원회 아래 예술 경영 집단이 전문적으로 운영을 맡고, 전문연기자들이 다수를 이루는 전속극단을 고용하고 있다. 위원회는 페스티벌의 장기계획에 관련된 재정을 확보하는 일을 하고 있으며, 페스티벌의 연극 선정부터 마케팅, 공연, 교육 프로그램에 이르기까지의 모든 실무는 예술 경영 집단의 소관이다. 특히 OSF의 예술 경영 집단은 예술부문과 일반 행정부문이 뚜렷이 구분되어 각기 Artistic director와 Executive director가 서로의 권한을 존중하는 가운데 업무를 총괄하고 있다.

여전히 대학, 정부, 각종 재단, 지역사업체 등이 관련되어 있지만 스폰서 이상의 역할은 하지 않는다. 특히 대학과의 관계는 초기처럼 긴밀한 연계를 맺고 있지 않으며, 현재로서는 어떠한 공식적인 관계도 없다. 페스티벌이 성장하고 전문화하면서 기존에 대학에 의존했던 기능들, 즉 배우 수급과 교육기능 등을 현재는 페스티벌이 모두 수행하고 있다. 다만 대학은 스폰서로서 페스티벌에 일정 정도의 재정지원을 하고, 페스티벌측은 대학에서 제한된 수의 인턴을 받아 교육시키는 정도이다. 정부는 페스티벌에 재정적 지원을 하고 세금감면의 혜택을 준다. 또한 OSF는 시 부지를 무료로 사용하고 있다. 그리고 이를 통해 시는 페스티벌 단지라는 문화시설을 무료로 얻은 셈이고, 높은 예술수준을 가진 도시라는 지역이미지를 가지게 되었다. 또한 방문객들이 지불하는 room tax와 meal tax 역시 중요한 지방세원이다. 지역사업체는 페스티벌에 광고를 싣고 기부를 함으로써 지역문화에 투자하는 기업이라는 긍정적 이미지를 얻는 효과를 노리고 있다.

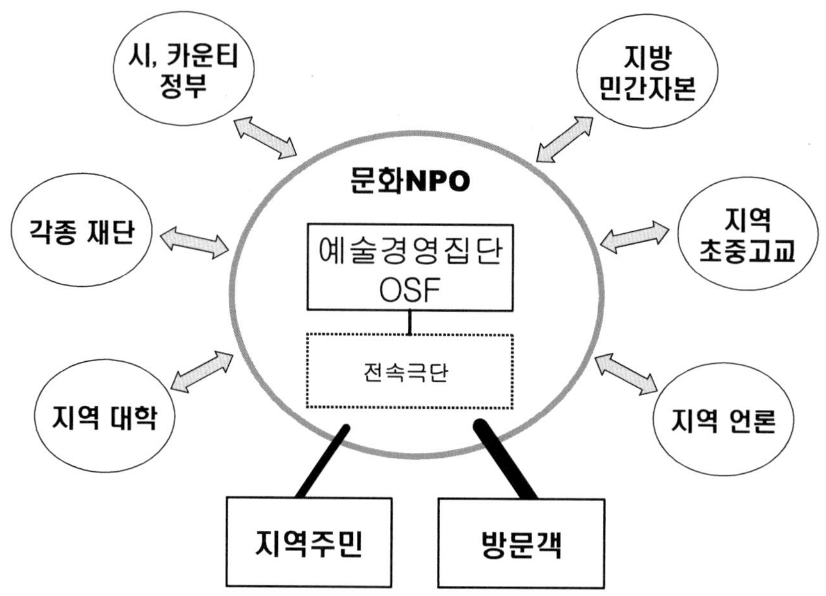

<그림 Ⅴ-4> 오레곤 셰익스피어 페스티벌의 주체관계

현재 문화NPO가 가장 긴밀하게 관련을 맺고 있는 것은 지역주민 및 방문객이다. 주민과 방문객은 단순한 수요층에 머무는 것이 아니라 문화예술의 생산의 영역에까지 깊숙이 관련되어 있다. 이들의 역할은 공연을 관람하는 것에 그치지 않고, 후원회와 멤버쉽 가입, 그리고 자원봉사 활동 등으로 페스티벌의 운영에 결정적 영향을 미치게 된 것이다. 특히 오레곤 셰익스피어 페스티벌은 방문객이 관람객의 약 85%를 차지하며, 이들을 위한 각종 토론과 학습 프로그램들을 제공하고 있다. 이는 문화예술의 본래적 특징 및 관람객의 계층구조가 변화된 것에서 원인을 찾을 수 있을 것이다.

한편, 지역주민과 문화NPO의 관계는 여전히 긴밀하지만, 과거와는 양상이 좀 달라졌는데, 페스티벌의 전문화에 따라 지역주민의 참여는 더 이상 배우 등이 아니라 판매 및 안내 등과 같은 수준의 자원봉사에 제한되는 경향을 보인다. 그 대신 페스티벌측은 교육프로그램을 확대하고 자선공연을 개최하는 등 지역주민에게 페스티벌의 이익을 환원하고 주민을 과거와는 다른 방식으로 참여시키려 노력하고 있다. 초중등 교육기관과의 파트너쉽이 그 한 예이다.

(2) 브릿 뮤직 페스티벌의 운영주체: 민간주도 문화NPO

브릿 뮤직 페스티벌 역시 문화NPO를 중심으로 정부, 각종 재단, 지역사업체, 대학이 관계를 맺고 있다. 문화NPO의 구조 역시 오레곤 세익스피어 페스티벌과 유사하여, 장기계획을 다루는 위원회 아래 실무를 담당하는 예술 경영 집단이 있고 전속 오케스트라를 고용하고 있는 민간단체이다. 브릿 뮤직 페스티벌의 경우는 애쉴랜드와 달리, Executive director만을 두고 전체 실무를 관장하게 하고 있으며, Artistic director는 존재하지 않는다. 대신 브릿 오케스트라의 단장(지휘자)이 클래식 공연을 책임지고 있어 Artistic director의 역할을 일부 담당하고 있다. 브릿 뮤직 페스티벌 사무국의 업무는 음악가 초청, 페스티벌 운영, 마케팅, 자원봉사자 관리, 교육 프로그램 등으로 요약된다.

과거 대학과 긴밀한 관련을 맺었던 것에 비해, 현재는 그 관련정도가 매우 약하다. 물론 대학과 파트너쉽을 맺고는 있으나, 페스티벌이 재정적으로 안정되면서 자체적으로 유명 음악가들을 고용하고 초청하는 일이 가능해졌고, 여름 음악캠프를 여는 등 교육기능을 갖추게 되면서 대학에의 의존도가 낮아진 것이다. 요즘은 대학에서 요청이 있는 경우에 한해서 인턴을 받는데 그 수는 1-2년에 1명 수준이라고 한다. 또, 페스티벌 소속 음악가가 서던 오레곤 대학 음대에서 패컬티로 일을 하는 경우도 있으나, 공식 루트를 통하는 것은 아니다.

잭슨빌 시 역시 페스티벌을 후원하고 있지만, 스폰서의 수준을 넘지는 않는다. 원칙적으로 페스티벌이 열리는 브릿 그라운드는 잭슨카운티 소유지이며, 카운티는 브릿 페스티벌 동안 잭슨빌 시 소유의 주차장 사용료조로 7,000불을 지급할 뿐, 브릿 페스티벌이 직접 잭슨빌 시에 지불하는 것은 없다. 그러나 방문객들에 의한 room tax(잭슨빌 시는 meal tax가 없다)가 시 재정수입의 상당한 부분을 차지한다. 역시 지역사업체는 페스티벌에 광고를 싣고 기부를 함으로써 지역문화에 투자하는 기업이라는 긍정적 이미지를 얻는 효과를 노리고 있다. 그리고 각 지방 TV·라디오 방송국과 파트너쉽을 맺어 페스티벌을 홍보한다.

오레곤 셰익스피어 페스티벌과 마찬가지로 브릿 뮤직 페스티벌의 NPO 역시 지역주민 및 방문객과 매우 긴밀한 연계를 맺고 있다. 이들 역시 관람객으로서 뿐만 아니라 후원회와 멤버쉽 가입, 자원봉사 활동 등을 통해 수요와 생산의 영역에서 모두 작동하고 있다. 특히 관람객의 70% 이상이 로우그 밸리 주민으로, 브릿 뮤직 페스티벌이 지역축제로 확고히 자리 잡았음을 알 수 있다. 따라서 장소마케팅과 관련된 기존 논의에서 방문객과 지역주민을 수요 집단으로만 파악하던 경향은 수정되어야 한다.

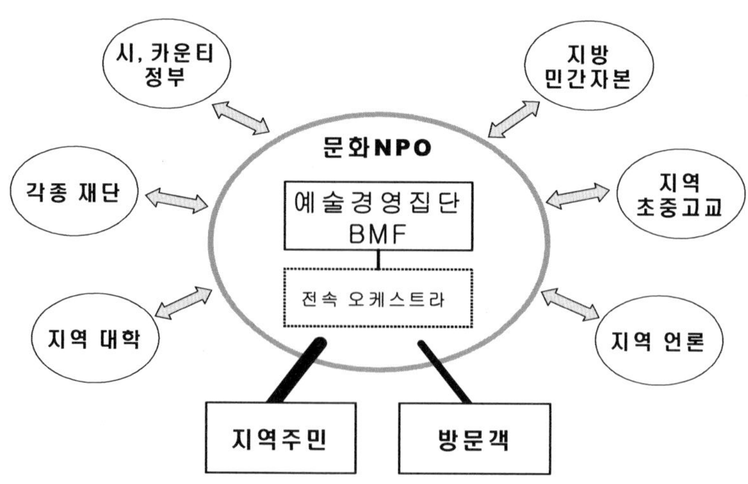

<그림 Ⅴ-5> 브릿 뮤직 페스티벌의 주체관계

(3) 통영국제음악제의 운영주체: 민관협력 문화NPO

앞의 두 사례와 달리 통영국제음악제의 운영주체는 관주도의 성격이 매우 강하다. 통영국제음악제는 통영시, 마산MBC, 월간 객석의 주최로 개최되고, 통영시에서 재정과 인력을 상당부분 담당하고 있다. 주관기관은 재단법인 통영국제음악제로, 이는 기업과 사회엘리트의 지원과 지방자치단체의 적극적 결합하여 구성된 문화NPO이며, 예술 경영 집단과 전속 앙상블을 고용하고 있다. 예술 감독을 비롯한 운영위원회에서 선곡과 음악제의 프로그램을 결정하고, 실무는 서울과 통영 사무국에서 담당하고 있다. 예술 경영전문가의 수가 절대적으로 부족한 가운데 음악제 운영, 행사기획, 홍보, 마케팅, 디자인 등 음악제의 세부 운영과 관련된 모든 업무를 서울 사무국이 담당하고 있고, 행정적 지원과 티켓 판매 등을 위해 통영시 문화관광과 공무원들이 축제지원팀의 이름으로 통영 사무국에 파견되어 있다. 사무국이 상설 운영되고 있다는 점은 문화예술축제의 조직과 운영이 미숙한 우리나라 실정에서 볼 때 고무적이다. 그러나 서울 사무국과 통영 사무국의 이중 운영은, 대부분의 문화 전문인력들이 서울 및 수도권 출신이고 재단과의 연계 등을 고려하면 불가피할 수도 있지만, 장소성 형성의 관점에서 본다면 장기적으로는 지양되어야 할 것이다.

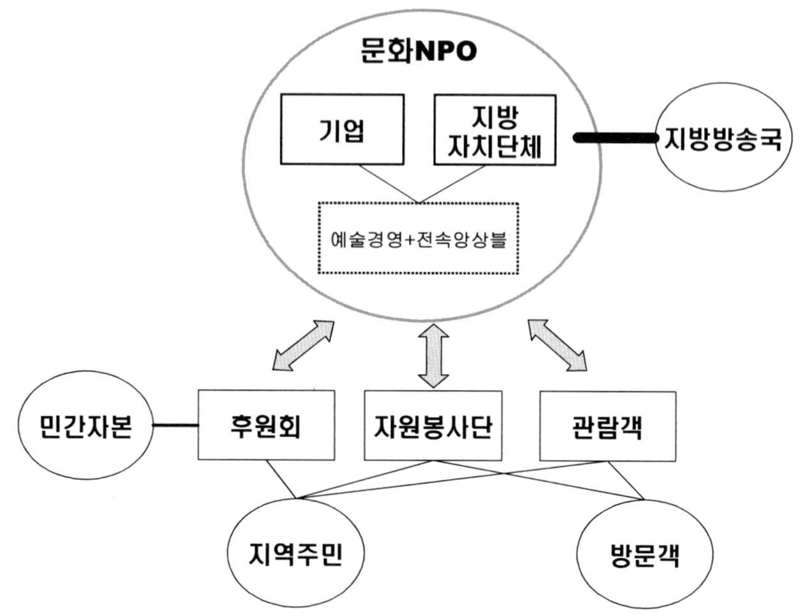

<그림 V-6> 통영국제음악제의 주체관계

한편, 지역방송국이 통영의 문화NPO를 적극적으로 후원하여, 방송을 통한 마케팅과 안내, 그리고 전 공연의 기록 등을 지원하고 있다.

지역주민이나 방문객이 통영 국제음악제의 운영에 주체적으로 결합하고 있지는 않다. 이는 우리나라의 장소마케팅이 주로 관주도로 이루어지면서 주민은 수동적 수혜자를 벗어나지 못하고 있는 현실을 반영하고 있는 것이다. 또 우리나라 문화적 여건으로는 후원회나 멤버쉽이 단시간 내에 활성화되기를 기대하는 것은 어려우며, 자원봉사문화는 이제 걸음마단계에 있기 때문이기도 하다.

그러나 인력이 부족한 상황에서 자원봉사단의 역할이 중요한 것은 틀림없다. 특히 지역주민들이 자원봉사에 결합함으로써 도입된 장소자산에 대해 애착과 자긍심을 느끼는 계기가 되고 있음을 간과해서는 안 된다. 한편, 통영국제음악제의 경우 자원봉사단의 운영은 두 그룹으로 나뉘는데, 서울 사무국에서 전국적으로 선발한 자원봉사자들은 음악제 운영과 관련된 업무를, 그리고 통영시 자원봉사자들로 구성된 시민자원봉사단은 안내 등의 업무를 담당하였다.

한편, 시민들로 구성된 자발적 서포터 조직은 통영시민에게 음악제를 알리고 이들이 음악제에 참가하는 것이 급선무라는 판단 하에, 기업의 후원을 받아 음악제의 표를 대량 구매, 표 나눔 운동을 펼치는 등, 통영시 문화예술 수준의 확대에 기여하고 있다.

(4) 소 결

사례들에서 알 수 있듯이 문화예술관광을 매개로 한 장소마케팅의 주체들은 모두 전문예술경영인과 예술인이 결합된 형태인 문화NPO이다. 미국의 경우 이 문화NPO는 전문성이 매우 높고 그 자체에 문화예술집단을 보유한 민간단체인 반면, 한국의 경우는 지방자치단체와 기업이 결합한 민관협력형이라는 차이가 있다. 또한 미국의 경우 방문객과 지역주민 등 수요층의 역할이 매우 커서 생산의 영역까지 영향을 미치고 있는데, 이는 문화와 장소마케팅 방식의 차이 등에 기인한 것으로 보인다. 이미 미국 등 서구사회의 경우는 민간주도 비영리조직의 활동이 일반화되어 있고, 기부문화와 자원봉사문화가 뿌리를 내리고 있다. 이에 비해 우리나라의 경우는 지방자치제 도입의 시기가 얼마 되지 않고, 각 지자체들이 지역개발과 주민통합의 주요 수단으로서 장소마케팅을 주도적으로 사고하고 있기 때문에 관주도의 성격이 크다. 문화예술축제는 특히 운영의 전문성과 유연성, 그리고 문화적 역량이 요구됨에도 불구하고 이를 관주도로 이끌면서 많은 문제들이 발생해 왔다. 그러나 개인과 기업 모두 문화예술에 대한 수요와 지원이 미약하기 때문에 문화예술축제가 당분간은 자생력을 갖추기 어려울 것이라는 점 역시 쉽게 관주도성을 탈피하지 못하는 주요 이유 중 하나가 된다.

2) 마케팅 과정: 도입된 장소자산의 뿌리내림과 장소성 형성

의도적으로 도입된 장소자산들이 빠른 시일 내에 장소성으로 확립되는 것은 운영주체를 중심으로 지속적인 축제의 개최와 관련 프로그램들의 운영, 그리고 방문객과 주민의 참여와 학습을 통한 경험의 구조를 통해 지역에 뿌리내리는 과정을 거치면서이다. 이 과정은 가시성 창출이라는 외적 프로세스와 경험 및 제도 형성이라는 내적 프로세스로 나누어 고찰할 수 있다.

(1) 오레곤 셰익스피어 페스티벌의 장소성 형성과정

① 외적 프로세스

첫째, 페스티벌의 개최와 직접적으로 관련된 가시성이다. 즉 페스티벌을 지속적으로 개최하고, 페스티벌의 무대와 부대시설들을 계속 설계, 건설하여 현재의 페스티벌 단지를 구축하게 되었다. Elizabethan stage는 쉬타쿠아의 유물인 건물 외벽을 유지하고 셰익스피어 시대의 양식을 따라 내부 무대를 개방형으로 디자인하여 상징성을 유지하고 있다. 페스티벌 단지 입구에는 전시실을 설치하여 의상을 전시하고 안내물을 배포한다. 또한 페스티벌 공연의 수준을 높이기 위해 Artistic director를 고용하여 예술부문에 대한 전권을 일임하고, 전문 연극배우들의 고용비율을 계속 높여 왔다. 이러한 무대의 특징과 수준 높은 셰익스피어 공연이 레퍼토리 방식의 운영과 결합하여 페스티벌의 독특한 매력으로 자리하고 있다.

둘째, 관련 프로그램들의 운영이다. 매년 자선공연을 개최하여 수익금을 에이즈 환자를 위해 기부하고 있으며, 공연 시작 전 무료공연을 페스티벌 앞마당에서 열어 누구나 관람할 수 있도록 하고 있다. 또한 방대하고 많은 교육프로그램을 실시하는데, 자원봉사자 대상 교육부터 관람객들을 위한 셰익스피어 관련 토론, 강연, 워크샵 등과 학교 프로젝트 등이 있다.

셋째, 페스티벌 단지를 축으로 한 서비스업의 집중과 관련 문화예술 산업의 증가이다. 특히 레스토랑이 페스티벌 단지를 중심으로 집중되어 있다. 그 외에도 페스티벌 관람객이 중요한 고객을 이루고 있는 아트갤러리, B&B, 호텔 등이, 레스토랑에 비해 밀집의 정도는 덜하지만, 페스티벌 단지 주변에 집중적으로 분포하고 있다. 숙박시설과 레스토랑의 증가는 페스티벌 방문객이 일반적으로 체류형 관광행태를 보인다는 점으로 설명이 가능하다. 또 고급문화취향을 지닌 이들 방문객을 타깃으로 하는 각종 문화예술 관련 산업들이 생겨났다. 즉, 오레곤 셰익스피어 페스티벌 이외에도 현재 애쉴랜드시 내에만 5개의 극단이 활동하고 있으며, 지역의 고등학교에서도 매년 연극공연을 개최한다. 아트갤러리들이 연합하여 Friday Art Walk을 개최하고, 도심에 있는 유일한 영화관에서는 독립영화와 예술영화만 상영하는 등, 페스티벌의 관객들을 공유하려는 노력과 함께 문화적 분위기 조성에 일조하고 있다.

넷째, 독특한 도시경관의 창출이다. 시 조례에 따른 강력한 도시경관 규제로 건물의 고도제한, 네온사인 금지, 간판형식의 규제 등 문화수준이 높은 소도시성을 지키고 있다. 또한 노천카페를 장려하고 도심 내 프랜차이즈 업소의 진입을 막아, 쾌적하고 즐거운 도심경관을 창출하고자 한다. 특히 도심의 경관은 유럽양식이 애쉴랜드에 독특하게 조화된 모습을 보이고 있다. 도시 내 주요 가로변에 도시의 경관과 어울리는 페스티벌의 배너를 달아 분위기를 돋운다.

다섯째, 인쇄매체와 인터넷을 통한 홍보이다. 우선 가장 주요한 홍보물은 페스티벌의 브로셔로, 매 시즌마다 우편으로 고객에게 직접 우송하고 있다. 오레곤 셰익스피어 페스티벌의 관람객들은 지역주민에 비해 외부인의 비중이 매우 높고, 샌프란시스코나 포틀랜드 등 원거리에서 방문하는 경우도 많기 때문에 수요층을 차별화하고 타깃을 선정하여 우편을 통한 직접 선전방식을 선호하는 것이다. 페스티벌 프로그램과 각종 안내서들을 출판하여 판매하거나 무료로 배포한다. 그리고 점점 인터넷에 대한 수요가 증가함에 따라 홈페이지를 매우 정교하고 광범하게 구축하고 있다. 또한 애쉴랜드시 상공회의소의 홈페이지와 안내책자, 그리고 지역의 숙박업소, 레스토랑의 홈페이지, 지역신문사의 홈페이지 등에서도 셰익스피어 페스티벌에 대해 안내하고 있어 간접적 홍보효과를 누린다. 애쉴랜드시 관광안내소와 상공회의소 사무실에 자원봉사자를 파견하여 페스티벌에 대한 직접 안내를 담당하게 하고 페스티벌 브로셔 및 안내물들을 비치하고 있다. 또한 오레곤과 캘리포니아 일부 지역에 있는 레스토랑과 호텔, 기타 업소 등에도 이러한 안내물들을 비치하여 페스티벌을 홍보한다. 그리고 지역신문에서는 페스티벌의 내용과 일정, 그리고 각 공연에 대한 비평 등을 고정적으로 실어 주민의 이해를 돕는다.

② 내적 프로세스

내적 프로세스는 방문객과 지역주민이 다른 양상을 보인다. 먼저 방문객이 경험하는 내적 프로세스를 살펴본다.

첫째, 페스티벌의 소비이다. 페스티벌에 참가하여 연극과 기타 공연을 본다. 축제의 특성상 셰익스피어 연극을 관람하면서도 정장을 차려입을 필요가 없고 애쉴랜드에 머무는 기간 내내 여러 편의 연극을 관람할 수 있다. 여기서 소비되는 것은 단순한 연극 자체가 아니라, 애쉴랜드의 자연환경 및 인문환경과 어우러진 애쉴랜드식의 셰익스피어이다.

둘째, 경관과 관련 산업의 소비이다. 페스티벌에 참가하기 위해 애쉴랜드를 방문하였지만, 페스티벌만을 소비하는 것이 아니라 그 페스티벌이 속해 있는 장소를 소비하는 것이다. 애쉴랜드에 와서 숙박하고, 인근 레스토랑에서 식사하고, 리씨아 공원에서 휴식하며, 아트갤러리와 박물관 등을 돌며 문화적 욕구를 충족시킨다. 원한다면 셰익스피어 극이 아닌 다른 연극과 영화도 볼 수 있다. 대부분의 시설들이 페스티벌 단지와 도심을 중심으로 밀집되어 있고, 보행자 친화적 환경을 갖추고 있어, 걸어서 이 모든 소비활동을 할 수 있다.

셋째, 셰익스피어와 극단을 학습한다. 많은 문화예술축제 참가자들이 그렇듯이 방문객들은 높은 학습욕구를 가지고 있다. 특히 셰익스피어는 이해의 깊이를 더할수록 관람의 즐거움이 커지기 때문에, 학습에 대한 수요가 매우 크다. 기념품샵에서는 셰익스피어 연극대본을 수없이 많이 볼 수 있고, Noon Lecture, Park Talks 등에 많은 관람객이 참가한다. 또한 인기리에 진행되고 있는 Backstage Tours는 오레곤 셰익스피어 페스티벌이 보유하고 있는 세 개의 극장 구조와 극단의 운영을 학습하는 기회가 된다. 이러한 학습을 통해 셰익스피어와 페스티벌을 경험함으로써 애쉴랜드의 장소자산에 대해 긍정적 평가를 내리게 된다.

넷째, 멤버쉽과 서포터 조직 참여를 통한 페스티벌에 대한 직접 후원이다. 광범한 후원의 존재는 방문객들이 페스티벌의 가치를 높이 평가하고 질적인 성장을 기대하는 것으로 해석할 수 있다. 앞서 언급한 세 가지 과정이 소비의 영역인 반면, 이 과정은 방문객이 단순히 소비자에 그치는 것이 아니라 페스티벌에 대한 직접적인 재정지원을 함으로써 본격적으로 생산의 영역에 포섭됨을 의미한다. 광범한 후원회와 멤버쉽의 존재와 이에 대한 페스티벌의 높은 의존도는 페스티벌을 운영함에 있어 항상 이들의 의견을 수렴하고 반영할 것을 강제하고 있다.

다음으로 지역주민의 입장에서 본 내적 프로세스이다.

첫째, 페스티벌의 소비이다. 많은 지역주민이 소도시에서 이처럼 높은 수준의 연극공연을 관람할 수 있고, 자신의 도시가 이러한 문화적 역량을 갖추고 있다는 점에 자긍심을 느끼고 있다. 관광객이 몰려 도시가 번화해지고 삶의 질이 떨어진다고 느끼는 반면, 관광객들이 소도시에서 잃기 쉬운 다양성을 얻게 한다는 점에서 긍정적이라고 생각하기도 한다. 무엇보다도 페스티벌의 소비가 지역경제에 직접적으로 영향을 미친다는 점에는 대부분 동의하고 있다.

둘째, 경관과 관련 산업의 소비이다. 많은 지역주민은 애쉴랜드 규모의 소도시에서는 보기 어려운 규모의 다양한 레스토랑이 존재한다는 것을 반긴다. 또 주민을 대상으로 한 다양한 공연이 애쉴랜드 시내 어딘가에 항상 있다.

셋째, 페스티벌에 대한 학습이다. 자원봉사자에 대한 직접교육이 있으며, 시 도서관과 서점은 매우 풍부한 셰익스피어 컬렉션을 보유하고 있다. 또한 페스티벌의 학교 프로젝트에 따라 지역의 학생들은 셰익스피어 연극에 대해 학습하고 직접 연기를 해보는 기회를 갖는다. 페스티벌이 직접 실시하는 교육프로그램 이외에도, 서던 오레곤 대학에 셰익스피어 스터디즈가 개설되어 있고, 또 익스텐션 프로그램으로 연극연출과 경영 관련 코스가 마련되어 있다. 이와 같은 의식적인 학습의 과정을 통해 지역주민은 페스티벌에 대한 이해를 높이고 이에 대한 일체감을 획득하게 되는 것이다.

넷째, 페스티벌의 운영에 직접 참여한다. 이는 방문객들과 마찬가지로 멤버쉽과 서포터 조직의 참여를 통해 이루어지기도 하고, 보다 중요하게는 자원봉사자로서 페스티벌에 결합하는 것이다. 페스티벌의 운영은 이들 자원봉사자들에게 절대적으로 의존하고 있는데, 이는 경비 절감의 측면뿐만 아니라 자원봉사자들과의 의사소통은 곧 페스티벌과 지역커뮤니티와의 의사소통을 의미하기 때문이다. 또한 자원봉사자들은 활동을 통해 커뮤니티의 일에 직접 관계하고 소식을 접하면서 지역정체성을 확립하게 된다. 따라서 애쉴랜드와 같은 소도시에 도입된 장소자산이 지역에 뿌리를 내리기 위해서는 지역커뮤니티와의 의사소통이 매우 중요한데, 그 중요한 채널이 바로 지역주민으로 이루어진 자원봉사조직임을 알 수 있다.

다섯째, 도시경관규제에 대한 주민의 동의이다. 애쉴랜드은 경관규제가 매우 강력한데, 각각의 조례는 주민투표를 통해 결정이 되는 것이므로, 현재 애쉴랜드의 도시 경관은 주민들의 합의에 의해 이루어진 것이라고 볼 수 있다. 경관은 자연환경과 조화를 이루는 가운데 유럽적인 분위기와 쾌적한 소도시의 분위기로 문화예술관광지에 적합하게 유지되고 있다.

여섯째, 페스티벌의 운영에 대한 담론의 형성이다. 셰익스피어 페스티벌이 지역경제에 중요함을 부정할 수는 없으나 모든 지역주민이 페스티벌의 모든 측면에 대해 찬성할 수는 없다. 페스티벌의 발전방향에 대한 다양한 의견들은 특히 페스티벌이 확장계획을 세우거나 새로운 사업을 발표할 때 두드러지게 나타난다. 페스티벌은 주민의 의사에 따라 계획을 수정하거나 보완하고, 주민의 담론에 긍정적인 영향을 미칠 수 있는 행사(자선공연 등)를 지속적으로 열어, 부정적 담론을 최소화하고 긍정적 담론을 지속하고자 노력한다.

③ 애쉴랜드시의 장소성의 변화

문화예술축제의 도입은 애쉴랜드 내에 뿌리를 내림과 동시에, 애쉴랜드를 둘러싼 제반 여건, 즉 자연환경, 사회경제적 변화, 지역산업구조의 변화, 지역대학의 성장 등의 요인들과 결합하면서 기존의 장소성을 변화시킨다.

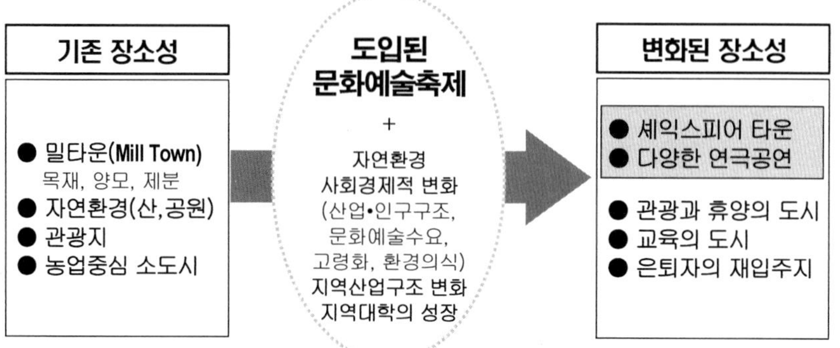

<그림 Ⅴ-7> 애쉴랜드시의 장소성 변화

즉, 아름다운 자연환경으로 약간의 관광객이 방문하던 농업 중심의 밀타운(mill town)이 셰익스피어 타운으로, 교육의 도시로, 그리고 은퇴자의 재입주지로 그 성격을 달리하고 있다.

(2) 브릿 뮤직 페스티벌의 장소성 형성과정

① 외적 프로세스

첫째, 페스티벌의 개최와 관련된 가시성의 직접적 획득이다. 페스티벌 무대를 자연환경과 조화시켜 건설하고 평소에는 지역주민의 산책코스로 개방하여 친밀성을 획득하고 있다. 또한 클래식 음악 위주의 공연을 다양한 공연예술을 포괄하도록 확대하고 시즌을 지속적으로 확대 개최하여 보다 많은 관객과 주민의 관심을 끌고자 한다. 다만 페스티벌 사무국이 페스티벌 무대가 아닌 메드포드에 사무실이 있어 상설운영의 가시성은 떨어진다.

둘째, 관련 프로그램의 운영이다. 클래식 페스티벌의 매 공연 전 Pre-concert Talk을 열어 클래식에 대한 이해를 높이고, 자원봉사자들의 교육을 통해 브릿 뮤직 페스티벌의 역사와 의의 등에 대해 지역주민이 보다 쉽게 다가서도록 한다. 그리고 매년 페스티벌 부지에서 지역의 어린이들이 공연하는 어린이 페스티벌을 열어 지역주민의 참여를 높이고 있다. 또한 음악캠프를 열고, 잭슨빌 초등학교와 파트너쉽을 맺어 음악방송 프로젝트를 진행하는 등 교육 프로그램에 중점을 두고 있다.

셋째, 서부개척시대의 도시경관 재현이다. 페스티벌 무대는 잭슨빌의 다운타운과 바로 연결되어 있는데, 이 도심을 비롯하여 잭슨빌의 구 주거지가 19세기 중반에서 말까지 개척시대 서부 타운의 모습을 그대로 유지하고 있다. 잭슨빌의 독특한 경관을 유지하기 위해 역사 건물로 지정된 도심의 건물들은 외관을 전혀 변경할 수 없으며, 브릿 페스티벌 역시 발전방향이 Historic 잭슨빌과 조화를 이루어야 한다고 밝히고 있으며, 이를 통해 독특한 경관과 공연 체험을 이끌고 있다.

넷째, 역사체험 이벤트와의 결합이다. 잭슨빌 역사박물관을 운영하는 Southern Oregon Historical Society 주최의 역사체험 이벤트 －Beekman House 재현, 트롤리 투어 등－가 브릿 뮤직 페스티벌 시즌과 일치하여 운영된다. 공연이 없는 낮 시간 동안 방문객들에게 관광거리를 제공하는 것이다.

다섯째, 관련 서비스업의 증가이다. 잭슨빌의 도시 규모에 비해 아트갤러리나 앤티크숍, 레스토랑, B&B 등이 많으며, 이들 서비스업은 주요 고객은 브릿 뮤직 페스티벌의 관람객들과, Historic town의 분위기를 느끼고자 하는 인근 지역 주민들이다.

여섯째, 각종 매체를 통한 홍보이다. 브릿 페스티벌 역시 가장 중요한 홍보물은 페스티벌의 브로셔로, 매 시즌마다 회원 및 요청인에게 우편으로 발송하고 있다. 기타 안내서와 프로그램 등을 페스티벌 무대와 잭슨빌 관광안내소, 인근 레스토랑 및 호텔에서 배포한다. 또한 인터넷 홈페이지를 정교하게 구축하여 브릿 페스티벌의 역사와 사업, 티켓판매, 회원가입 등을 안내하고 처리한다. 지역 신문과 지방

TV, 라디오방송국을 통해 브릿 페스티벌의 홍보를 하고 있다.

② 내적 프로세스

브릿 뮤직 페스티벌의 방문객이 경험하는 학습과 체험의 내적 프로세스는 다음과 같다.

첫째, 페스티벌의 소비이다. 페스티벌에 참가하여 각종 공연을 즐긴다. Historic town의 분위기와 잘 정돈된 자연환경이 브릿 뮤직 페스티벌의 야외무대와 어우러져서 독특한 분위기를 자아낸다. 잔디밭석에 앉아 친구 또는 가족과 와인과 맥주를 마시며 공연을 즐기는 것은 피크닉과 결합된 야외공연의 매력일 것이다.

둘째, 경관과 관련 서비스업의 소비이다. 공연 전후에 다운타운의 오래된 건물에서 식사와 숙박을 하고 앤티크숍들을 둘러본다. 잭슨빌이나 인근지역 출신의 예술가들이 경영하는 아트갤러리들이 상당수 있어서 잭슨빌만의 독특한 예술품을 구할 수 있다.

셋째, 클래식 음악을 학습한다. 클래식 초보자부터 매니아까지 전 관객이 매 클래식 공연 전 열리는 Pre-concert Talk에 참가하여 연주자 및 오케스트라 관계자들과 대화를 나누고 클래식과 브릿 뮤직 페스티벌에 대한 이해를 높인다. 또한 외지의 학생들의 경우 여름 음악 캠프 등에 참가하여 서던오레곤 대학에서 숙박을 하며 브릿 페스티벌 무대에서 음악을 배우고 공연을 감상하는 등의 기회를 가진다.

넷째, 멤버쉽과 서포터 조직 참여를 통한 페스티벌에 대한 직접 후원이다. 이 역시 방문객이 소비에서 생산의 영역으로 포섭되는 것이다.

다음으로 지역주민의 입장에서 본 내적 프로세스이다.

첫째, 페스티벌의 소비이다. 페스티벌에 참가하여 공연을 즐기는 관람객 중 70% 이상이 잭슨빌과 인근 지역의 주민이다. 이 지역과 같이 주변에 대도시가 없는 원격한 소도시의 주민들은 고급문화에 대한 향수 의지가 있다고 하더라도 그 향수 기회가 지극히 제한되어 있고, 특히 유명 가수나 음악인들을 볼 기회는 매우 드물다. 브릿 뮤직 페스티벌은 이러한 틈새를 공략하여 대중적 인기를 모으게 된 것이다.

둘째, 경관과 관련 산업의 소비이다. 한 잭슨빌 주민의 말처럼 인구 2천 명에 불과한 시골마을이 10개가 넘는 레스토랑을 가지고 있기란 어려운 일이다. Historic town이기 때문에 잭슨빌을 방문하는 관광객들도 있지만, 레스토랑과 숙박시설, 아트갤러리 등이 이들 수요로만 유지될 수 있는 것은 아니다.

셋째, 페스티벌과 클래식에 대한 학습이다. 페스티벌에 대한 학습은 자원봉사자들을 대상으로 직접적으로 이루어진다. 또한 페스티벌의 교육 프로그램을 통해 지역의 학생들은 어렸을 때부터 클래식 음악을 체계적으로 접할 기회를 갖게 되었다. 또한 브릿 뮤직 페스티벌이 제공하는 각종 음악캠프와 음악교실에 참여하여 악기연주를 배우고 클래식에 대한 이해를 높이고 있다.

넷째, 페스티벌의 운영에 직접 참여한다. 다른 경우와 마찬가지로 자원봉사, 멤버쉽, 그리고 브릿 소사이어티와 같은 서포터 조직의 참여를 통해 페스티벌의 생산 영역에 직접 개입하는 것이다. 또한 하우징 프로그램을 통해 브릿 오케스트라 단원에게 숙박을 무료로 제공하기도 한다. 음악을 좋아하는 사람뿐만 아니라 커뮤니티의 일에 관심이 많고 보람을 찾는 사람들이 자원봉사로 결합하여 페스티벌의 운영에 도움을 주고, 페스티벌과 공동체의 커뮤니케이션을 돕는다.

다섯째, 도시경관규제와 페스티벌의 운영방향에 대한 주민 동의이다. 역시 지역주민의 투표로 정해진 경관규제안은 역사지구 내에서는 건축의 외관을 못 바꾸도록 지정했을 뿐만 아니라, 새로 집을 지을 경우 집의 모양과 정원수의 종류까지 세세하게 규제하고 있다. 이는 Historic town의 면모를 유지하는 것이 지역 내에 관광객을 끌어들이고 브릿 뮤직 페스티벌의 독특함을 더한다는데 대한 합의라고 할 수 있다. 물론 페스티벌에 따른 소음과 쓰레기, 교통체증 등과 같은 문제로 마찰이 빚어지기도 하였다. 그러나 불만이 있더라도 페스티벌이 지역의 경제에 큰 도움을 준다는 것을 알기 때문에 용인하는 모습이다. 소음 문제와 관련해서는 페스티벌 사무국은 주민들의 회의를 거쳐 음악소리를 일정 데시벨 이상 올리지 않도록 합의를 하였다.

③ 잭슨빌시의 장소성의 변화

잭슨빌시 역시 애쉴랜드와 비슷한 장소성 변화의 과정을 거치고 있다. 즉 문화예술축제의 도입이 제반 사회경제적 여건, 자연환경의 여건 등과 결합하여 장소성의 변화를 낳고 있다. 과거 화려한 금광촌의 역사와 함께 쇠락했던 도시가 클래식 친화적이고 쾌적한 환경의 도시로 거듭나고 있다. 잭슨빌 상공회의소의 홈페이지에는 "잭슨빌은 남부 오레곤 내 공연예술의 천국"이라고 선전한다. 또한 애쉴랜드와 마찬가지로 은퇴자의 재입주지로 선호되고 있다.

<그림 Ⅴ-8> 잭슨빌시의 장소성의 변화

(3) 통영국제음악제의 장소성 형성과정

앞서 미국의 사례들은 사회문화적 배경이 유사하고 지리적으로 가까운 도시들이기 때문에 프로세스가 많이 유사하였다. 한국의 경우는 상황이 다르고 또 장소자산의 도입 역사가 짧아, 프로세스에서 많은 차이를 보이고 있지만, 일정 정도의 유사성이 발견되기도 한다.

① 외적 프로세스

첫째, 축제의 개최와 직접적으로 관련된 가시성이다. 축제장을 따로 건설하지 않고 기존의 통영시민문화회관이라는 시설을 이용해서 축제를 개최해오고 있지만, 기존 시 소유 건물을 바다와 배의 컨셉으로 꾸며 페스티벌 하우스를 만들어 사무국과 프린지홀 등을 설치함으로써 경관의 변화를 가져왔다. 또한 각종 현수막과 배너, 포스터를 페스티벌 하우스와 통영시민문화회관, 마리나콘도, 시내 주요부에 설치함으로써 페스티벌의 분위기를 고취한다.

둘째, 관련 프로그램의 운영이다. 프린지 페스티벌과 음향체험실을 운영하여 지역주민과 어린이의 참여를 이끌고 있다. 프린지 페스티벌의 경우 참가자들은 대개가 통영과 인근 도시의 아마추어 음악가 혹은 학생들이며, 해를 거듭할수록 그 인기가 높아지고 있다. 프린지의 일환으로 통영관악단은 페스티벌 기간 중 통영시내 곳곳을 돌며 연주를 하였다. 관련기관 등에서 기부 받은 악기와 음향기구들을 직접 연주해보는 음향체험실의 경우 통영은 물론이고 거제, 창원 등 인근 도시에서 어린이들이 단체로 참가하여 성황을 이루었다. 이처럼 주변 프로그램의 운영으로 통영국제음악제는 경남의 지역음악문화의 중심지로 자리매김하고 있다. 또한 (재)통영국제음악제가 매년 가을에는 경남국제콩쿠르를 주관하여 음악도시로서의 기반을 다지고 있다.

셋째, 문화마당의 이용과 윤이상 거리의 조성이다. 문화마당에서는 음악제의 녹화된 공연실황을 페스티벌기간 내내 방송하여, 음악제가 음악당 내에 한정되지 않고 보다 더 많은 지역주민들에게 노출되도록 하였다. 또 윤이상 생가와 페스티벌 하우스를 중심으로 한 지역에 윤이상 거리를 조성하였으며, 그 인근에 윤이상 공원을 조성할 계획을 가지고 있다.

넷째, 각종 매체를 통한 홍보와 방송이다. 브로셔와 프로그램을 제작하여 배포하고 신문과 잡지, 방송의 기사와 광고를 통해 홍보한다. 지방 방송국의 지원으로 통영국제음악제 실황이 전국에 방송됨으로써, 통영국제음악제의 인지도를 높이는데 기여하였다. 자체 홈페이지는 완성도가 떨어지지만 지속적으로 보완을 거듭하고 있다. 또한 통영시 홈페이지에서도 통영국제음악제를 소개한다.

다섯째, 파생 축제의 개최이다. 이는 엄밀히 말하면 음악축제와 관련이 있는 것이 아니라 음악축제에 온 방문객들을 대상으로 한 지역축제라고 할 수 있다. 굴축제, 김밥축제 등 지역 특산물축제가 민간주도로 페스티벌 기간 중 하루씩 열렸으며, 그 목적은 지역 특산물의 홍보이다.

② 내적 프로세스

통영시 방문객이 경험하는 내적 프로세스는 다음과 같다.

첫째, 페스티벌의 소비이다. 고급문화예술이 서울에 집중되어 있는 우리나라의 현실에서 원격한 중소도시가 세계적 수준의 국제음악제를 개최하는 것은 유례없는 일이다. 통영국제음악제는 특히 경남권에 거주하는 음악 전공자, 아마추어 음악가, 학생 등이 고정적 수요층으로 자리하게 되었다. 서울 등 수도권에서도 공연 관람을 위해 통영을 방문하는 경우가 많은데, 이는 윤이상 브랜드의 힘과 통영의 자연환경이 결합된 결과라고 할 수 있다. 공연이 끝난 후

공연장을 나오면 마주하게 되는 아름다운 밤바다가 음악제의 분위기를 고취한다.

둘째, 경관과 관련 산업의 소비이다. 방문객들은 음악제 관람 이외에도 통영시 관광계획을 갖는 경우가 많다. 한려해상국립공원을 끼고 있는 통영시의 아름다운 바다와 섬들, 그리고 문화역사자원이 그 대상이다. 통영음식 역시 신선한 재료를 사용한 담백한 맛으로 관광객들을 만족시킨다. 그러나 부족한 숙박시설과 불친절함, 그리고 열악한 교통상황과 주차시설 부족 등은 관광객의 추가적 소비를 저해하고 있다.

셋째, 자원봉사 활동을 통한 참여이다. 음악제의 운영에 투입된 자원봉사자들은 전국적으로 모집되었다. 이는 지역의 역량이 국제적 행사를 개최하기에 미흡하다는 판단 때문으로, 특히 방한 연주자들을 상대할 수 있는 외국어 가능자가 필요하기 때문이다. 따라서 자원봉사자들은 주로 통영시 외부자의 비율이 높으며, 통영국제음악제에 대해 학습하고 국제음악제 운영과정을 경험하게 된다. 그러나 자원봉사자들에 대한 교육이 일시적이고 이들에게 숙식과 일비를 제공하는 등, 외지인이 자원봉사를 하기 때문에 일어나는 기회비용이 있다.

지역주민의 입장에서 살펴본 내적 프로세스는 다음과 같다.

첫째, 페스티벌의 소비이다. 방문객과 마찬가지로 통영시민 역시 문화향수의 기회가 제한되어 있었으며, 그 틈새를 채운 것이 통영국제음악제이다. 통영과 같은 작은 도시에서 국제적인 행사를 성공적으로 개최하고 있다는 것에 자부심을 느끼고 있다.

둘째, 자원봉사와 서포터 조직에의 참여이다. 국제음악제 사무국에서 모집된 자원봉사자와 달리 통영시 소속 자원봉사자들이 있는데, 이들이 국제음악제 운영 중 안내 등을 도왔다. 또 시민의 자발적 서포터 조직인 황금파도는 통영시 주민에게 국제음악제를 알려서 더 많이 참여하게 하자는 취지 하에 표 나눔 운동을 벌여, 지역 문화 저변확대에 앞장서고 있다.

셋째, 프린지 공연 참여이다. 프린지 공연은 유치원생부터 노인까지 악기를 다룰 수 있는 사람이면 누구나 자유롭게 참여할 수 있다. 소정의 상금이 주어지기는 하지만, 경쟁을 위한 공연이라기보다는 지역문화예술 큰잔치의 성격이 더 크다. 통영국제음악제를 계기로 지역의 음악인들이 모이고 지방의 문화예술기반이 확대되고 있는 것이다.

③ 통영시의 장소성의 변화

문화예술축제의 도입은 통영시의 장기발전방향과 일치하면서 매우 빠르게 장소성화하고 있다. 국제음악제로 확대개편한지 3회에 지나지 않지만, 통영의 대표적인 축제로 통영국제음악제를 꼽는 경우를 자주 볼 수 있다. 통영시 주민들은 작은 도시 통영에서 국제적 규모의 축제를 개최한다는 사실을 자랑스러워하며, 통영시 지자체는 국제음악제를 통해 두 가지 목표를 달성하고자 한다. 첫째는 아시아 최고의 음악축제도시로 성장하는 것이며, 둘째는 문화 인프라 구축을 통해 통영 관광활성화에 기여하는 것이다. 국제음악제의 도시로 장소성 강화는 지방자치단체의 강력한 의지로 더욱 가속화될 것으로 보인다.

그러나 진정한 의미의 장소성 형성을 위해서는 가시적 프로세스만으로는 부족하다. 현재 공연에 참가하는 것 이외에는 방문객이나 주민들에게 주어지는 참여와 학습의 기회가 극히 제한적이어서, 외적인 성장을 따라갈 만큼 내적으로 성숙하지 못한 상태이다. 진정한 의미의 장소성 형성을 위해서는 참여와 학습을 가능하게 하는 제도의 확충이 요구된다.

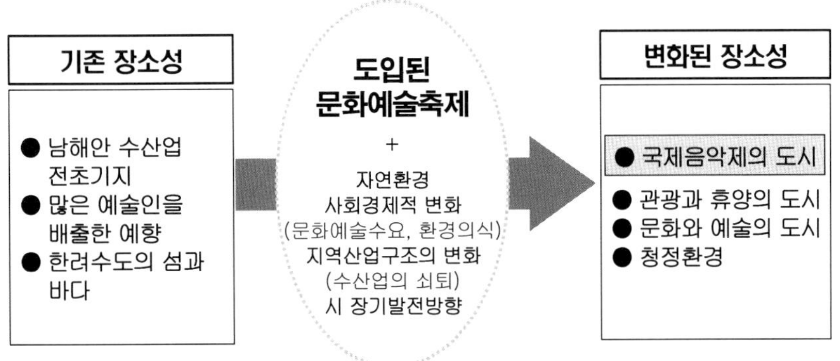

<그림 Ⅴ-9> 통영시의 장소성 변화

3. 장소자산의 인위적 도입을 통한 장소성 형성의 프로세스

이상의 논의로, 의도적으로 장소자산을 도입하고 장소마케팅을 수행하는 가운데 인위적 장소성 형성이 가능함을 알 수 있었다.

우선 장소평가와 시장평가를 통해 장소마케팅에 활용될 수 있는 장소자산을 선택하여야 한다. 이때 고려할 수 있는 장소자산이 상대적가능성 자산이나 잠재적 자산이다. 이들 자산은 독특성, 유일성, 선발성, 문화예술적 우수성 등의 특징을 지녀야 한다. 이러한 특징이 크면 클수록 장소성 형성의 속도는 더욱 가속화된다.

사례지역들에서 각 리더들은 문화예술에 대한 수요를 인지하고, 각기 독특한 문화예술축제를 구상하고 있었다. 애쉴랜드와 잭슨빌은 상대적 가능성 자산을 도입하였다. 세익스피어와 클래식음악은 두 지역과 아무런 연고도 없었지만, 다른 지역에 앞서 도입함으로써 선발효과를 누릴 수 있었다. 통영은 과거에는 지역자산으로 인식되지 않던 윤이상을 발굴하였기 때문에, 잠재적 자산을 도입한 경우로 볼 수 있다.

인위적으로 도입된 장소자산인 문화예술축제의 운영주체는 문화 NPO (non-profit organization) 중심이 되어 지역주민과 정부, 재단, 기업, 대학, 방문객 등과 복잡한 파트너쉽을 맺는 형태로 구성된다. 구체적인 구성형태는 지역적 특성에 따라 다양하게 나타날 수 있지만, 공통적으로 문화NPO의 기능이 강조된다. 문화NPO는 예술 경영 집단과 예술가들이 결합된 비영리조직이다. 문화예술의 특성상 단순한 경영적, 행정적 능력만으로는 축제를 운영할 수 없다. 문화예술에 대한 전문적 지식을 갖추고, 예술인 및 관객들과의 상호 작용을 원만히 이끌어갈 노하우가 필요하다. 이러한 능력을 갖춘 전문계층이 예술 경영 집단이다. 또한 수준 높은 공연과 운영의 안정을 위해 사무국 산하에 예술가 조직이 결합되어 있다.

문화예술축제가 구체적으로 운영되면서 외적 프로세스와 내적 프로세스의 과정을 거쳐 새로운 장소성 형성에 이르게 된다. 외적 프로세스는 도입된 장소자산이 가시성을 획득하는 과정으로, 축제와 관련 프로그램의 개최, 경관의 조성, 그리고 각종 매체를 통한 홍보 등을 내용으로 한다. 그 결과 직접적 경제효과가 창출되고 관련 산업이 파생하며, 도시경관이 변화하는 등 새로운 장소자산의 긍정성을 강화하는 외적 효과들이 나타난다.

내적 프로세스는 도입된 장소자산을 경험함으로써 인식을 강화하는 과정으로, 방문객과 지역주민이 참여와 학습을 통해 축제의 생산과 소비에 포섭되는 과정이다. 구체적으로는 축제와 경관의 소비, 문화예술에 대한 학습 등과 같은 소비영역과 멤버쉽 가입, 서포터 조직 형성, 자원봉사활동 참여 등과 같은 생산영역으로 나누어볼 수 있다.

외적 프로세스와 내적 프로세스는 별개로 존재하는 것이 아니라 지속적으로 상호 작용하여 발전한다. 즉, 축제의 개최라는 외적 프로세스에 대응하여 축제의 소비라는 내적 프로세스가 발생할 수 있으며, 문화예술에 대한 학습욕구는 교육 프로그램을 낳았다. 가시성 형성이라는 외적 프로세스와 참여와 학습을 통한 경험이라는 내적 프로세스가 서로 상호 작용하면서 방문객과 지역주민들은 도입된 장소자산에 대한 인식을 더욱 강화하게 되고, 이를 통해 기존의 장소성에 변화를 가져오거나 아예 새로운 장소성을 형성할 수도 있는 것이다. 그러나 두 프로세스 중 어느 하나가 약하거나 상호 작용의 고리가 끊어진다면, 장소성 형성은 불가능하며, 결국 또 하나의 실패한 장소마케팅으로 전락하게 될 것이다.

여기에서 장소마케팅 전략에 적용할 수 있는 정책적 함의가 도출된다. 장소마케팅 전략을 수립할 때 축제나 이벤트, 홍보 등과 같은 가시적인 수단의 개발뿐 아니라 항상 그것에 대한 참여와 학습의 제도, 즉 내적 프로세스를 같이 고려하여야 한다는 것이다.

기존 장소마케팅 연구들은 주로 외적 프로세스에 중심을 두어 연구를 진행한 경향이 있다. 그러나 장소에 대한 정서적 측면을 고려해야 하며, 특히 인위적으로 장소자산을 도입한 경우 내적 프로세스의 중요성이 더욱 커진다.

지금까지의 논의를 종합하여 문화예술축제의 도입을 통한 장소성의 인위적 형성과정을 모형화한 것이 <그림 V-10>이다.

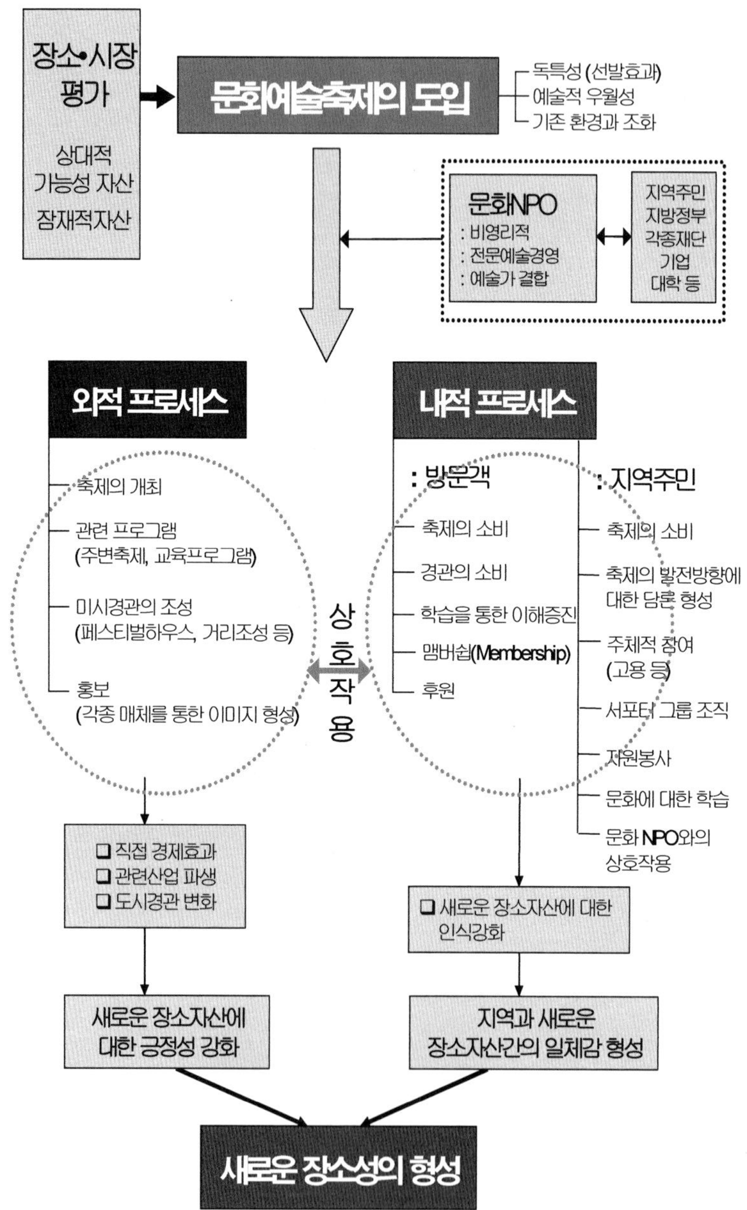

<그림 Ⅴ-10> 문화예술축제도입을 통한 장소성 형성

제6장 요약과 결론

우리나라뿐만 아니라 세계의 많은 지역들이 장소마케팅을 지역개발의 수단으로 인식하여 적극적으로 추진하고 있다. 전 세계적으로 산업구조가 재편되고 장소 간 경쟁이 심해지면서 더 많은 지역이 장소마케팅에 의존하게 되었다. 그런데 기존의 장소마케팅 논의들은 대개 장소를 고정적이고 정태적인 것으로 보았기 때문에, 현실 장소마케팅에 대한 부분적 설명만 가능할 뿐이다. 기존 논의들은 경제적 이익이 지역에 고루 돌아가도록 하는 동시에, 문화의 조작이나 장소마케팅과 지역사회의 괴리 등 개발에 따른 문제를 피하기 위하여, 지역의 고유한 정체성 또는 장소성을 기반으로 장소마케팅을 수행하여야 한다는 방향으로 수렴되고 있다. 물론 가장 바람직하고 일반적인 방식은 기존의 논의처럼 고유한 장소성을 살려서 장소마케팅을 수행하는 것이다. 그러나 현실적으로 장소성과 상관없는 요소를 도입하여 장소마케팅에 성공한 사례들이 나타나고 있는데, 기존 장소마케팅 관점에 따르면 이러한 사례는 우연적인 것이거나 경제논리에 지배당하여 고유의 장소성을 해치는 것이라는 비판을 면하기 어렵게 된다. 그러나 모든 지역이 장소마케팅에 활용될 수 있는 고유한 장소성을 가지고 있는 것은 아니라는 점에서 본 연구의 문제의식이 출발하였다.

장소성은 장소에 대해 인지된 특성으로, 장소자산들이 의미경합을 이루는 과정에서 만들어진 지역의 대표이미지라고 할 수 있다. 장소마케팅에서 장소자산은 장소마케팅에 활용될 수 있는 장소의 요소를 말한다. 따라서 장소마케팅 주체는 장소자산들을 개발하고 이를 장소성으로 상품화하여 잠재고객에게 마케팅 하고, 이를 통해 자본과 인구를 지역으로 끌어들여 지역의 활성화를 유도한다. 마케팅은 수요자의 요구에 맞추어 상품을 개발하는 것을 가리키기 때문에, 장소마케팅의 전략은 본질적으로 상품으로서의 장소성에 대한 수정이나 변경 가능성을 내포하고 있다고 보아야 할 것이다.

이러한 맥락에서 본 연구는 장소성이 고정적이고 불변적인 것인가, 아니면 인위적으로 변화 가능한 것인가를 중심 문제로 설정하였다. 그리고 변화가 가능한 것이라면, 그 과정을 사례연구를 통해 실증하고자 하였다. 이를 위해 기존의 장소와 장소마케팅 관련 논의들을 검토하고 장소성의 형성 가능성에 대해 타진하였다. 그리고 장소마케팅의 중요한 수단 중 하나인 문화예술축제와 장소성의 인위적 형성 사이에 관련성이 있음을 살펴보았다. 이를 토대로 해당 지역의 장소성과 관련 없는 문화예술축제를 도입하여 장소마케팅을 실시하고 있는 지역, 즉 미국 오레곤주 애쉴랜드시와 잭슨빌시, 그리고 한국 경상남도 통영시를 사례지역으로 선정하여 장소성의 인위적 형성과정을 검증하였다.

연구결과를 요약하면 다음과 같다.

첫째, 기존의 장소와 장소성 논의들을 검토하였다. 이들 논의는 시대와 학자에 따라 다양하지만, 대체로 장소가 공간적 실체인 동시에 인간의 경험에 의해 인지된 특징으로 구성된다는 점에 합의하고 있다. 이에 비해 장소성은 장소에 대해 인지된 특성이라는 관념적 성격을 지니며, 오랜 시간에 걸쳐 형성되는 것으로 인식되고 있었다. 즉, 가시적으로 드러난 특정 장소요소(가시성)가 오랜 시간에 걸쳐 지속적이고 반복적으로 나타남(시간, 즉 지속적·반복적 경험)으로써 장소성을 형성하게 된다는 것이다.

둘째, 장소성의 형성요소를 응용하면 인위적으로 장소성을 형성할 수 있다. 즉, 장소자산을 정책적으로 도입하고, 이를 가시성과 경험의 구조에 결합시키는 것이다. 가시성은 축제의 개최, 축제관련 시설물의 건축, 도심환경의 정비 등을 통해서 이루어지고, 경험은 축제의 체험, 구조적이고 제도적인 학습의 구조, 자원봉사와 후원회 등을 통한 축제 직접 지원 등을 통해 이루어진다.

셋째, 장소마케팅의 관점에서 장소자산은 물리적 자산, 환경적 자산, 사회·문화적 자산, 정치·제도적 자산, 상징적 자산, 위치적 자산, 잠재적 자산, 상대적가능성 자산 등으로 분류되며, 이 중 잠재적 자산과 상대적가능성 자산이 인위적 장소성 형성의 도구가 된다.

넷째, 인위적 장소성 형성을 통한 장소마케팅 과정은 장소전략과 마케팅전략으로 나누어 고찰할 수 있다. 장소전략은 장소평가와 시장평가가 행해지는 단계로, 해당지역 또는 장소가 가지고 있는 장소자산을 파악하고 사회적 수요의 고려, 다른 장소와의 비교 등을 통해 비교우위, 선발이익을 갖는 자산을 도입하는 과정을 말한다. 그리고 도입된 장소자산이 지역에 뿌리를 내리는 내적, 외적 프로세스를 거쳐 새로운 장소성이 형성되거나 기존 장소성이 변화하게 되며, 이것은 마케팅 전략에 해당한다. 장소마케팅의 주체는 장소전략과 마케팅전략을 통해 새로운 장소자산을 지역에 도입하고 이를 마케팅 하여 장소성을 인위적으로 형성하는 역할을 한다.

다섯째, 축제는 문화성, 공동체성, 지역성 등을 기본적 특성으로 갖고 있어, 장소마케팅의 효과적 수단 중 하나가 된다. 특히 예술작품의 전시와 무대공연 등으로 이루어지는 문화예술축제에서 인위적 장소자산 도입의 가능성이 두드러지게 나타나는데, 이는 예술이 가지는 공공성, 이식의 용이성 등에 기인한 것이다. 또한 그 운영주체는 전문 예술 경영 집단과 예술가들이 결합된 문화NPO (non-profit organization)로, 기존의 장소마케팅에서 중요하게 파악하던 문화생산(매개)집단보다 더욱 안정적이고 전문성이 강화된 조직형태이다. 이들 문화 NPO는 사회·문화적 배경에 따라 정부, 지역엘리트, 기업, 주민 등 지역사회와 상이한 방식으로 결합한다. 우리나라의 경우는 민관협력의 형태가, 그리고 미국의 경우에는 민간주도의 형태가 두드러진다.

여섯째, 이상의 논의를 토대로 사례지역 연구를 통해, 문화예술축제의 형식으로 상대적가능성 자산 또는 잠재적 자산을 도입하여 장소성을 인위적으로 형성하였거나 형성하고 있는 과정을 검증하였다. 사례지역으로 소도시를 선택한 이유는 대도시에 비해 장소성 형성의 과정이 다른 간섭요인 없이 비교적 간명하게 드러날 것으로 기대했기 때문이다. 애쉴랜드는 지역이 경쟁력을 잃고 대공황에 시달리던 상황에서, 지역의 수용력을 검토하고 미국 서부 최초로 셰익스피어 페스티벌이라는 장소자산을 도입하여 선발이익의 효과를 누렸다. 잭슨빌의 경우는 애쉴랜드 셰익스피어 페스티벌이라는 경쟁 장소의 자산을 고려하여, 애쉴랜드와의 직접경쟁을 피하는 음악 페스티벌을 도입한 사례이다. 특히 잭슨빌이 가지고 있던 기존의 장소자산, 즉 금광타운이라는 역사자산에 브릿 뮤직 페스티벌을 조화시켜 독특한 장소자산을 형성하였다. 통영의 경우는 앞의 두 도시처럼 완전히 장소와 무관한 자산을 인위적으로 도입한 경우가 아니라, 잠재적 장소자산을 활용한 경우이다. 윤이상은 정치적으로 부정적 이미지를 가지고 있었기 때문에, 초기에는 통영국제음악제 개최에 어려움이 있었다. 그러나 지금은 오히려 윤이상이라는 장소자산을 적극적으로 개발하고 있는 추세이다. 시대적 상황이 변화하여 윤이상의 부정적 이미지가 많이 사라진 한편, 문화예술관광에 대한 통영시 지자체의 인식이 변화하고 있기 때문이다. 지역의 기반산업인 수산업의 경쟁력이 저하되고 있는 상황에서 그 대안으로 문화예술관광 개발을 적극적으로 고려하고 있으며, 그 중심에 통영국제음악제가 놓여 있는 것이다.

일곱째, 장소성이 인위적으로 형성되는 정도와 방식은 도입된 장소자산의 성격과 기존 장소성의 상호 작용에 따라 상이하게 진행되고 있다. 특히 서구의 사례에서는 축제의 지속적 개최와 함께 외적으로는 경관과 관련 산업의 변화가 나타나고, 내적으로는 방문객과 지역주민에 대한 지속적인 교육과 참여의 기회를 보장하는 동시에 축제 주체가 지역공동체에 참여하려는 노력을 경주하는 가운데 장소성이 형성되고 있다. 한국의 경우는 역사가 짧아 장소성 획득의 프로세스 진행이 미약하고, 지방의 문화예술의 수준이 낮기 때문에 발생하는 한계가 있다. 그러나 세계 최고수준의 연주가들이 참가함으로써 단기간에 전국적 인지를 획득하였으며, 프린지축제나 황금파도의 자발적 구성 등과 같이 지역문화예술의 저변확대에 기여하는 활동들도 생겨나고 있다. 또한 지방자치단체의 강력한 개입으로 윤이상 거리 조성이라든가 음악당 건설과 같은 외적 프로세스가 빠르게 진행되고 있다. 그러나 지역주민과 방문객의 참여와 학습을 제도적으로 보장하는 프로그램이 없어, 장소성 형성의 내적 프로세스는 상대적으로 미약하다.

지금까지의 논의를 종합하여 다음과 같이 결론을 내릴 수 있다.

첫째, 전통적으로 장소성은 오랜 기간에 걸쳐 서서히 형성되는 정태적 성질을 가진 것이나, 비교적 짧은 시간 내에 인위적으로 형성되거나 변화될 수도 있다. 이는 장소를 상품으로 인식하고 적극적인 판매의 대상으로 받아들이기 시작한 장소마케팅 전략의 출현으로 가능하게 된 것이다. 즉 장소마케팅에 활용할만한 장소자산을 갖추지 못한 장소들이 의도적으로 해당지역에 장소자산을 도입하고 뿌리내리게 하여 기존의 장소성을 대체하거나 변화시킴으로써 장소의 가치를 높이고 장소마케팅의 효과를 극대화하는 것이다. 장소자산을 장소성화 하는 두 요소는 가시성과 경험이다.

둘째, 문화예술축제는 장소성을 인위적으로 형성할 수 있는 효과적 수단 중 하나이다. 이는 문화예술과 축제가 가지는 특성들의 결합에 기인한다. 우선 문화예술은 공공성과 교육적 효과를 가지고 있기 때문에, 의도적으로 특정 지역에 도입되었을 때 주민들에게 비교적 용이하게 수용될 수 있다. 또한 문화예술은 장소 고정적 자산이 아니므로, 다른 장소자산들에 비해 다른 지역으로 이동이 용이하다. 그리고 현대 사회에서 문화예술에 대한 수요와 공급이 지속적으로 증가하여 상품가치가 높아지고 있다. 한편, 축제는 본래 지역적 특성에 기반하고 지역문화의 정수를 대표하는 동시에 공동 작업으로 이루어지는 공동체성을 가진다. 따라서 축제의 개최로 지역주민들은 지역적 공감대와 정체성을 가지게 되고, 축제의 대상에 대한 긍정적 인식이 강화되는 것이다. 따라서 문화예술이라는 내용과 축제라는 형식이 결합된 문화예술축제는 특정 장소에의 인위적 도입과 지역주민의 수용이 용이하다는 장점이 있다.

셋째, 장소마케팅 전략은 크게 장소전략과 마케팅전략으로 구성되는데, 장소자산을 의도적으로 도입하여 장소성을 형성하는 장소마케팅의 경우는 일반적인 장소마케팅 전략과는 차별적인 특성을 갖는다. 즉, 장소전략은 장소평가와 시장평가가 이루어지는 단계로, 해당 장소 및 경쟁 장소의 자산과 사회적 수요 등을 종합적으로 고려하여 어떠한 장소자산을 도입할 것인가를 결정하게 된다. 마케팅 전략은 인위적으로 도입된 문화예술축제가 외적 프로세스와 내적 프로세스의 과정을 거쳐 새로운 장소성을 형성하게 되는 과정이다. 외적 프로세스는 도입된 장소자산이 가시성을 획득하는 과정이며, 내적 프로세스는 도입된 장소자산을 경험함으로써 장소자산에 대한 인식을 강화하는 과정으로 방문객과 지역주민이 참여와 학습을 통해 축제의 생산과 소비에 포섭되는 과정이다. 그런데 외적 프로세스와 내적 프로세스는 별개로 존재하는 것이 아니라 지속적으로 상호 작용하는 가운데 발전한다.

넷째, 장소성의 인위적 형성과정에서 장소마케팅 주체의 역할이 매우 중요하다. 우선 장소전략 단계에서 이들 주체는 해당 장소가 가지는 상대적가능성 자산과 잠재적 자산을 인식하고 이를 장소자산으로 도입하는 역할을 한다. 그리고 마케팅전략 단계에서는 도입된 장소자산에 적절한 가시성을 부여하고, 이를 방문객과 지역주민이 지속적으로 경험할 수 있는 구조를 제공하게 된다. 문화예술축제의 주체는 문화NPO로, 예술이 가지는 공공적 성격과 예술 경영의 필요성을 동시에 만족시키는 조직형태이다. 이들은 장소전략과 마케팅전략을 통해 문화예술축제를 도입하고 운영한다. 독특성, 유일성, 선발성, 문화예술적 우수성 등의 특성을 가진 문화예술축제를 도입하고, 축제의 개최뿐만 아니라 교육과 경험의 기회를 함께 제공하여 방문객과 지역주민이 축제의 생산과 소비과정에 참여하는 가운데 이를 해당 지역의 장소자산으로 인식하도록 하는 구조를 제공한다.

결론적으로, 장소마케팅 전략의 도입으로 장소를 상품으로 인식하면서 장소와 장소성에 대한 인식의 패러다임이 변화하였으며, 이는 장소성의 인위적 형성을 가능하게 한다. 장소마케팅의 주체가 장소전략과 마케팅전략을 운용하는 과정에서, 해당 장소에 적합한 장소자산을 도입하고, 이에 가시성과 경험의 구조를 결합시킴으로써 새로운 장소성을 형성하거나 기존 장소성을 변화시키는 것이다. 장소성이 인위적으로 형성되는 구체적인 과정은 각 지역의 상황에 따라 상이하게 전개된다. 한편, 장소마케팅 전략에서 장소성 형성의 가능성을 적극적으로 고려하면, 지역개발의 수단으로 활용할 수 있으며, 21세기 수요와 공급의 문화적 경향을 고려하면 문화예술축제가 적절한 수단이 될 수 있다.

이 책의 정책적 함의는 다음과 같다.

첫째, 장소성 형성의 가능성을 적극적으로 받아들여 지역개발의 수단으로 활용할 수 있다. 장소마케팅 전략이 성공적으로 운영되기 위해서는 장소성을 대표하는 장소마케팅 전략을 수행하여야 하므로, 일반적인 장소마케팅 과정에서는 장소가 가진 자산, 즉 고유의 장소성을 잘 파악하고 이를 살려 장소마케팅을 수행한다. 그러나 해당지역의 장소자산이 미약하거나 부정적일 경우 인위적으로 장소자산을 도입하여 장소마케팅의 수단으로 사용할 수 있다는 것이다. 이처럼 장소자산을 인위적으로 도입한 경우에는, 도입된 장소자산이 지역에 뿌리내릴 수 있도록 외적, 내적 프로세스가 상호 작용하며 진행되도록 하여야 한다.

둘째, 장소자산으로서 문화예술축제를 인위적으로 도입하여 장소마케팅전략을 수행하는 경우, 문화NPO의 전문성과 역량을 강화하여야 한다. 도입되는 문화예술이 상품성을 갖기 위해서는 독특함과 매력, 유일성, 문화예술적 우수성 등을 갖추어야 하고, 예술적 가치를 유지하기 위해 전문적으로 노력하여야 한다. 따라서 문화예술축제를 지속적으로 개최하기 위해서는 전문적 문화예술 경영능력을 갖춘 문화NPO를 육성하고, 이들이 제대로 기능하도록 역량을 모아주는 것이 필요하다. 또한 도입된 문화예술이 예술적으로 가치가 크거나 독특할수록 장소성 형성이 빠르게 진행될 수 있다.

셋째, 사례지역에서 살펴본 것처럼, 장소자산을 인위적으로 도입하는 과정에서는 리더의 역할이 매우 중요하므로, 그들의 아이디어가 적극적으로 수용될 수 있는 창조적 환경을 조성하여야 한다. 리더는 다른 지역들에 대한 경험이 풍부한 사람인 경우가 많아서, 지역 내의 사정과 외부의 사정을 비교하고, 어떠한 장소자산이 경쟁력을 가지고 마케팅에 활용될 수 있는가를 판단할 수 있는 사람이다. 이들의 제안으로 장소자산이 새로이 도입되었고, 리더들에 의해 기반이 조성된 문화NPO가 도입된 장소자산을 운영하고 있다.

넷째, 문화예술축제 등 도입된 장소자산이 지역사회에 뿌리내리기 위해서는 장소자산에 대한 지속적인 참여와 학습의 제도화가 필요하다. 페스티벌이 인기를 얻고 관광객이 몰려오면서 지역에 경제적 이익을 창출하고, 레스토랑이나 호텔 등과 같은 관련 산업들을 파생시키는 것은 페스티벌의 한 효과에 불과하다. 도입된 장소자산에 맞는 경관의 조성이 필요하고, 자산에 대한 경험과 학습을 제도화하여야 한다. 장소성이 형성되기 위해서는 장소자산에 대한 지속적이고 반복적인 경험이 필요한데, 특히 소도시에서는 자원봉사 등을 통한 직접 참여와 학습이 매우 강력하고 바람직한 기제로 나타나고 있다. 미국 사례에서 볼 수 있듯이, 각 축제의 주체집단인 문화NPO들은 자원봉사자 제도를 적극적으로 활용하여 커뮤니티의 성원들을 제도 안으로 끌어들이는 한편, 산하에 교육기관을 설치하여 각종 교육을 실시하고 있다. 지속적인 교육과 참여로 지역주민과 방문객은 축제에 대해 더 많이 이해하고 배운다. 이러한 과정을 통해 축제를 지역의 장소성으로 받아들이게 된다.

한편, 통영의 경우는 역사가 짧고 주체의 형태가 달라 미국 사례와 직접적으로 비교하기는 어렵다. 또한 다른 두 사례와 달리 통영은 잠재적 장소자산, 즉 자신의 장소에 묻혀 있던 자산을 발굴한 것이기 때문에 의도적 장소성 형성 노력이 다른 두 장소에 비해 덜 필요할 수도 있다. 윤이상 생가를 복원하는 것을 반대할 주민은 없을 것이기 때문이다. 그러나 지속적인 학습과 참여의 틀을 마련하지 않으면 국제음악제는 통영의 장소성이 되지 못하고 '또 하나의 행사'에 그치게 될 것이다.

〈참고문헌〉

계기석 외, 2001, "도시정체성(Urban Identity)과 도시발전", 도시정보, vol.229, no.1, pp.3-16.

고봉만·이규식 외, 2001, 프랑스 문화예술, 악의 꽃에서 샤넬 No.5 까지, 한길사.

구경희, 2003, 장소마케팅의 전개과정에 대한 연구: 전주 세계소리축제를 중심으로, 서울대학교 환경대학원 석사학위논문.

구동회·심승희(역), 1995, 공간과 장소, 도서출판 대윤, 서울(Tuan, Yi-Fu, 1977, *Space and Place: The Perspective of Experience*, University of Minnesota Press, USA).

권순, 2000, 관광정책론, 백산출판사.

김동혁·강열우·박재성·김철우, 2000, 관광과 축제 이벤트론, 신지서원, 부산.

김문숙, 1999, 생태관광을 통한 장소판촉에 관한 연구: 강화도 장화리를 사례로, 서울대학교 환경대학원 석사학위논문.

김미옥, 2000, 장소성의 의미와 가치에 관한 실증분석: 대학로와 로데오거리 사례를 중심으로, 한양대학교 도시대학원 석사학위논문.

김민수, 2000, 도시 관광 활성화를 위한 장소마케팅전략: 서울시 북창동 관광특구를 중심으로, 서울대학교 환경대학원 석사학위논문.

김병우, 2003, 현대 대도시의 새로운 장소성 개념 정립에 관한 연구, 서울대학교 대학원 건축학과 석사학위논문.

김선기, 2003, 향토자산 활용 지역축제의 마케팅전략, 한국지방행정연구원.

김숙진, 1999, 장소마케팅이 지역이미지와 경제 활성화에 미친 영향에 관한 연구: 고양시를 사례로, 서울대학교 대학원 사회교육과 지리전공 석사학위논문.

김승현, 2000, 축제 만들기: 방리외블뢰 재즈 페스티벌에서 배우는 문화전략, 도서출판 열린책들.

김우재, 2000, 지역문화상품개발을 위한 장소마케팅 전략에 관한 연구: 도시축제를 중심으로, 서울대학교 경영대학원 석사학위논문.

김유심, 1997, 문화예술행사의 집행사례 분석: 광주 비엔날레 행사를 중심으로, 서울대학교 행정대학원 석사학위논문.

김창환, 2002, 성남 모란재래시장 재조성에 관한 연구: 장소성을 고려한 설계대한 중심으로, 홍익대학교 건축도시대학원, 석사학위논문.

김춘식·남치호, 세계 축제경영, 김영사.

김태선, 1998, 장소마케팅 전략에 관한 연구: Tenant 유치전략을 중심으로, 서울대학교 경영대학원 석사학위논문.

김현호, 2002, 정보기술 산업의 장소특성적 입지에 관한 연구: 서울시를 사례로, 서울대학교 환경대학원 박사학위논문.

김현호, 2003, "장소판촉적 지역발전을 위한 장소자산형성에 관한 연구", 국토연구원, 국토연구, 제36권, 2003. 3., pp.77-95.

김형국, 2002, 고장의 문화판촉: 세계화시대에 지방이 살 길, 학고재.

김홍기(역), 1997, 메가트렌드 2000, 한국경제신문사, 서울(John Naisbitt & Patricia Aburdene, 1990, *Megatrends 2000: Ten new directions for the 1990s*, Morrow, New York).

류정아·오정숙·김용호·신자영·김정하·이기철·김면·최보근·이현식, 2003, 유럽의 축제문화, 연세대학교 출판부, 서울.

문화관광부·한국문화관광정책연구원, 2003, 문화환경가꾸기: 2003 문화환경진단, 한국문화관광정책연구원.

318

박규택·이상률, 1999, "공간, 시간, 사회/자연의 상호관계성에 의한 지역이해", 한국지역지리학회지, 제5권 제2호, pp.15-27.

박성희, 2003, 장소판촉을 통한 농촌개발의 가능성에 대한 연구: 충남 서천 합전마을을 사례로, 서울대학교 환경대학원 석사학위논문.

박소연, 2003, 생태환경축제를 통한 장소마케팅에 관한 연구: 무주 반딧불축제를 사례로, 서울대학교 환경대학원 석사학위논문.

박형준·권기돈 역, 1998, 기호와 공간의 경제, 현대미학사(Lash & Urry, 1996, *Economics of Signs and Space*, Sage Publications)

삼성경제연구소, 2002, "「문화마케팅」의 부상과 성공전략", CEO Information, 372호.

서정교, 2003, 문화경제학, 한울출판사, 서울.

성주인, 2000, 인사동의 장소상품화에 대응한 정체성 운동에 관한 연구, 서울대학교 환경대학원 석사학위논문.

손명철(편역), 1994, 지역지리와 현대사회이론: 새로운 지역지리 논의를 위하여, 명보문화사.

송부용, 2003, "글로벌시대와 주변지역여건변화에 따른 통영경제의 경쟁력 제고방안", 통영시·통영상공회의소, 21C 통영경제 발전전략 세미나, pp.15-54.

송지현, 1998, 가평 세계연극제 환경설계, 서울대학교 환경대학원 석사학위논문.

송희정, 2003, 지역의 장소판촉을 위한 지역브랜드전략 특성에 관한 연구: 함평군 나르다(Nareda) 브랜드개발 사례를 중심으로, 서울대학교 환경대학원 석사학위논문.

신혜란, 1998, 태백, 부산, 광주의 장소마케팅 전략 형성과정에 대한 비교연구, 서울대학교 환경대학원 석사학위논문.

신혜영, 2002, 문화예술축제 참여주체의 역할분석: 과천 마당극제를 사례로, 서울대학교 환경대학원 석사학위논문.

심승희, 2000, 문화관광의 대중화를 통한 공간의 사회적 구성에 관한 연구: 강진·해남 지역을 사례로, 서울대학교 대학원 사회교육과 지리전공 박사학위논문.

심정원, 2000, 평창군 장소마케팅 계획: 이효석과 그의 작품을 소재로, 서울대학교 환경대학원 석사학위논문.

양종회·김우식·송도영·이호영, 2004, 미국의 문화산업체계, 미래인력연구원.

오선재, 2004, 현대도시축제의 공간적 특성 및 행태지원성에 관한 연구, 서울대학교 대학원 디자인학부 석사학위논문.

원융희, 2003, 세계의 축제문화, 백산출판사, 서울.

유우익, 1995, "지방화시대 농어촌 지역개발의 새로운 방향과 과제", 지리학논총, 26호.

유우익, 1998, 한국의 문화관광지도 작성연구, 한국문화정책개발원.

유우익, 2004, "지역문화와 축제의 방향성", (사)한국음악협회, 음악계의 현실적 문제와 해결방안의 모색, 제3차 정책포럼, pp.10-15.

유재윤·진영효·김형국, 2000, 도시문화산업의 육성방안: 도시마케팅적 접근을 중심으로, 국토문제연구소 2000-24.

유지현, 2000, 테크시티(Tech-City) 조성방안에 관한 연구: 민관협력(Public-Private Partnership)을 중심으로, 서울대학교 경영대학원 석사학위논문.

유혜인, 2003, 압구정 문화축제의 특성변화에 관한 연구: 축제 주체의 변경을 중심으로, 서울대학교 환경대학원 석사학위논문.

유환종 외 역, 1999, 현대 도시의 변화와 정책, 푸른길(Tim Hall, 1998, *Urban Geography*, Routledge)

윤상근, 2004, 지역축제 방문자의 만족도 평가에 관한 연구: 수원

화성문화제를 사례로, 서울대학교 환경대학원 석사학위논문.

이무용, 2003, 장소마케팅 전략에 관한 문화정치론적 연구: 서울 홍대지역 클럽문화를 사례로, 서울대학교 대학원 지리학과 박사학위논문.

이석환, 1998, 도시 가로의 장소성 연구: 대학로의 사례를 중심으로, 서울대학교 대학원 협동과정 조경학 박사학위논문.

이석환·황기원, 1997, "장소와 장소성의 다의적 개념에 관한 연구", 국토계획, vol.32, no.5, pp.169-184.

이소영, 1999, 지역문화의 장소마케팅 전략 수립에 관한 연구: 서울시 인사동을 사례로, 서울대학교 환경대학원 석사학위논문.

이연정, 1998, "축제와 지역문화", 제5회공연예술열린강좌위원단, 축제: 축제의 기능과 운영, 성균관대학교 대학원 공연예술학과, pp.111-119.

이은숙·장은미, 2001, "한국 문학공간의 특성과 Web GIS 구축자료에 관한 기초연구", 문화역사지리, 제13권 제1호, pp. 17-33.

이종규, 2001, 서울시 권역별 관광개발계획 연구, 서울시정개발연구원.

이종규, 2002, 서울시 문화관광 상품 마케팅 방안, 서울시정개발연구원.

이종영·구동모(역), 1997, 내고장 마케팅: 지방자치시대의 투자, 산업, 관광유치방법, 도서출판 삼영사, 서울 (Kotler, P. et al, 1993, *Marketing Places: Attracting Investments, Industries, and Tourism to Cities, States, and Nations*, The Free Press, New York).

이효재, 2003, 지역문화축제를 통한 장소마케팅전략에 관한 연구: 함평나비대축제를 중심으로, 전남대학교 대학원 행정학과 석사학위논문.

이홍재(역), 2000, 문화예술경제학, (주)살림출판사, 서울(James Heilbrun & Charles M. Gray, 1993, *The Economics of Art and Culture*,

Cambridge University Press, UK).

이흥재(역), 2002, 예술 경영과 문화정책, 역사넷, 서울 (Ito Yasuo et al., 2001, *Arts Manejimento*, Suiyousya Publishing Co., Ltd., Tokyo).

이희연, 1995, 지리학사, 법문사, 서울.

정강환, 1995, 문화관광 활성화를 위한 이벤트 관광전략, KATA 1995 발표논문.

정근식 편저, 1999, 축제, 민주주의, 지역 활성화, 새길.

제5회공연예술열린강좌위원단, 1998, 축제: 축제의 기능과 운영(제5회 공연예술 열린강좌), 성균관대학교 대학원 공연예술학과.

조아라, 2002, 문화매체의 입지와 문화관광지 발달: 경북 문경시를 사례로, 서울대학교 대학원 지리학과 석사학위논문.

최규창, 1997, 전략적 지역마케팅에 관한 연구: 지방자치단체의 기업유치전략을 중심으로, 서울대학교 대학원 경영학과 석사학위논문.

최막중·김미옥, 2001, "장소성의 형성요인과 경제적 가치에 관한 실증분석: 대학로에 로데오거리 사례를 중심으로", 국토계획, 36(2), pp.153-162.

최병두, 2002, "자본주의 사회에서 장소성의 상실과 복원", 한국도시연구소, 도시연구, 제8호, pp.253-278.

통계청, 각 년도, 인구 및 주택 총조사보고서.

통계청, 한국의 사회지표 (http://www.nso.go.kr).

한국문화예술진흥원, 1996, 예술페스티발에 관한 실태조사, 한국문화예술진흥원 문화발전연구소.

한국문화정책개발원·강원개발연구원, 1995, 춘천인형극제의 지역경제·사회문화적 효과, 한국문화정책개발원.

허용선, 2003, 환희와 열정의 지구촌 축제기행, 예담출판사, 서울.

헤이만, 1999, 춘천시 축제에 나타난 장소마케팅의 성격: 참여주체 구조와 주체 간 갈등관계를 중심으로, 서울대학교 대학원 지리학과 석사학위논문.

Agnew, J., 1987, *Place and Politics: The Geographical Meditation of State and Society*, Boston.

Altman, I. & S. Low, 1992, *Human Behavior and Environments: Advances in Theory and Research, Vol.12: Place Attachment*, Plenum Press, New York.

Amin & Thrift, 1997, Globalization, Socio-Economics, Territoriality, in Lee, R. & Willes, J. (eds.), *Geographies of Economies*, Edward Arnold, London & New York, pp.147-157.

Ashworth, G. J., 1995, Managing the Cultural Tourist, in G. J. Ashworth & A. G. J. Dietvorst, *Tourism and Spatial Transformation: Implications for Policy and Planning*, CAB International, pp.265-284.

Ashworth, G. J. & Voogd, H., 1990, *Selling the City: Marketing Approaches in Public Sector Urban Planning*, Belhaven Press, London and New York.

Basset, K., 1993, Urban Cultural Strategies and Urban Regeneration: A Case Study and Critique, *Environment and Planning A*, vol.25, pp.1773-1788

Bowmer, Angus L., 1975, *As I Remember, Adam: An Autobiography of a Festival*, The Oregon Shakespearean Festival Association, Ashland, Oregon.

Bricker, K. & D. Kerstetter, 2000, Level of Specialization and Place Attachment: An Exploratory Study of Whitewater Recreationists, *Leisure Sciences*, vol.22, pp.233-257.

Brown, B. B. & D. D. Perkins, 1992, Disruptions in Place Attachment, in I. Altman & S. Low(eds.), *The Power of Place: Brining Together Geographical and Sociological Imaginations*, Unwin Hyman, London, pp.9-29.

Brubaker, Edward & Mary Brubaker, 1995, *Golden Fire: The Anniversary Book of the Oregon Shakespearean Festival*, The Oregon Shakespearean Festival Association.

Buttimer, A., 1980, Home, Reach, and Sense of Place, in A. Buttimer & D. Seamon(eds.), *The Human Experience of Space and Place*, Croom Helm, London, pp.73-85.

Butz, David & John Eyles, 1997, Reconceptualizing Senses of Place: Social Relations, Ideology and Ecology, *Geografiska Annaler. Series B, Human Geography*, vol.79, no.1, pp.1-25.

Craik, Jennifer, 1997, The Culture of Tourism, in Chris Rojek & John Urry, *Touring Cultures: Transformations of Travel and Theory*, Routledge, pp.113-136.

Crompton, John L. & Stacey L. McKay, 1997, Motives of Visitors Attending Festival Events, Annals of Tourism Research, vol.24, no.2, pp.425-439.

Cuba, L. & D. M. Hummon, 1993, A Place to Call Home, *Sociological Quarterly*, vol.34, pp.111-131.

Davidson, Janelle, 1995, *Ashland, an Oregon Oasis: An Oregon Documentary*, Webb Research Group Publishers, Oregon.

Duncan, J., 1973, Landscape Taste as a Symbol of Group Identity, *Geographical Review*, vol.63, pp.334-355.

Entrikin, J. Nicholas, 1991, *The Betweenness of Place*, Baltimore: The Johns Hopkins University Press.

Florida, Richard, 2002, *The Rise of the Creative Class and How It's Transforming Work, Leisure, Community and Everyday Life*, Basic Books, New York.

Getz, Donald, 1991, *Festivals, Special Events, and Tourism*, Van Nostrand Reinhold Co. Ltd..

Gold, John R. & Stephen V. Ward, 1994, *Place Promotion: The Use of Publicity and Marketing to Sell Towns and Regions*, John Wiley & Sons Ltd..

Haines, Francis D. Jr., 1967, *Jacksonville: Biography of a Gold Camp*, Gandee Printing Center, Inc..

Hay, B., 1998, Sense of Place in Developmental Context, *Journal of Environmental Psychology*, vol.18, pp.5-29.

Hidalgo, M. & B. Hernandez, 2001, Place Attachment: Conceptual and Empirical Questions, *Journal of Environmental Psychology*, vol.21, pp.273-281.

Holcomb, Briavel, 1999, Marketing Cities for Tourism, in Judd, D. R. & S. S. Fainstein(eds.), *The Tourist City*, Yale University Press, New Haven and London,pp.54-70.

Hummon, D. M., 1992, Community Attachment: Local Sentiment and Sense of Place, in I. Altman & S. Low(eds.), *Human Behavior and Environments: Advances in Theory and Research, Vol 12: Place Attachment*, Plenum Press, New York, pp.253-278.

Judd, Denis R., 2003, Building the Tourist City: Editor's Introduction, in Dennis R. Judd(ed.), *The Infrastructure of Play: Building the Tourist City*, M. E. Sharpe, New York, pp.3-16.

Kay, A.O. & S. Butcher, 1996, Employment and Earnings of Performing Artists, 1970 to 1990, in Alper, Neil O. et al.,

Artists in the Work Force: Employment and Earnings, 1970-1990, National Endowment for the Arts, Research Division Report #37, Seven Locks Press, Santa Ana, Calif., pp.85-111.

Kearns, G. & Philo, C., 1993, *Selling Places: The City as Cultural Capital, Past and Present*, Pergamon Press.

Kim, Inn, 2003, Plan for City Identity Establishment and City Marketing: The Case of Kimpo City, *Journal of the Korean Urban Geographical Society*, vol.6, no.2, pp.1-7.

Kotler, P. et al., 1993, *Marketing Places: Attracting Investments, Industries, and Tourism to Cities, States, and Nations*, The Free Press, New York.

Kreisman, Arthur, 2002, *Remembering a History of Southern Oregon University*, University of Oregon Press.

Lane, R & Waitt, G., 2001, "Authenticity in Tourism and Native Title: Place, Time and Spatial Politics in the East Kimberly", *Social & Cultural Geography*, vol.2, no.4, pp.381-405.

Larson, Mia, 2002, A Political Approach to Relationship Marketing: Case Study of the Storsjöyran Festival, *International Journal of Tourism Research*, vol.4, pp.119-143.

Lukermann, F., 1964, Geography as a Formal Intellectual Discipline and the Way in Which It Contributes to Human Knowledge, *Canadian Geographer*, 8(4), pp.167-172.

Manzo, Lynne C., 2003, Beyond House and Haven: Toward a Revisioning of Emotional Relationships with Places, *Journal of Environmental Psychology*, vol.23, pp.47-61.

Mazumdar, Sanjoy, S. Mazumdar, Faye Docuyanan and Colette Marie McLaughlin, 2000, Creating a Sense of Place: The

Vietnamese-Americans and Little Saigon, *Journal of Environmental Psychology*, vol.20, pp.319-333.

McCann, Eugene J., 2002, The Cultural Politics of Local Economic Development: Mean-making, Place-making, and the Urban Policy Process, *Geoforum*, vol.33, pp.385-398.

Meyrowitz, J., 1985, *No Sense of Place*, Oxford University Press, Oxford.

Moore, J., 2000, Placing Home in Context, *Journal of Environmental Psychology*, vol.20, pp.207-218.

Norberg-Schulz, C., 1971, *Existence, Space and Architecture*, New York: Praeger.

O'Harra, Marjorie Lutz, 2000, *Ashland in Transition: 1980s and 1990s*, Ashland Daily Tidings, Ashland, Oregon.

Oregon Shakespeare Festival Association, 2000, 2000 Audience Survey.

Oregon Shakespeare Festival Association, 2003, *OSF Long Range Plan 2003-2007*.

Oyler, Verne W. Jr., 1971, *The Festival Story: A History of the Oregon Shakespeare Festival*, PhD Thesis in Theatre Arts, UCLA.

Perry, David C., 2003, Urban Tourism and the Privatizing Discourses of Public Infrastructure, in Dennis R. Judd(ed.), *The Infrastructure of Play: Building the Tourist City, M. E. Sharpe*, New York, pp.19-49.

Pred, A., 1983, Structuration and Place, *Journal of the Theory of Social Behaviour*, vol.13, pp.157-186.

Pred, A., 1986, *Place, Practice and Structure: Social and Spatial*

Transformation in Southern Sweden: 1750-1850, Barnes and Noble, Totowa, N. J.

Prentice, Richard & Vivien Anderson, 2003, Festival as Creative Destination, *Annals of Tourism Research*, vol.30, no.1, pp.7-30.

Proshansky, H. M., 1978, The City and Self-Identity, *Environment and Behavior*, vol.10, pp.147-169.

Proshansky, H. M., A. K. Fabian & R. Kaminoff, 1983, Place Identity: Physical World Socialization of the Self, *Journal of Environmental Psychology*, vol.3, pp.57-83.

Relph, E., 1976, *Place and Placelessness*, Pion Limited.

Relph, E., 1985, Geographical Experiences and Being-in-the-world: The Phenomenological Origins of Geography, in D. Seamon & R. Mugerauer(eds.), *Dwelling, Place and Environment: Towards a Phenomenology of Person and World*, Columbia University Press, New York, pp.15-31.

Richards, Greg, 1996, Production and Consumption of European Cultural Tourism, *Annals of Tourism Research*, Vol.23, No.2, pp.261-286.

Salah Ouf, A M., 2001, "Authenticity and the Sense of Place in Urban Design", *Journal of Urban Design*, vol.6, no.1, pp.73-86.

Saleh, Mohammed Abdullah Eben, 1998, Place Identity: The Visual Image of Saudi Arabian Cities, *Habitat International*, vol.22, no.2, pp.149-164.

Sarbin, T.R., 1983, Place Identity as a Component of Self: An Addendum, *Journal of Environmental Psychology*, vol.3, pp.337-342.

Sheila Bonini, 2002, *Oregon Shakespeare Festival*, Stanford Graduate School of Business.

Silberberg, Ted, 1995, Cultural Tourism and Business Opportunities for Museums and Heritage Sites, *Tourism Management*, vol.16, no.5, pp.361-365.

Southern Oregon Regional Services Institute, 2002, *Oregon: A Statistical Overview*.

Stebbins, Robert A., 1996, Cultural Tourism as Serious Leisure, *Annals of Tourism Research*, Vol.23, No.4, pp.948-950.

Steele, F., 1981, *The Sense of Place*, CBI Publishing Company, Inc., Boston.

Steinberg, Richard, 1987, Voluntary Donations and Public Expenditures in a Federalist System, *The American Economic Review*, vol.77, no.1, pp.24-36.

Stokols, D. & S. A. Shumaker, 1981, People in Places: A Transactional View of Settings, in J. H. Harvey(ed.), *Cognition, Social Behavior and the Environment*, Lawrence Erlbaum Associates, NJ.

The Ashland Chamber of Commerce, 2003, *Living and Doing Business Guide: Come Home to Ashland*.

The Ashland Daily Tidings, 2003, *Shakespeare 2003*

Throsby, David, 1994, The Production and Consumption of the Arts: A View of Cultural Economics, *Journal of Economic Literature*, vol.32, no.1, pp.1-29.

Triple A, 2003, *Tour Book: Oregon & Washington*.

Tuan, Yi-Fu, 1974, Space and Place: Humanistic Perspective, *Progress in Geography*, vol.6.

Tuan, Yi-Fu, 1976, Humanistic Geography, *Annals of the Association of American Geographers*, vol.66, pp.206-276.

Tuan, Yi-Fu, 1977, *Space and Place*, Arnold, London.

Tuan, Yi-Fu, 1980, Rootedness versus Sense of Place, *Landscape*, vol.24, pp.3-8.

Twigger-Ross, C. L. & D. L. Uzzell, 1996, Place and Identity Process, *Journal of Environmental Psychology*, vol.16, pp.205-220.

Urry, John, 1995, *Consuming Places, Routledge*.

US Census Bureau, each year, *the US Census*(http://www.census.org)

Ward, Stephen V., 1998, Selling Places: *The Marketing and Promotion of Towns and Cities 1850-2000*, E&FN Spon.

Webber, Bert & Margie Webber, 1994, *Jacksonville, Oregon: Antique Town in a Modern Age: Documentary*, Webb Research Group.

Weil, S., 1988, *The Need for Roots*, Beacon, Boston.

Williams, D. R., M. E. Patterson, J. W. Roggenbuck & A. E. Watson, 1992, Beyond the Commodity Metaphor: Examining Emotional and Symbolic Attachment to Place, *Leisure Sciences*, vol.14, pp.29-46.

Yuen, Belinda, 2003, Searching for Place Identity in Singapore, *Habitat International*(www.elsevier.com/locate/habitatint).

Zukin, Sharon, 1998, Urban Lifestyles: Diversity and Standardisation in Spaces of Consumption, *Urban Studies*, vol.35, nos.5-6, pp.825-839.

〈부록 1〉 Oregon Shakespeare Festival 관람객 대상 설문

September 30, 2003

Dear Visitor to Oregon Shakespeare Festival,

I am conducting research on tourism in Ashland, as part of my PhD project, which is on the development process of small towns as tourist destinations.   In particular, I am gathering information about the preference of visitors who come to the Oregon Shakespeare Festival. I hope to learn the kinds of activities you enjoy, the reason why you attended the Festival, and your general preference of vacation. With this important information, the role of tourism in Ashland may be better understood. This survey is conducted with the permission of the Oregon Shakespeare Festival, and the results of the survey will be shared with the Festival, as well.

To accomplish my project, I am asking Festival visitors to complete the enclosed short survey concerning your experience of the Shakespeare Festival in Ashland, and return it to me in the pre-paid envelope provided. The survey is anonymous and your answers will be used for statistical analysis only.

Your assistances fundamental to the success of my efforts and I appreciate your cooperation with this important study. Please feel free to contact me at the e-mail address below if you have any questions or concerns.

Sincerely,

Seonhae Baik
PhD Candidate in Geography
Seoul National University, Korea

Visiting Researcher
Department of Geography, UCLA
E-mail: seonbaik@hotmail.com / baik@ucla.edu

2003 OREGON SHAKESPEARE FESTIVAL VISITORS SURVEY

1. When you chose to attend the Oregon Shakespeare Festival, what were the most important reasons? (check up to **two**)
① High quality and various selections of plays
② Various cultural opportunities(e. g. arts/theatre/museums), besides seeing plays
③ Various outdoor activities(e. g. walking/hiking/rafting/boating/skiing), besides seeing plays
④ Atmosphere of a small town
⑤ Convenient accommodation facilities and beautiful natural environment for a vacation
⑥ Education of children
⑦ Other (   )

2. If you visited the Rogue Valley to attend the Oregon Shakespeare Festival in 2003,how many nights did you stay in the Rogue Valley to attend Festival performances? (______)
Number of nights: (______)

3. Counting yourself, how many people were in your immediate party to the Festival?

Total number of the party (___)   # of children of the party (<18 yrs) (___)
Were you attending the Festiva With Family (___) With Friends (___)

4. From your experience, what do you think is needed to be improved or created in Ashland?
(Check **all** that apply)
① Traffic and parking
② Lodging and restaurants
③ Entertainment facilities such as casino or amusement park
④ Cultural facilities such as theatre or concert halls
⑤ Opportunities for outdoor activities and recreation
⑥ Shopping facilities

⑦ Other (   )

⑧ Nothing

5. What do you think are the most attractive aspects of Ashland? (check
   up to **two**)

① The natural beauty of the surroundings

② High quality of culture and education

③ Well-preserved history

④ Locally owned shops and restaurants

⑤ Friendly community and atmosphere of a small town

⑥ Lots of outdoor activities

⑦ Other (   )

6-1. When you choose a site for a vacation, which of the following do you
   take into consideration **first**?

① Beautiful natural environment for relaxing

② Opportunities for outdoor activities(walking/hiking/rafting/boating/
   skiing)

③ Cultural experience(arts/theatre/museums)

④ Historical heritage

⑤ Entertainment facilities

⑥ Shopping facilities

⑦ Other (   )

6-2. Compared to your vacation experiences of at least five years ago, has
   your preference for a vacation area changed? If so, which of the
   following did you **first** take into consideration **in the past**?

① Beautiful natural environment for relaxing

② Opportunities for outdoor activities(walking/hiking/rafting/boating/
   skiing)

③ Cultural experience(arts/theatre/museums)

④ Historical heritage

⑤ Entertainment facilities

⑥ Shopping facilities
⑦ Other (　　　　　　　　　　)
⑧ Has not changed

7. If your preference for a vacation area has changed, what is the main reason for the change?
① Change of taste
② Economic capability
③ Recommendation of friends or relatives
④ Changing demands of family members
⑤ Other (　　　　　　　　　　　　　)

8. Of the following, what do you think is the **most important** for your family's quality of life?
① Economic stability
② Cultural experience
③ Education
④ Healthy environment
⑤ Other (　　　　　　　　　　　　　)

9. Do you have a plan to move to a small town such as Ashland in the future?
☐ Yes
☐ No

10. What is your educational background?
☐ High School or less ☐ Trade School　　☐ Some College
☐ Associate's Degree ☐ Bachelor's Degree ☐ Graduate/Professional School

11. What is the ZIP code of your residence? (　　　　　　　　)

12. What is your occupation? (　　　　　　　　　　　)

13. In what range is your total household income in 2002?

☐ Under $20,000 ☐ $20,000 to $39,000 ☐ $40,000 to $59,000
☐ $60,000 to $79,000 ☐ $80,000 to $99,000 ☐ $100,000 to $119,000
☐ $120,000 to $149,000 ☐ $150,000 or More

14. What is your age? (____) What is your partner's age? (____) # of Children (< 18) (____)

15. Any comments on the Oregon Shakespeare Festival or Ashland?

Thank you very much for your cooperation!

〈부록 2〉 Britt Music Festival 관람객 대상 설문

September 24, 2003

Dear Visitor to Britt Music Festivals,

I am conducting research on tourism in Jacksonville, as part of my PhD project, which is on the development process of small towns as tourist destinations. In particular, I am gathering information about the preference of visitors who come to the Britt Festivals. I hope to learn the kinds of activities you enjoy, the reason why you attended the Festival, and your general preference of vacation. With this important information, the role of tourism in Jacksonville may be better understood. This survey is conducted with the permission of the Britt Festivals, and the results of the survey will be shared with the Festival, as well.

To accomplish my project, I am asking Festival visitors to complete the enclosed short survey concerning your experience of the Britt Festivals in Jacksonville, and return it to me in the pre-paid envelope provided. The survey is anonymous and your answers will be used for statistical analysis only.

Your assistance is fundamental to the success of my efforts and I appreciate your cooperation with this important study. Please feel free to contact me at the e-mail address below if you have any questions or concerns.

Sincerely,

Seonhae Baik
PhD Candidate in Geography
Seoul National University, Korea

Visiting Researcher
Department of Geography, UCLA
E-mail: seonbaik@hotmail.com/ baik@ucla.edu

2003 BRITT MUSIC FESTIVAL VISITORS SURVEY

1. When you chose to attend the Britt Festivals, what was the most important reason? (check up to **two**)

① High quality and various selections of performances

② Various cultural opportunities(e. g. arts/theatre/museums), besides attending the Festivals

③ Various outdoor activities(e. g. walking/hiking/rafting/boating/skiing), besides attending the Festivals

④ Atmosphere of a small town

⑤ Convenient accommodation facilities and beautiful natural environment for a vacation

⑥ Education of children

⑦ Other (   )

2. What sources of information did you use to plan to attend the Britt Festivals?

   (check **all** that apply)

① Commercial guidebook

② Information from Chamber of Commerce / Welcome Center

③ Past experience   ④ Magazines / Papers / Ads / Articles

⑤ Internet   ⑥ Tour/Travel Agent

⑦ Automobile club   ⑧ Recommendations from friends or relatives

⑨ Words of mouth   ⑩ Brochure of the Britt Festivals

3. If you visited Rogue Valley to attend the Britt Festivals, how many nights did you stay in the Rogue Valley in 2003 to attend Festival performances?   Number of nights: (____________)

4. Counting yourself, how many people were in your immediate party to the Festivals?

Total number of the party (____) # of children of your party (<18 yrs) (____)

Were you attending the Festivals   With Family ( )   With Friends ( )

5. How many performances did you attend during the 2003 Britt Festival
   season? (______)

6. From your experience, what do you think is needed to be improved or
   gained in Jacksonville?
   (Check **all** that apply)
   ① Traffic and parking
   ② Lodging and restaurants
   ③ Entertainment facilities such as casino or amusement park
   ④ Cultural facilities such as theatre or concert halls
   ⑤ Opportunities for outdoor activities and recreation
   ⑥ Shopping facilities
   ⑦ Other (   )
   ⑧ None

7. What do you think is the most attractive aspect of Jacksonville? (check
   up to **two**)
   ① The natural beauty of the surroundings
   ② High quality of culture and education
   ③ Well-preserved history
   ④ Locally owned shops and restaurants
   ⑤ Friendly community and atmosphere of a small town
   ⑥ Lots of outdoor activities
   ⑦ Other (   )

8-1. When you choose a site for a vacation, which of the following do you
     take into consideration **first**?
   ① Beautiful natural environment for relaxing
   ② Opportunities for outdoor activities(walking/hiking/rafting/boating/
      skiing)
   ③ Cultural experience(arts/theatre/museums)
   ④ Historical heritage
   ⑤ Entertainment facilities

⑥ Shopping facilities
⑦ Other (   )

8-2. Compared to your past experience of vacation(in the last 10 years), has your preference for a vacation area changed? If so, which of the following did you **first** take into consideration **in the past**?
① Beautiful natural environment for relaxing
② Opportunities of outdoor activities(walking/hiking/rafting/boating/skiing)
③ Cultural experience(arts/theatre/museums)
④ Historical heritage
⑤ Entertainment facilities
⑥ Shopping facilities
⑦ Other (   )
⑧ Has not changed

9. If your preference for a vacation areahas changed, what is the main reason for the change?
① Change of taste
② Economic capability
③ Recommendation of friends or relatives
④ Changing demands of family members
⑤ Other (   )

10. Of the following, what do you think is the most important for your family's quality of life?
① Economic stability   ② Cultural experience
③ Education   ④ Healthy environment
⑤ Other (   )

11. What is your educational background?
☐ High School or less ☐ Trade School   ☐ Some College
☐ Associate's Degree ☐ Bachelor's Degree ☐ Graduate/Professional School

12. What is the ZIP code of your residence? (＿＿＿＿＿＿＿＿)

13. What is your occupation? (＿＿＿＿＿＿＿＿＿＿＿＿)

14. In what range is your total household income in 2002?

☐ Under $20,000　　☐ $20,000 to $39,000　　☐ $40,000 to $59,000
☐ $60,000 to $79,000　　☐ $80,000 to $99,000　　☐ $100,000 to $119,000
☐ $120,000 to $149,000　☐ $150,000 or More

15. What is your age? (＿＿)　What is your partner's age? (＿＿)　# of Children (< 18) (＿＿)

Thank you very much!

〈부록 3〉 통영국제음악제 관람객 대상 설문

1. '통영시'하면 떠오르는 이미지는 무엇입니까(복수응답 가능)?

① 충무공(한산대첩)/통제영　　② 나전칠기　　　　③ 통영김밥
④ 한려수도/청정해역　　　　⑤ 문화예술인의 고향
⑥ 한산도/해저터널/통영대교
⑦ 멸치, 굴 등의 수산업　　　⑧ 항구/수산시장
⑨ 욕지도/연화도/비진도/사량도　⑩ 기타 (　　　　　　　　　)

2. 통영시가 가지고 있는 가장 큰 매력은 무엇이라고 생각하십니까(복수응답 가능)?

① 바다와 섬으로 둘러싸인 아름다운 자연환경　② 높은 수준의 문화예술 활동
③ 자랑스러운 역사와 나전칠기, 누비 등 토산품
④ 윤이상, 유치환 등 수많은 예술인의 고향
⑤ 친절한 지역주민과 항구도시의 분위기
⑥ 다양하고 신선한 바다 먹거리
⑦ 다양한 레저/스포츠 활동의 기회(크루즈, 요트, 하이킹 등)
⑧ 기타 (　　　　　　　　　　　)

3. 통영시가 갖추어야 하거나 개선하여야 한다고 생각하시는 것이 있다면 무엇입니까(복수응답 가능)?

① 교통 및 주차시설　　　　　② 숙박시설 및 음식점 확충 및 개선
③ 놀이공원 등과 같은 오락시설　④ 극장, 콘서트홀 등과 같은 문화시설 확대
⑤ 레저/스포츠 활동 기회의 확대
⑥ 통영국제음악제의 수준 향상과 다양한 레퍼토리, 시즌 확대
⑦ 쇼핑시설 확충　　　　　　　⑧ 기타 (　　　　　　　　　)

4. 귀하께서 휴가여행을 계획하실 때 가장 먼저 고려하는 사항은 무엇입니까?

　　① 아름다운 자연환경 ② 문화예술 활동의 기회(연극, 음악회, 박물관 등)

　　③ 역사유적 　　　　 ④ 다양한 레저/스포츠 활동의 기회(등산, 크루즈, 스키 등)

　　⑤ 여가오락시설 　 ⑥ 쇼핑/먹거리 　　　　　⑦ 휴양/요양

　　⑧ 기타 (　　　　　　　　　　　　　　　　　　　　)

5. 문화관광 도시로서 통영에 대한 만족도를 평가해 주십시오.

　　① 매우 만족 ② 만족 　　　 ③ 보통 　　　 ④ 불만 　　　 ⑤ 매우 불만

6-1. 이전에 통영을 방문하신 적이 있으십니까?

　　① 통영시 거주 　 ② 통영에 방문한 적이 있다. ③ 통영에 방문한 적이 없다.

6-2. 이전에 통영을 방문하셨다면 방문의 목적은 무엇이었습니까(복수응답 가능)?

　　① 통영시 거주 　　　　　　　　　　　② 통영국제음악제 관람

　　③ 통영의 다른 축제(한산대첩축제/나전칠기축제)참여④ 휴양 및 레저활동

　　⑤ 관광(통영시 및 한려해상국립공원 등) 　　　⑥ 업무와 관련

　　⑦ 기타 (　　　　　　　　　　　　　　　　　　　　)

7. 통영국제음악제 관람의 가장 큰 동기는 무엇입니까(복수응답 가능)?

　　① 공연의 질이 높고 프로그램 선택의 폭이 다양해서

　　② 세계적인 음악가 윤이상의 고향인 통영에서 열리기 때문

　　③ 꼭 관람하고 싶은 공연이나 연주자가 있어서

　　④ 본 음악제 이외에도 프린지(fringe)와 특별공연 등 다양한 문화활동을
　　　 즐길 수 있어서

　　⑤ 음악제 이외에 다양한 관광/레저/여가 활동을 즐길 수 있어서

　　⑥ 통영의 아름다운 자연환경과 음악제가 잘 어울려서

　　⑦ 편리한 숙박시설과 접근성

　　⑧ 자녀교육의 목적으로

　　⑨ 다른 일로 통영을 방문한 김에

　　⑩ 연주자 또는 음악제 관련 인사가 아는 사람이어서

　　⑪ 기타 (　　　　　　　　　　　　　　　　　　　　)

8. 어떤 경로로 통영국제음악제에 참가하셨습니까(복수응답 가능)?

　　① 여행안내책자　　　　② 통영시 및 통영국제음악제의 인터넷 홈페이지
　　③ TV/신문/잡지에 나온 기사 또는 광고　④ 이전 통영국제음악제 참가의 경험
　　⑤ 여행사를 통해　　　　　⑥ 친구나 친척의 권유나 추천
　　⑦ 입소문　　　　　　　　⑧ 통영국제음악제 홍보 유인물
　　⑨ 기타 (　　　　　　　　　　　　　　　　　　　　)

9. 통영국제음악제의 만족도를 평가해 주십시오.

　　① 매우 만족　② 만족　　　③ 보통　　　　④ 불만　　　⑤ 매우 불만

10. 통영국제음악제의 문제점을 지적해주십시오(복수응답 가능).

　　① 프로그램 운영 및 안내 등 대회운영의 미흡　② 열악한 공연시설
　　③ 프린지공연(부대행사)의 부족　　　　④ 열악한 숙박, 교통 등 편의시설
　　⑤ 음악제 이외의 문화관광프로그램 부재　⑥ 음악제 및 통영에 관한 홍보 부족
　　⑦ 기타 (　　　　　　　　　　　　　　　　　　　　)

**11-1. 통영국제음악제 참여를 계기로 귀하는 통영시 도시이미지에 대한
　　　 인식의 변화가 있으셨습니까?**

　　① 인식의 변화가 없다.　② 인식의 변화가 있다. (11-2번에 응답해 주십시오.)

**11-2. 통영시에 대한 인식 변화가 있으셨다면 인식의 변화를 연결해 주십
　　　 시오(복수응답 가능).**

(예전의 인식)			(예전의 인식)
문화/예술의 도시	●	●	문화/예술의 도시
역사/충무공의 도시	●	●	역사/충무공의 도시
여가/관광/휴양의 도시	●	●	여가/관광/휴양의 도시
수산업/항구의 도시	●	(일례) ●	수산업/항구의 도시
수려한 자연환경의 도시	●	●	수려한 자연환경의 도시
한려수도/청정해역	●	●	한려수도/청정해역
부정적 인식	●	●	부정적 인식으로 변화
기타 (　　　　)	●	●	기타 (　　　　)

12. 시즌 **2004** 통영국제음악제 프로그램 중 몇 개의 공연에 참가(예정)이
십니까?

① 1개 공연　　② 2-3개 공연　　③ 4-5개의 공연　④ 5개 이상의 공연

13-1. 귀하는 통영시에 며칠동안 머무르실 예정입니까?

① 당일　　② 1박　　③ 2박　　④ 3박　　⑤ 4박 이상　⑤ 통영시 거주

13-2. 하루 이상 통영시(혹은 인근지역)에 머무르신다면, 숙박은 어디에
서 하시고 계십니까?

① 통영 내 리조트 또는 호텔　　　　② 통영 내 여관
③ 통영 내 아는 사람의 집에서　　　④ 통영 이외 지역
⑤ 통영시 거주　　　　　　　　　　⑥ 기타 (　　　　　　　　)

14. 통영국제음악제 참가 외 통영시를 관광을 했거나 할 예정이십니까?
① 통영시 거주　　　　　　② 예　　　　　　　③ 아니오

15. 통영국제음악제 참가(혹은 통영지역 관광을 포함한)에 따른 귀하의
통영 지역에서의 지출의 (예상)규모는 어느 정도이십니까?

① 5만 원 이하　　　　　　　　② 5만 원 이상 10만 원 미만
③ 10만 원 이상 30만 원 미만　④ 30만 원 이상

16. 현재 통영시에는 통영국제음악제 이외에 한산대첩축제와 나전칠기
축제가 개최되고 있습니다. 이들 축제에 대해 귀하는 어느 정도의 정
보를 가지고 계십니까?

① 처음 들어본다.　　　　　　　　② 처음 들어보고 관심이 없다.
③ 알고는 있으나 참가해 본적은 없다. ④ 알고 있고 참가해 본 적도 있다.
⑤ 기타 (　　　　　　　　　　　　　　)

17. 귀하의 거주지는 어디십니까?
＿＿＿＿＿＿＿＿＿ 특별시/광역시/도 ＿＿＿＿＿＿＿＿시/군/구

18. 귀하의 학력은?

① 고졸 이하　　② 대재　　③ 대졸　　④ 대학원 이상

19. 귀하의 직업은 무엇입니까?

① 음악 관련직　② 공무원　③ 교직　④ 경영/관리직
⑤ 연구/개발직　⑥ 자영업　⑦ 전문직　⑧ 영업/마케팅
⑨ 농림수산업　⑩ 기술직　⑪ 주부　⑫ 기타 (　　　　)

20. 귀하의 가계 연평균소득은 어느 정도입니까?

① 2천만원이하 ② 2천-4천만원 ③ 4천-7천만원 ④ 7천-9천만원 ⑤ 9천만원 이상

21. 귀하는＿＿세 (남 / 여) 배우자의 나이 (　세) 18세 미만 자녀 수 (　명)

22. 통영국제음악제와 통영시의 발전을 위한 귀하의 제언을 부탁드립니다.

____
____
____

※ 바쁘신 가운데 응답해 주셔서 진심으로 감사드립니다.

●저자●

• 백선혜(白善惠)　　　　프로필
　　　　　　　　　　　서울대학교 지리학과 졸업
　　　　　　　　　　　서울대학교 대학원 문학석사
　　　　　　　　　　　서울대학교 대학원 지리학박사
　　　　　　　　　　　경기개발연구원 초빙연구원
　　　　　　　　　　　미국 UCLA 지리학과 객원연구원
　　　　　　　　　　　일본 가나자와대학 지리학과 객원연구원
　　　　　　　　　　　대한지리학회 남계논문상 수상

　　　　　　　　　　　연구논저
　　　　　　　　　　　「소도시의 문화예술축제 도입과 장소성의 인위적 형성」
　　　　　　　　　　　외 다수

장소성과 장소마케팅
- 한국과 미국 소도시 문화예술축제를 사례로 -

• 초판 인쇄	2005년 7월 25일
• 초판 발행	2005년 7월 25일
• 지 은 이	백선혜
• 펴 낸 이	채종준
• 펴 낸 곳	한국학술정보㈜
	경기도 파주시 교하읍 문발리 526-2
	파주출판문화정보산업단지
	전화　031) 908-3181(대표) · 팩스　031) 908-3189
	홈페이지　http://www.kstudy.com
	e-mail(e-Book사업부)　ebook@kstudy.com
• 등　　록	제일산-115호(2000. 6. 19)
• 가　　격	33,000원

ISBN　　89-534-2750-9 93980 (Paper Book)
　　　　89-534-2751-7 98980 (e-Book)